AF746690

CULTURES URBAINES ET SPORTIVES « ALTERNATIVES »

Collection "**Espaces et Temps du Sport**"
dirigée par Jean Saint-Martin et Thierry Terret

Le phénomène sportif a envahi la planète. Il participe de tous les problèmes de société, qu'ils soient politiques, éducatifs, sociaux, culturels, juridiques ou démographiques. Mais l'unité apparente du sport cache mal une diversité aussi réelle que troublante : si le sport s'est diffusé dans le temps et dans l'espace, s'il est devenu un instrument d'acculturation des peuples, il est aussi marqué par des singularités locales, régionales, nationales. Le sport n'est pas éternel ni d'une essence transhistorique ; il porte la marque des temps et des lieux de sa pratique. C'est bien ce que suggèrent les nombreuses analyses dont il est l'objet dans cette collection créée par Pierre Arnaud qui ouvre un nouveau terrain d'aventures pour les sciences sociales.

Dernières publications :

- Yves-Eric Houpert, *Les Jeux des îles de l'Océan indien,* 2009
- Youcef Fates, *Sport et politique en Algérie,* 2009
- Xavier Garnotel, *Le peloton cycliste. Ethnologie d'une culture sportive,* 2009.
- Michaël Attali, Jean Saint-Martin, Simon Levêque, Lucien Brunetti, Jean Bizet, *Les valeurs de l'Olympisme. Un modèle éducatif en débat*, 2009.
- Thierry Arnal, *La révolution des mouvements. Gymnastique, morale et démocratie au temps d'Amoros (1818-1838).*

Florian Lebreton

CULTURES URBAINES ET SPORTIVES « ALTERNATIVES »

Socio-anthropologie de l'urbanité ludique

Préface de Véronique Nahoum-Grappe

L'Harmattan

© L'Harmattan, 2010
5-7, rue de l'Ecole-Polytechnique, 75005 Paris

http://www.librairieharmattan.com
diffusion.harmattan@wanadoo.fr
harmattan1@wanadoo.fr

ISBN : 978-2-296-11249-0
EAN : 9782296112490

Notre démarche socio-anthropologique s'intéresse aux interactions entre les cultures urbaines et les cultures sportives et leurs régulations publiques. Les concepts d'appropriation, de transformation et de régulation des espaces publics sont centraux car ils nous renseignent sur l'organisation socio-spatiale des pratiques humaines émergentes, informelles et/ou « alternatives ». Ces problématiques sont étroitement liées aux modes de vie urbains et aux transformations sociales dans un contexte où l'urbanisation des sociétés est croissante. Nous les étudions sur deux versants : exclusion et inclusion par l'activité physique et sportive. D'une part, nous constatons une intégration socioculturelle par la pratique du « sport » où les pratiques révèlent une « intériorisation normative » de l'ordre urbain (se conformer) et, d'autre part, nous constatons une émergence de pratiques axées sur une différenciation socioculturelle où ces dernières désirent être reconnues comme telles, avec des logiques et des modalités différentes.

« D'un côté, elle est ce qui « permane » ; de l'autre, ce qui s'invente. Il y a d'une part les lenteurs, les latences, les retards qui s'empilent dans l'épaisseur des mentalités, des évidences et des ritualisations sociales, vie opaque, têtue, enfouie dans les gestes quotidiens, à la fois les plus actuels et millénaires. D'autre part, les irruptions, les déviances, toutes ces marges d'une inventivité d'où des générations futures extrairont successivement leur « culture cultivée ». La culture est une nuit incertaine où dorment les révolutions d'hier, invisibles, repliées dans les pratiques – mais des lucioles, et quelquefois de grands oiseaux nocturnes, la traversent, surgissements et créations qui tracent la chance d'un autre jour. »

Certeau, M. (de) (1993). *La culture au pluriel*, 10/18, p. 211.

REMERCIEMENTS

Bien évidemment, ce travail n'aurait pu s'accomplir de manière solitaire. Je dois évidemment beaucoup aux personnes qui m'ont apporté de l'énergie, de l'attention et des encouragements pour retravailler à nouveau le premier manuscrit initial de la thèse.

Dans un premier temps, je remercie les acteurs de ce projet, sans qui rien n'aurait été possible. Je veux bien évidemment parler des pratiquants de spéléologie urbaine, des base jumpers urbains rencontrés, des golfeurs et « traceurs » avec qui j'ai passé — ou pris — du temps pour comprendre leurs activités respectives. Bien que cela n'ait pas toujours été facile, la cohabitation a néanmoins été fructueuse. Non seulement, je me suis ouvert à un « monde » dont je ne connaissais rien, ou si peu… Mais surtout, j'espère leur avoir apporté en retour, une autre compréhension de leurs pratiques. Les échanges engagés entre « eux » et « moi » ont été le gage de ma sincérité pour ne pas dresser un portrait déformé. J'ai découvert de nouvelles manières de « faire du sport » et de nouveaux lieux sur lesquels je n'aurais jamais imaginé pouvoir « jouer » !

Bien évidemment, ce parcours universitaire n'aurait pu se réaliser si je n'avais pas eu à mes côtés des « guides » de recherche ! Je veux bien sûr nommer les personnes qui ont cru en l'originalité du projet et ont – de près ou de loin – participé à la formation de cet ouvrage : S. Héas, D. Bodin, C. Gibout, L. Robène, A.Ait Abdelmalek et A. Huet et tous les membres du programme de recherche « culture et sport » du laboratoire. Un grand merci aux collègues doctorants, G. Routier et R. Kergoat notamment, pour leurs aides précieuses dans ces moments de tension. Je tiens tout spécialement à remercier le jury de cette thèse, réunie à Rennes au mois d'Avril 2009. La reformulation complète de la version originale dont est issue cet ouvrage n'aurait pu se faire sans le soutien, les nombreuses critiques et les encouragements apportés ce jour là. Ainsi, je remercie chacun des membres pour leurs différentes interprétations, leurs sincérités, leurs regards extérieurs et parfois même « étranger » à la sociologie française : Mr M. Atkinson (Université de Toronto), Mr M. Blanc (Université de Strasbourg), Mr D. Bodin (Université de Rennes), Mr S. Héas (Université de Rennes) et enfin, Mme Nahoum-Grappe (Ecole des Hautes Etudes en Sciences Sociales). Je n'aurais sans doute jamais eu le courage physique et intellectuel pour retourner la théorie, comme une « vieille chaussette », et repartir des faits, tels qu'ils ont été observés. Alors, j'espère que cet ouvrage se veut fidèle aux attentes de chacune et chacun.

Enfin, je finirais par remercier toute ma famille et ami (e) s proches qui s'y sont intéressé (e) s. Je tiens à remercier tout particulièrement Aurore sans qui ce travail n'aurait peut-être jamais abouti.

PRÉFACE

Il y a des livres qui supposent un vrai courage dans le choix du sujet et la conduite de la recherche, c'est le cas ici.

Courage intellectuel de faire face à un sujet non encore balisé, ni même réfléchi, puisqu'il est en train d'émerger sociologiquement et donc historiquement. Les jeux sportifs vertigineux nocturnes et clandestins ici ciblés ne sont pas encore pris dans un filet de règles institutionnelles établies, ni mis en scène spectaculaire au fond des écrans (ou très peu). Ils sont encore hors du circuit marchand et mystique des concours sportifs organisés et investis par l'Etat et les citoyens comme « sport ». L'esthétique de leurs performances particulières n'est pas encore « figurée » et mise en scène au plein cœur de l'espace public, violemment éclairé lors des grands spectacles de finales, avec remises de coupes à la clé. Ces pratiques, et toute la culture qui lui est associée, échappent jusqu'à présent au champ des visibilités collectives attendues, classiques — même si, pour une bonne part d'entre elles, le chemin de cette évolution est plausible.

Courage physique aussi d'un jeune chercheur, étudiant en thèse, qui accepte de tenter de participer sur le terrain aux risques qu'entraînent les activités qu'il étudie. Toutes sortes de risques, corporels lorsqu'il faut la tête en bas, le corps accroché en haut d'une échelle de dix mètres sous le bitume, donner un coup énergique des deux pieds contre la plaque d'égout à soulever pour sortir — *dans la rue incognito…*

Courage moral lorsqu'il s'agit de faire face comme tout ethnologue dans la glaise aux regards que ses informateurs-acteurs, encore méfiants et bientôt ironiques, posent tout à coup sur lui. Comment se faire accepter d'eux ? Comment gérer la bonne distance entre sa déontologie professionnelle d'enquêteur et la fascination potentielle du vertige, *des vertiges*, y compris celui de la clandestinité ? Savoir se situer ni trop près, lorsque les culpabilités et les fascinations risquent de dévorer la liberté de recherche, ni trop loin, lorsqu'un chercheur imbu de sa différence et de son savoir tend à confondre sérieux et morgue, est le premier devoir du chercheur de terrain en sciences sociales : il n'y a pas de recette — c'est au cas par cas, à chaque étape, *chemin faisant* que tout cela s'ajuste ou pas. Florian Lebreton a frôlé en artiste, avec simplicité, respect, et autoprotection les risques d'un terrain difficile, ce qui témoigne d'une vraie passion de chercheur.

Courage épistémologique aussi, dans ce désir d'utiliser sa discipline, la sociologie, pour rejoindre le réel — et non le fuir dans le confort rhétorique des sujets et codes usés plus sûrs.

Les pratiques étudiées sont donc encore peu connues dans l'espace public, même si elles se sont déjà inscrites dans une histoire sociologique déjà pleine de rebondissements, si j'ose dire. Sauter en parachute la nuit, du haut des tours d'acier et de verre, plonger dans l'inconnu labyrinthique des catacombes parisiennes, utiliser son corps, et seulement son corps, pour sauter tout droit devant au-dessus du vide entre deux toits, et face au mur l'attaquer en face avec une vitesse de course qui défie la pesanteur et permet de faire quelques pas magiques *le long de sa verticale*, pourquoi prendre le risque de cela ? Nulle cause finale, comme le désir marchand de se mettre en avant publicitairement, même si cela peut arriver par la suite. Comme si au départ, créer un monde purement graphique où le rêve enfantin de sauter au-dessus des ravins et par-dessus les obstacles suffisait, le temps de cet élan où la violence de l'énergie physique produit de la pure gracilité aérienne. Comme éprouver physiquement si la force des images telluriques du monde d'en dessous était assez puissante. Comme si habiter les mégapoles contemporaines exigeait un parcours d'appropriation de ses points de vertige, à ses sommets — sauts en parachute nocturnes —, à son horizon — envolée du corps vers le devant plein d'obstacles —, en dessous de son propre fond — plongée dans les catacombes, où la nuit et le silence sont portés à leur point de plus haute intensité.

Ces pratiques frôlent l'illicite, elles sont réprimées ou à peine tolérées dans les espaces encore blancs des réglementations en vigueur qui ne les ont pas encore cadrées. Elles sont nées au cœur de ce monde urbain contemporain depuis quelques décennies, au sein de groupes de jeunes et moins jeunes, surtout des garçons, qui les créent, les organisent, et les cadrent. Que dit la sociologie ? Si elle arrive trop tard, elle ne percevra plus que la fin du moment d'invention, puisque ces pratiques, si elles font succès, sont vouées à être sans cesse redéfinies par les institutions sportives, économiques et policières, qui, en les découvrant, en réorganiseront les modalités et les frontières, comme en leur temps, les promenades urbaines des rollers parisiens. Mais, pour la chance du lecteur, un jeune sociologue est arrivé à l'aube de ce processus, et il peut alors travailler « l'expérimentation » collective en phase encore *d'auto-organisation.*

C'est la mission spécifique de la sociologie descriptive, compréhensive, « qualitative », si proche de l'ethnologie mais aussi de la phénoménologie, de tenter de restituer les faits sociaux émergeant.

Comment comprendre cette étonnante compétence de certains groupes, des jeunes garçons, des hommes moins jeunes, moins de femmes, à inventer sa manière d'occuper son propre espace ? Pourquoi les conduites de vertiges sont-elles privilégiées pour cette occupation provisoire, sous la forme d'un exploit physique remarquable, qui se traduit par aucune visibilité à l'extérieur du cercle, comme si l'enjeu était plus fort s'il restait privé, presque secret ? En ce début du XXI° siècle, la multiplication des images et des commentaires de la société sur elle-même enveloppe le corps humain dès sa naissance d'un flux de formes, de figures, et de mots surgis du fond des écrans jusqu'à celui des yeux, pour le baigner presque sans interruption de doubles de la vie, de multiples du monde, et de tant d'échos d'histoires ! Le régime de la curiosité collective est peut-être en train de subir de profonde modification : saisie, avant toute possibilité de choix, par l'emphase du *donné à voir social*, notre curiosité *d'époque* sait tout en images par avance : et si cette emprise du régime visuel sur l'ensemble de nos perceptions avait déploré nos possibilités d'éprouver des sensations vertigineuses en dehors des écrans ? Par exemple, le vertige de l'amour physique est offert à la consommation visuelle d'enfants qui n'ont pas encore le corps pour en comprendre l'aventure intérieure — liée à la submersion du *voir* dans cet océan des aperceptions autres qu'entraîne cette aventure. Autre exemple, l'ivresse du rêve de « partir loin ! » *tout quitter* vers un autre monde dont la différence ne peut être dessinée en amont sur une photographie, possible dans un monde où restaient non défrichés par les caméras des espaces alternatifs, est nourri d'images avant *d'avoir eu faim.* Et si notre soif d'altérité, liée à une première curiosité géographique, cette soif de voyage si puissante à l'adolescence, ne pouvait plus trouver un dernier espace sur la planète *non précédée d'images de lui-même, auxquelles manque forcément le poids énorme de tout ce qui existe en dehors de la vue*, c'est-à-dire l'abîme vertigineux de la différence ?

Si les voyages adultes diurnes touristiques en ce début du XXI° siècle en sont réduit non pas au bouleversement de tout l'imaginaire d'avant, en face d'un *espace inimaginé à l'avance*, mais à traquer l'écart énigmatique de la ressemblance aux images visionnées sur écran en amont, peut-être qu'une fraction de la jeunesse tente encore d'autres territoires, au cœur même du présent urbain qu'ils désirent fuir.

La belle enquête de Florian Lebreton montre toute une frange de la jeunesse s'adonner à des conduites de vertige, sans but utilitaire ni promotionnel, dont ils inventent les formes au cœur de l'espace urbain, *des formes produites par la logique même de leur décor*. Elles supposent peut-être comme un désir de fermer les yeux et les écrans, et de donner un coup d'arrêt à cette seule dimension visuelle du désir de vertige promue dans le monde social présent. Comme si les héros clandestins de ces exploits voulaient aussi mettre un point d'arrêt à la tyrannie contemporaine d'un excès de visibilité de tout.

Véronique Nahoum-Grappe
Institut Interdisciplinaire d'Anthropologie du Contemporain
Centre Edgar-Morin
CNRS/EHESS

INTRODUCTION

Des cultures sportives différentielles

Précisons en quelques mots le cheminement de cette recherche. Nous avons entamé des études sur le *base-jump*[1] et la spéléologie urbaine en 2004 dans le cadre des travaux de recherches en anthropologie des pratiques corporelles et des apprentissages moteurs à l'Université européenne de Bretagne, Rennes II. Cet ouvrage est une reformulation complète du travail de thèse réalisé entre novembre 2005 et avril 2009 en socio-anthropologie. Issu d'une formation universitaire en sciences et techniques des activités physiques et sportives (STAPS), nous avons toujours été attentif à une circulation des savoirs entre la sociologie, l'anthropologie, l'histoire et les STAPS pour éclairer du mieux qui soit les questions des cultures sportives plurielles, différentielles, des conduites corporelles vertigineuses ou des identités urbaines. Cette richesse de la formation initiale a contribué fortement à modéliser cette recherche sous un angle socio-anthropologique où le métissage disciplinaire est central.

Nous avons toujours été stupéfaits de voir comment des groupes d'individus pouvaient s'organiser collectivement autour d'une même pratique, ludique et/ou sportive, pour marquer de son empreinte le labyrinthe urbain. Étant « étranger » à ces pratiques, nous avons d'abord été interpellé par les randonneurs des souterrains parisiens (les spéléologues urbains) alors que dans le même temps, des *base jumpers* urbains nous intriguaient avec leurs performances depuis la tour Montparnasse ou la Défense notamment. Notre curiosité nous a porté ensuite vers deux autres pratiques aux caractéristiques *a priori* proches : le *street golf* et le parkour (mélange subtil de course et de gymnastique sur les architectures urbaines). Des premiers pas hésitants aux grandes enjambées finales, nous avons toujours été animé par la même question : que font ces pratiquants en ville quand ils disent vouloir la « *faire vivre* ». En observant ces citadins « pratiquer » la ville, une première question sociologique émerge. Si la nature de ces activités physiques surprend au premier abord, s'agit-il pour autant d'une forme contemporaine de résistance ou de contestation des espaces urbains – comme

[1] Sauteurs en parachute à partir de points fixes : immeubles (*Buildings*), antennes (*Antenna*), ponts (*Spam*) et falaises (*Earth*).

environnement rigide et contrôlé ? En d'autres termes, peut-on les inscrire parmi l'éventail des pratiques (post) modernes qui critiquent la nature de l'espace urbain, défini avant tout par ses logiques sociales, spatiales, corporelles et temporelles ? N'y a-t-il pas dans ces pratiques urbaines une forme de résistance à l'hégémonie culturelle de la ville et donc, un droit à l'espace public[2] ?

Les villes sont envahies par une multitude de pratiques sportives développées en marge des sports traditionnels. De « nouvelles » pratiques, de « nouvelles » tendances qui envahissent les milieux urbains depuis quelques années et qui ont radicalement transformé la relation sport – ville. Les sports urbains, sont les plus emblématiques de ce que peut être le rapport entre sport et ville, parce que c'est l'espace urbain, et notamment la rue qui détermine la pratique. À l'image d'une anthropologie des mondes contemporains[3] il s'agit d'observer un phénomène local caractéristique de notre contemporanéité. Pour notre part, nous cherchons à comprendre et à dégager le sens de ces pratiques corporelles qui détournent les espaces urbains et leurs réglementations. Comme le rappel E. Goffman, il s'agit alors de comprendre la « structure de l'expérience individuelle »[4] et non, de les juger en fonction de ce qui serait bien ou mal, ou pire, en fonction de leurs aspects « extraordinaires ». Les pratiques en question sont nées au cœur du monde urbain contemporain dont elles réinventent d'une manière ludique certains usages spatiaux au sein de groupes d'individus qui les créent, les organisent et les cadrent.

Cette étude est construite sur une réflexion socio-anthropologique qui mêle à la fois les tenants d'une anthropologie urbaine et ceux d'une sociologie du sport. Quelle influence la « ville » peut-elle exercer sur les comportements, attitudes, croyances et pratiques individuelles et/ou collectives ? Il s'agit de mettre en exergue l'émergence d'un acteur social et réflexif. C'est par une approche socio-anthropologique que nous cherchons à comprendre comment la Métropole, composée de groupes sociaux diversifiés, influe sur les individus. Dans la Métropole, l'individu peut alors

---

[2] Don Mitchell, *The right to the city. Social justice and the fight for public space*, New York: The Guilford Press, 2003.

[3]Gérard Althabe, « Vers une ethnologie du présent », In Gosselin (dir.), *Les nouveaux enjeux de l'anthropologie. Autour de Georges Balandier*, p. 89-98, 1993 ; Marc Augé, *Pour une anthropologie des mondes contemporains.* Paris: Aubier, 1994.

[4] Erving Goffman, *Les cadres de l'expérience*. Editions de Minuit, p.22, 1991.

s'affirmer en dehors des appartenances traditionnelles en raison de son autonomie et de sa singularité.

De l'objet au sujet de recherche

Le sport et ses différentes cultures interrogent, aujourd'hui comme hier. À l'image des dernières campagnes d'enquête menées en 2000 sur les « pratiques sportives en France[5] », puis sur les « sports et sportifs en France »[6], nous constatons une évolution de quelques familles de sports et notamment l'accroissement des pratiques de loisirs (le « sport » concerne le 8e rang des activités de loisirs des Français et des Françaises en 2008), des sports de glisse et en particulier la glisse urbaine. Or, la pratique urbaine est ce qui nous intéresse ici. En 1985, 5 % des enquêté (e) s déclarent une pratique de glisse nature, en 2000, 3 % pour la glisse nature et 5 % pour la glisse urbaine. La tendance générale souligne donc une diversité des pratiques, de ses logiques d'actions et de ses modalités pratiques. Ainsi, il apparaît clairement qu'un ensemble de valeurs et de normes circonscrivent ce que nous pouvons appeler une culture sportive. Cette dernière regroupe la grande diversité des manières d'être actif physiquement, regroupée sous l'expression commune d'Activités Physiques et Sportives (APS). Néanmoins, les cultures sportives sont variables et multiples. Sans retracer ici les différents processus d'institutionnalisation et de désinstitutionnalisation des pratiques, les APS se déclinent aujourd'hui en une très grande variété de pratiques, toutes signifiantes pour les acteurs qui y sont engagés. C. Pociello ayant déjà fait remarquer qu'il existe des « différenciations significatives de ces cultures sportives[7] ».

Le sport fonde à lui seul une forme de « monde social » avec ses propres significations et pratiques. T. Shibutani1 indique alors que ce monde social correspond à un « univers de réponses réciproques régularisées [où] chacun est une arène dans laquelle existe une sorte d'organisation. Chaque monde social est également une « aire culturelle » dont les frontières ne sont délimitées ni par un territoire même, ni par l'appartenance formelle mais par

---

[5] Rapport Ministère de la Jeunesse et des Sports, INSEP, *Les pratiques sportives en France*, 2001.

[6] Olivier Aubel, Brice Lefèvre et Gary Tribou, *Sports et sportifs en France*. Points de repère issu de l'Observatoire du sport en France, Paris, Fédération professionnelle des entreprises du sport et des loisirs, 2008.

[7] Christian Pociello, *Les cultures sportives*, Paris, PUF, 1995.

les limites d'une « communication efficace[8] ». À suivre nos populations enquêtées, le sentiment de différenciation se situe en rapport aux discours et la « communication efficace » concernant les bénéfices (sociaux, éducatifs, sanitaires, moraux…) de la pratique sportive, il relève de l'« appartenance formelle » aux organisations du sport : les pouvoirs publics essentiellement, médias et autres acteurs concernés (campagnes officielles menées par le Ministère Jeunesse et Sport, campagnes publicitaires où les sportifs professionnels et amateurs sont engagés par exemple).

Le sport et son organisation traditionnelle représentent donc un ensemble hiérarchisé et structuré par des instances fédérales qui se déclinent alors en associations de pratiques (clubs, associations sportives). La sociologie anglo-saxonne s'accorde à identifier l'ensemble de ces pratiques sous l'appellation *traditional sports,* reconnaissant ainsi les activités de force, de compétition et de performance[9]. Les acteurs de ce « cadre » sportif communiquent alors sur les vertus de la pratique sportive, entendue comme une adhésion volontaire du pratiquant à un « ordre sportif » (et aux respects de règles formelles). Ce cadre est subordonné à diverses logiques économiques, politiques et culturelles. Ce courant est d'ailleurs très représenté dans les *Cultural Studies* des APS par exemple.

Notre question de recherche engage une réflexion sur les variabilités et multiplicités de cette culture sportive. Par l'observation minutieuse des pratiques culturelles, nous voulons mettre à jour certains « arts de faire » corporels purement récréatifs et ludiques[10]. Les contre-cultures ont déjà été analysées après que les pratiques « californiennes » (dites de « glisse ») soient apparues sur le devant de la scène, proposant sans cesse de nouvelles formes d'activités physiques et sportives[11.] La multiplication des pratiquants qui participent à ce mode de vie alternatif (les communautés de « *riders* » par exemple) a posé de nombreuses questions aux chercheurs engagés relatives à la définition d'une culture sportive, s'il en existe une, ou plutôt, à la définition des cultures sportives[12]. Pourtant, il existe des pratiques qui

---

[8] Cité par Anselm Strauss, *Miroirs et masques*, Paris, Editions Métailié, 1992.
[9] Kevin Young, Michael Atkinson, *Tribal Play. Sport Subcultures, vol. 4.* London: Elsevier Press, 2008 ; Jay Coakley, *Sports in Society: Issues and Controversies* (8th edition). New York: McGraw-Hill, 2004.
[10] Michel De Certeau, *L'écriture de l'Histoire*, Paris, Gallimard, pp. 337-352, 1984.
[11] Peter Donelly, *Sport Subcultures*, In Exercise and sport science review, n°13, p. 539-578, 1985.
[12] Christian Pociello, *op., cit.*. ; Dominique Bodin, Stéphane Héas, *Introduction à la*

restent encore floues pour ceux qui s'intéressent aux changements culturels et sportifs.

Toujours d'après les travaux de sociologie anglo-saxonne, il émerge aujourd'hui un ensemble de pratiques caractéristiques des *post sport*[13]. Ces activités s'illustrent cette fois par le degré de résistance sociale et culturelle, de moralité, de réflexivité, de diversité des techniques de jeu ou encore d'orientation communautaire. D'après ces auteurs, elles sont détournées des aspects commerciaux, économiques ou encore compétitifs et favorisent alors une inclusion sociale. Ces traits culturels s'observent, selon eux, par la lecture de valeurs humaines et spirituelles ou encore de développement émotionnel et physique des participants. Nous verrons que cette analyse nécessite d'être évaluée *in fine* car le corpus de cette enquête révèle d'une part une logique communautaire partagée par les quatre pratiques mais d'autre part, des différences notoires entre un refus du conformisme et une sportification en cours.

Le « regard sociologique »

La question sous-jacente à cet ouvrage, fil d'Ariane de nos analyses, est la suivante : quels sont les raisonnements mobilisés dans cette recherche pour traiter de manière anthropologique la relation étroite qui lie le pratiquant à son environnement urbain et la manière ?

Nous avons à cœur de présenter les pratiques observées ici comme une forme d'« intelligence du social »[14] car elles naissent de l'expérience quotidienne que font les pratiquants des espaces urbains. Expériences multiples qui relèvent, nous en faisons le pari, d'une innovation sociale et culturelle réalisée ou mobilisée par des individus concernés et engagés au sein des espaces urbains. En ce sens, ces pratiquants deviennent de véritables « acteurs urbains ». Il est important pour nous de préciser comment la notion d'acteur prend tout son sens dès lors que nous prenons le parti de développer une microsociologie respectueuse de l'héritage des Écoles de Chicago[15] (dont l'interactionnisme entre autres) et des *Cultural Studies*. Soit, l'analyse de la manière dont les hommes, dans leurs relations, mettent en œuvre et

---

sociologie des sports. Paris. Chiron, 2002.

[13] Young & Atkinson, *op., cit.*. ; Coakley, *op., cit.*.

[14] Jean-Michel Berthelot, *L'intelligence du social. Le pluralisme explicatif en sociologie*. Paris : PUF, 1990.

[15] Les Ecoles de Chicago seront présentées succinctement au chapitre trois.

partagent des symboles, des significations et des valeurs fondant à la fois leur vision du monde et leurs engagements.

Sous cet angle, nous accordons une attention toute particulière à la notion de cadre, de fabrication, de mode et d'une manière générale, au contexte de la pratique physique sous-culturelle. Nous lui donnons généralement deux acceptions qu'il est possible d'imbriquer afin de prétendre à une véritable sociologie compréhensive. Selon une première acception il existe un « cadrage institutionnel des activités (ou cadrage des activités)[16] ». La seconde acception, beaucoup plus étroite, rappelle que l'« interaction (est) localement organisée et négociée[17] ». Goffman résume cette position méthodologique par la différenciation entre « ce qui relève *de* la situation et ce qui *est* en situation »[18]. Cette notion de contexte, donc, est primordiale pour saisir les relations qu'entretiennent des pratiquants auto-organisés (ce qui est en situation) avec les espaces urbains de leur lieu d'habitation (ce qui relève de la situation). Cette « imbrication » propose alors, aux observateurs, une lecture particulière des usages ludosportifs contemporains et par là même, une certaine forme de conduite vertigineuse des corps. Telle est la thèse défendue ici.

Enfin, nous voudrions préciser l'influence théorique majeure de ce travail. Paradoxalement, la sociologie de Simmel s'est imposée à nous en même temps que la réalité du terrain nous l'a imposée. En d'autres termes, les premières enquêtes exploratoires menées avec les groupes de spéléologues et de *base jumpers* urbains nous ont fait prendre conscience d'une chose : les groupes de pratiquants forment en ville, de véritables communautés où un projet commun anime chacun des individus engagés. À ce titre, ce projet forme et mobilise une véritable « communauté d'intérêt », théorisée par Simmel pour caractériser les sociabilités en ville et dans le cadre des métropoles modernes. Usant de la figure de l'étranger, de la nature des relations sociales, de l'émergence des sociétés modernes, des valeurs d'esthétismes, de changements, de mobilités et d'individualisme, G. Simmel est logiquement omniprésent dans ce travail.

---

[16]Aaron V. Cicourel, *L'imbrication des contextes communicationnels : exemples d'entretiens médicaux.* (1ère édition américaine : 1992), trad. Française d'A. Borzeix, revue par C. Cler, dans *Le raisonnement médical, une approche socio-cognitive* (textes parus entre 1981 et 1995), Paris, Editions du Seuil, 2002.
[17] Cicourel, 2002
[18] Erving Goffman, « L'ordre de l'interaction », In Y. Winkin, *Les moments et les hommes.* Paris: Editions de Minuit, p.208, 1988.

Les « tactiques » urbaines

D'entrée de jeu, les pratiquants avec lesquels nous avons mené notre travail peuvent être vus comme des acteurs « tactiques » de la ville. En effet, les espaces pratiqués sont de deux ordres : soit illégal pour la spéléologie urbaine et le *base-jump* urbain, soit légal pour ce qui est du *street golf* et du parkour. Il s'agit alors de décrire comment ces pratiquants sont situés dans les interstices urbains, entre le légal et l'illégal, entre le visible et l'invisible. Très largement inspiré des travaux menés par M. De Certeau, il s'agit d'analyser la production de pratiques signifiantes comme une forme de « ligne d'erre[19] » qui trace des trajectoires et des mouvements en plein cœur de « lieux ordonnés par les techniques organisatrices de systèmes »[20.] Pour l'auteur cette figure de l'errance et de la déambulation dans les espaces de la ville est « insensée parce qu'elle n'est pas cohérente avec l'espace bâti, écrit et préfabriqué » dans lequel elle s'inscrit. Les concepts de « détournement » et de « fabrication » de cadres d'existence (*frame*) empruntés à Goffman seront aussi très largement mobilisés pour rendre compte du caractère auto-organisé et de certaines marges de liberté mobilisées par ces acteurs.

Cette notion avec laquelle nous introduisons nos enquêtés est encore davantage sous-estimée des travaux sociologiques et anthropologiques en sport, du moins à notre connaissance. En effet, alors qu'il s'agit d'un travail souterrain sur la société, nous montrons que des transformations sociales importantes peuvent se jouer dans ce qui est considéré comme anecdotique et marginal. La marginalité n'est alors qu'un mot. Elle est fluide, polysémique et très difficile à définir. Si notre objet de recherche à tendance à être étiqueté ainsi, nous l'avons malheureusement constaté, bien au contraire, il est utile de dépasser ce constat trop simpliste pour comprendre ce que ces activités veulent nous dire. Mais surtout, quelles connaissances nous apportent-elles dans le champ de la sociologie des sports et en sociologie urbaine ? *A priori* beaucoup. Selon nous, c'est ce qui fonde tout l'intérêt de ce travail.

Sport informel, « style de vie » et culture de rue

Prévoir le futur n'est pas une tâche évidente et notamment en ce qui concerne la multiplicité des activités physiques et sportives. La sociologie

---

[19] François Deligny, *Les vagabonds efficaces*, Paris : Maspero, 1970.
[20] De Certeau, *op., cit..*, p.57.

française puis anglo-saxonne s'accorde à montrer la popularité croissante des activités non institutionnelles, informelles et alternatives comme art de vivre ou plus modestement, « style de vie ». Dans un tel contexte, il est important de porter une attention toute particulière aux significations et à la compréhension de ces conduites corporelles. Si la notion du « style de vie » sportif (*sport lifestyle*) n'est pas nouvelle, la manière dont ils peuvent être organisés et vécus au sein de la « communauté de pratique[21] », se conforment ou résistent à l'ensemble des normes urbaines et sportives et enfin, se transforment sous l'impulsion de logiques culturelles (sportification/résistance) et économiques (médiatisation et commercialisation de l'activité), elle nous semble pertinente pour définir les activités analysées ici. Les « sports », au sens traditionnel du terme, ne sont pas menacés et encore moins en voie d'extinction. La réalité est beaucoup plus complexe que cela. Les licences sportives délivrées par les fédérations sportives n'ont cessé de croître durant toute la deuxième moitié du XXe siècle en France. Si la période d'après guerre aux années quatre-vingt correspond à « l'âge d'or » du nombre de sportifs, une légère stagnation des effectifs s'est fait connaître avant de légèrement reprendre depuis le début des années 2000[22]. Il ne s'agit donc pas de confirmer ou d'infirmer une tendance plus qu'une autre.

En revanche, inscrire la notion de « style de vie » dans le registre des cultures de masse nous semble réducteur de l'éventail des pratiques informelles. Notre étude ne concerne pas la « masse » mais bien des minorités qui s'auto-organisent pour se définir une identité dans un contexte d'urbanisation des sociétés. Nous n'excluons pas que certaines de ces activités se transforment ensuite pour devenir une activité de masse et intégrer progressivement les médias de communication (presses, TV, internet) et les logiques de consommations qui conduisent alors à une progressive massification de leur activité. Quel est alors l'intérêt de porter un regard sociologique sur ce genre d'activités ? Les sports informels sont de plus en plus représentés dans l'ensemble des cultures sportives. En remplaçant les équipements sportifs traditionnels par les architectures et mobiliers urbains, nous cherchons à montrer que la question de la gouvernance urbaine et la régulation de ces activités humaines suscitent de

---

[21] Etienne Wenger. *Communities of practice. Learning, meaning and identity.* Cambridge University. 1998.

[22] STAT info, *Un demi siècle de licences sportives en France*. Bulletin de statistiques et d'études. Jeunesse, sport et vie associative, n°04-06, novembre 2006.

plus en plus d'intérêt en Europe (Grande-Bretagne, France) mais surtout en Amérique du Nord (États-Unis, Canada). Les institutions urbaines et sportives travaillent main dans la main, non pas pour les intégrer à la culture *mainstream*, mais pour créer une culture propre qui tienne compte de leurs différences. L'exemple de la Fédération Nationale des Cultures Urbaines (FNCU) en France témoigne de l'émergence du thème de l'inclusion pour la promouvoir dans les villes. On peut voir comment un objet de recherche anodin suscite en réalité de nombreuses interrogations dans le champ des politiques urbaines et sportives entre autres. Il n'a donc rien de surprenant là-dedans, bien au contraire. Dans une période où l'on cherche à démontrer la contribution du « sport pour tous » pour la santé mais aussi dans la participation des citoyens à la vie de la cité. À ce stade de la réflexion, nous pouvons déjà nous interroger sur la manière dont ces pratiques sont régulées, comment les participants développent leurs habiletés, quelles sont les transformations actuelles de ces pratiques et surtout, quelles sont les relations entre cultures urbaines et cultures sportives ?

De la culture aux cultures sportives

Pour comprendre encore davantage la nature des activités ethnographiées dans cet ouvrage, il faut affiner nos propos. Les alternatives au modèle sportif dominant supposent un contexte dans lequel ces pratiques peuvent émerger et se construire une identité.

Cependant, ne perdons pas de vue que la notion est utilisée en sociologie du sport pour se référer aux groupes pratiquant une activité différemment de celle rencontrée au sein des clubs sportifs. Ce mode de pratique ne concerne pas non plus uniquement un public jeune. Nous verrons que la spéléologie urbaine par exemple réunit un talon sociologique très large. C'est la raison pour laquelle leurs définitions ne sont pas si évidentes que cela en a l'air. Robert Rinehart[23] suggère alors quatre points fondamentaux :

- Les participants contrôlent et dirigent leur propre organisation, plutôt que d'être gouverné par une organisation officielle

[23] Rob Rinehart, "Emerging arriving sport : alternatives to formal sports", In Coakley, J, Dunning, E. (Eds). *Handbook of sport and society*. London: Sage. pp.504-519, 2000.

- Les alternatives sont centrées autour de la réalisation de soi
- Les alternatives sont nettement moins tournées vers la compétition
- Un entre-soi d'initiés

Sous cet angle, les pratiques ethnographiées relèvent bien plus du modèle de pratique alternatif que l'on trouve parfois qualifié à défaut d'extrême ou de risqué. Les pratiquants interviewés sont alternatifs car ils refusent de s'adonner à une pratique centrée sur l'affrontement et la confrontation. Pour bien comprendre la différenciation entre les modèles de pratique présentés ici, nous reprenons la modélisation de Coakley (2004) pour qui le modèle traditionnel dominant est aujourd'hui complété par un second modèle, caractéristique des tendances sportives qui continuent de croître et de se développer à grande vitesse, en dehors des institutions de tutelle :

SPORT CULTURE	POST-SPORT CULTURE
Hiérarchique	Inclusion sociale/co-optation
Compétitive	Coopération
Discipline/Contraintes des corps	Culture morale
Performance	Ludisme/dérision
Corps comme ressource économique	Corps comme expérience vécue (source de plaisir)

Modèle « force et performance » Modèle « plaisir et participation »

D'après Coakley (2004)

La sociologie anglo-saxonne nous apprend beaucoup dans ce domaine. Elle a eu pour habitude de se pencher très tôt sur ces questions « nouvelles », en particulier depuis l'essor de ce que nous appelons en France, les pratiques californiennes. Il faut se demander maintenant pourquoi un objet d'étude comme le nôtre a sa place dans une sociologie des sports contemporains.

Comment le street golf, le parkour, le base jump et la spéléologie urbaine sont associés aux sports alternatifs et aux sports de rues ?

Une littérature sociologique émergente

La particularité de ces terrains de recherche tient dans l'absence de travaux antérieurs, excepté pour le parkour et le base jump où une très nette augmentation des publications sur le sujet émerge des centres de recherche sur le sport en Angleterre, aux États-Unis et au Canada dernièrement. La sociologie française ne s'est pas suffisamment intéressée à cette « nouvelle » pratique si ce n'est l'étude de Calogirou[24] sous forme d'entretien de vie avec un de ses fondateurs, D. Belle. À notre connaissance, l'auteure est la première à avoir intégré le parkour dans ses recherches menées sur les sports urbains. Elle présente l'activité inconnue jusqu'alors, où « le sportif utilise les éléments urbains pour réaliser un parcours d'obstacles au gré de son cheminement et des objets urbains et constructions qu'il rencontre ».

La littérature sur le sujet est ailleurs. Une série d'études sur le parkour a émergé lors des trois dernières années sur le mode de la pluridisciplinarité. Une grande partie de ces travaux explore la façon dont cette « nouvelle » forme de mouvement offre comme façon d'interagir avec l'environnement urbain et le milieu de vie[25]. Ainsi, ces interactions ludiques ont pour fonction de défier plutôt que de contester les usages et significations des espaces urbains, la vie urbaine, les formes urbaines de gouvernement des corps[26]. Pour d'autres, le parkour transgresse l'espace urbain capitaliste, perturbe et déstabilise les significations capitalistes propres aux villes

---

[24] Claire Calogirou, « Le parcours ou la conquête acrobatique de l'espace urbain : Entretien avec David Belle, fondateur du groupe Yamakasi », In *Ville, école, intégration*, n°116, pp.97-112, 1999.

[25] Paula Geyh, « Urban free flow: A poetics of parkour », in *Media culture journal* 9(3), 4, 2006.

[26] Michael Atkinson, "Parkour, Anarcho-Environmentalism, and Poiesis", In Journal of Sports & Social Issues, Vol.33, No. 2, p.169-194, 2009 ; Nathaniel Bavinton, "From Obstacle to Opportunity : Parkour, leisure, and the reinterpretation of constraints", *Annals of Leisure Research*, *10*(3/4), 391-412, 2007 ; John Saville, "Playing with fear : Parkour and the mobility of emotion", *Social & Cultural Geography* 9(8), 891-914, 2008 ; David Thompson, "Jump City : Parkour and the traces", *South Atlantic Quaterly 107*(2), 251-263, 2008 ; Oli Mould, "Parkour, the city, the event", *Environment and Planning : Society and space 27*, 738-750, 2009.

postindustrielles[27]. Le parkour apparaît alors comme une forme d'« activisme urbain » qui se propose de défier les activités sociales contemporaines[28]. Dans le même registre, Atkinson nous dit que les pratiquants ethnographiés à Toronto défient un environnement urbain aseptisé et ainsi, qualifie le parkour comme une forme contemporaine de « mouvement anarcho-environnemental »[29]. Finalement, toutes ces recherches conduisent au même constat. Le modèle du plaisir et de la participation active des pratiquants dans leurs propres communautés de pratique illustre l'idée selon laquelle le parkour, la spéléologie urbaine, le base-jump urbain et le street golf, fonctionnent comme une « échappatoire aux pratiques du pouvoir qui régissent nos mouvements et gouvernent nos comportements »[30].

Sur un autre registre, la pratique de la spéléologie urbaine est quasiment absente de la littérature sociologique française mais également anglo-saxonne. Néanmoins, nous retenons qu'une première enquête ethnologique avait eu lieu au début des années quatre-vingt par B. Glowczewski[31].

Le base-jump, essentiellement montagnard, fait l'objet de quelques analyses sociologiques et psychologiques. Sur le même mode opératoire que le nôtre (observations et entretiens), Martha et Griffet[32] ont analysé la pratique dans le sud-est de la France. Qualifié de « jeu le plus sérieux au monde », l'activité combine le sérieux et le jeu. D'après les auteurs, cela procure une « expérience aventureuse ». Quand aux travaux anglo-saxons, on peut retenir ceux de B. Wheaton[33] sur la question du base-jump comme un « style de vie » mettant en avant les notions de sensations, de différences

---

[27] Maria Daskalaki, Alexandra Stara & Imas Miguel, « The 'Parkour organisation' : inhabitation of corporate spaces », *Culture & Organisation*, *14*(1), 49-64, 2008.
[28] *Ibid*, 61.
[29] Atkinson, *op. cit.*.
[30] Jimena Ortuzar, « Parkour or l'art du déplacement », *The Drama Review 53(3)*, 54-66, p.55, 2009.
[31] Barbara Glowczewski, Jean-François Matteudi, *La cite des cataphiles, mission anthropologique dans les souterrains de Paris*. Paris: Editions de Minuit, 1983. Pour un compte rendu du travail de l'ethnologue, nous vous renvoyons à la publication suivante : Lebreton, F., Héas, S. (2007).
[32] Cécile Martha, Jean Griffet, « Base-jump, le jeu le plus sérieux du monde », In *Ethnologie française*, vol.4, 2006.
[33] Belinda Wheaton, *Understanding Lifestyle Sports: Consumption, Identity and Difference* (ed.) (London: Routledge, 2004.

et de la mise en mouvement du corps dans l'espace. Quand au saut urbain, nous n'avons pas recensé de travaux sur ce point. Et pourtant, une question fondamentale surgit de cette pratique : comment interpréter la relation entre le corps en mouvement dans la chute et l'inscription de celui-ci au cœur des cités urbaines ?

À notre connaissance, le street golf ne fait pas encore l'objet d'analyse sociologique. Il n'existe donc aucune référence précise sur le sujet si ce n'est un grand nombre d'articles journalistiques. Il est d'ailleurs intéressant de noter que la pratique du street golf n'a pas encore traversé l'Atlantique puisqu'elle est principalement centrée en Europe (Allemagne, France).

La question qu'il faut se poser maintenant est de savoir comment proposer une définition sociologique qui facilite la compréhension de ces pratiques informelles sans les enfermer dans des catégories toutes faites.

La signification du « style de vie »

Les activités définies comme « style de vie » ne sont pas figées comme telles mais évoluent au gré des transformations culturelles. Il est donc important de distinguer celles qui résistent à la culture dominante de celles qui s'y intègrent progressivement. En quelque sorte, nous pouvons différencier les pratiques de « l'ombre », aux frontières du secret, de celles qui cherchent l'exposition à la « lumière » et la reconnaissance de leurs activités. Ainsi, des ressemblances et dissemblances culturelles seront exposées ultérieurement. Comment s'effectue la transition de l'ombre à la lumière ? Les exemples du parkour et du street golf viennent alimenter cette discussion puisqu'une diffusion spatiale suit actuellement son cours à travers l'Europe et les Etats-Unis notamment. Même si les pratiquants dénoncent, au premier abord, les valeurs dominantes attachées au sport institutionnalisé, certains se félicitent de leurs commercialisations et de leurs régulations futures par les institutions sportives et urbaines. Le parkour est à notre avis le meilleur exemple du moment pour analyser ce processus de sportification, quand une pratique sort justement de l'ombre pour être exposée à la lumière.

Le « style de vie » nous intéresse à bien des égards car il permet essentiellement de cibler notre recherche sur la manière dont les individus construisent une identité au sein de cette culture sportive différentielle mais vivent aussi une expérience dans l'action. La démarche qualitative y est bien entendu centrale. Les recherches ont surtout vu le jour aux États-Unis[34], en Australie[35], en Angleterre[36] et en France[37] dans une moindre mesure. Entre autres, on peut noter les travaux sociologiques réalisés au sein du réseau de chercheurs « sport nature » pour qui l'accès aux sens des pratiques *outdoor* permet d'analyser ces pratiques tournées vers « le moment de l'esthétique, des désirs partagés dans des groupes de pairs, des communautés de pratique au sein desquelles des genres de vie se rassemblent »[38].

On peut s'interroger maintenant sur l'apport de telles connaissances dans le domaine de l'intervention politique par exemple. La question des gouvernances urbaines des pratiques informelles alimente bien des discussions. Faut-il tenir compte de la diversité culturelle en termes de pratiques, goûts et désirs pour proposer un cadre institutionnalisé de ces dernières ? Bien évidemment la notion d'inclusion est centrale à ce débat. Il est important de distinguer le processus qui vise à intégrer une minorité à une majorité moyennant certaines adaptations et le processus qui vise à créer une culture propre. Deux exemples suffisent. En Angleterre, l'émergence des *lifestyle sports* figure parmi les priorités de la politique sportive. Il y est question de réfléchir à une manière de réguler ces pratiques informelles dans les espaces urbains. En amont, il est d'abord question de développer un lexique des styles de vie sportifs, puis d'explorer les modes de gouvernances actuels et enfin, d'analyse les bénéfices que cela apporterait en les intégrant aux politiques de gouvernance. Dans ce premier cas, le processus relève de

---

[34] Robert Rinehart & Synthia Sydor (Eds.), *To the Extreme: Alternative sports, inside and out*,Albany: State University of New York Press, 2003.

[35] Doug Booth, *Australian beach cultures: The history of sun, sand and surf*, London: Frank Cass Publishers, 2001.

[36] Ian Borden, *Skateboarding, space and the city: Architecture and the body*, 2001 ; Belinda Wheaton, *Consumption, lifestyle and gendered identities in post-modern sports: the case of windsurfing*. Unpublished PhD thesis, University of Brighton, 1997; Belinda Wheaton, (Ed.),*Understanding Lifestyle sports: consumption, identity and difference*, London: Routledge, 2004.

[37] Jean Viard, *Réinventer les vacances*. Paris : La documentation Française, 1998. Anne-sophie Sayeux, *Surfeur. L'être au monde*. Rennes, Presses Universitaires de Rennes, collection « des sociétés », 2008.

[38] Jean Corneloup, *Pour une autre appropriation et lecture de l'espace de vie*. Interview in Contrepied n°22, APPN sport de nature quel aventure, Suppléments électronique.
http://www.contrepied.net/telecharge/annexes/suppl_Contreloup_intervieux.pdf

l'intégration car il y est question de proposer des espaces spécifiques à leurs pratiques, les *park*. La création des skateboards park en zone urbaine ou périurbaine illustre le même processus où l'espace clos, bien souvent en marge des centres villes, illustre un mécanisme de régulation bien connu. En Angleterre, le parkour est tout particulièrement intégré. De multiples projets de parkour *park* émergent en ce moment, où la notion d'espace fermé semble être une solution « idéale » pour réguler à la fois l'activité et ses adeptes... Les architectures urbaines sont alors désertées pour être remplacées par des structures artificielles où le parcours et les mouvements corporels apparaissent « bridés ». L'institutionnalisation du parkour en France est différente. Nous y reviendrons plus longuement ultérieurement. Le processus d'inclusion y est ici davantage marqué. Les diverses associations nationales de pratiquants se fédèrent au sein d'une plus large fédération, la fédération nationale des cultures urbaines (FNCU). Créée il y un peu plus de dix ans, la FNCU se propose de fédérer l'ensemble des acteurs qui font les cultures urbaines (sports, musiques, danses, arts) pour représenter ensuite leurs propres intérêts auprès des institutions. L'exemple nous montre que le chemin suit son cours progressivement car des labels sportifs sont actuellement délivrés aux associations de pratiquants pour poursuivre les divers partenariats « officiels ». À notre sens, cet exemple montre un cas où l'inclusion semble fonctionner puisque, à défaut d'être intégrés de manière directe aux institutions, les pratiquants jouissent de leur appartenance aux cultures urbaines pour exister en tant que tel. Le parkour jouit maintenant d'une très grande médiatisation, commercialisation et reconnaissance de leur activité.

De même, certaines pratiques dites alternatives possèdent des « résidus de la culture sportive dominante »[39]. Elles ont en elles des similarités culturelles qui facilitent leur rapprochement, leur affiliation et leur institutionnalisation. Rinehart cite très justement la transformation du snowboard *outsider* en *insider* dont la meilleure représentation aujourd'hui reste la participation aux Jeux Olympiques. À notre avis, évoquer la rupture comme processus n'est plus adapté pour décrire ces formes sportives. Aller contre l'hégémonie de la culture sportive dominante suppose aujourd'hui davantage de « négociations et de compromis » avec les institutions de tutelle que de « moyens radicaux »[40]. Nous venons de prendre l'exemple du parkour et des différents processus d'institutionnalisation.

---

[39] Rinehart, *op., cit..*, p.506.

[40] Suzanne Laberge, « Activités physiques et sportives: modes d'aliénation et pratiques émancipatoires », *Sociologie et sociétés*, 27(1), 53-75, 1995.

Il est fondamental de se demander si la volonté de « résister » à l'hégémonie culturelle conduit ou non à une reconnaissance ? En d'autres termes, le style de vie sportif « alternatif » est-il une construction sociale qui serait une voie d'accès à la transformation progressive des rapports entre les hommes et les institutions ? Cette forme inclusive[41] des cultures sportives est-elle une donnée dont il faudra davantage tenir compte dans les prochaines années ?

Les mouvements sportifs d'« alter-globalisation »

Dans une perspective davantage macrosociologique, certains sociologues du sport développent aujourd'hui une analyse des mouvements sportifs alternatifs qu'ils inscrivent dans un processus d'« alter-globalisation »[42]. *Another sport is possible* est une expression que l'on retrouve de plus en plus fréquemment pour décrire les mouvements néosportifs qui résistent d'une certaine manière à l'ordre sportif « globale » et mettent en avant « l'idée que les valeurs de démocratie, de justice, de respect de l'environnement, de droits humains, doivent prévaloir sur les considérations économiques »[43.] Cette perspective éclaire notre réflexion de manière complémentaire, car elle illustre, les tensions qui peuvent se jouer aujourd'hui avec la dialectique « locale » — lieu où l'Homme se réfugie pour s'adonner à soi — et « globale » — lieu de la déshumanisation, de l'uniformisation. Il faut alors s'interroger sur la portée de cette dialectique : « quels modèles sportifs alternatifs les mouvements sociaux globaux proposent-ils ? »[44]. Est-il est alors possible d'envisager que cet ouvrage nourrit encore davantage l'éventail des mouvements sportifs d'« alter-globalisation » ?

---

[41] Nous reprenons ici les termes de Jay Coakley et de Peter Donnelly pour qui la promotion de l'inclusion sociale par les APS soit une nécessaire aujourd'hui : « Reconnaître l'importance de la différence et de la diversité est devenu central pour comprendre à la fois les identités locales et nationales. L'inclusion sociale va même plus loin : cela appelle à la validation et à la reconnaissance de la diversité aussi bien comme une reconnaissance des expériences vécues dans les communautés et les inspirations partagées entre personnes ». Jay Coakley, Peter Donnelly, *The role of recreation in promoting social inclusion.* In Perspectives on social inclusion, working papers series, 2002.

[42] Jean Harvey, John Horne, Patricia Safai, « Alterglobalization, global social movements, and the the possibility of political transformation through sport », In *Sociology of sport Journal*, vol.26(3), 2009.

[43] *Ibid.*

[44] *Ibidem*

Finalement, lorsqu'on s'interroge sur la nature de ces pratiques physiques et sportives d'un autre genre, teintées de ludisme, de transgression, de spiritualité parfois, de dérision et d'aventure, nous sommes confronté à une problématique sociologique contemporaine. Contre « quoi » ou « qui » ces pratiques s'érigent-elles ? Le postulat selon lequel ces pratiques iraient simplement « contre » une culture dominante est beaucoup trop restreint selon nous. À quoi renvoie cette « culture dominante » ? Nous faisons régulièrement référence à une culture sportive dominante et à un « ordre urbain » pour montrer les différences culturelles marquantes entre les pratiques majoritaires de celles qui sont minoritaires. Pour clarifier la posture théorique de cet ouvrage, il nous faut préciser brièvement ce point. Étant sensible aux travaux des *Cultural studies* pour traiter de ces questions, nous nous permettons de relayer les analyses de R. Williams pour qui la « culture dominante » ne renvoie pas à une idéologie qui s'imposerait aux individus de l'extérieur mais un monde perçu naturellement comme une « substance » et une « limite »[45]. Dès lors nous dit R. Williams, il existe des « cultures émergentes », minoritaires, mais pouvant former à elles seules des espaces « alternatifs ». Celles-ci, nous dit l'auteur, survivent aux côtés de la culture dominante mais ne se contentent pas simplement de contester les institutions. Il va même plus loin. Dans ses travaux, il insiste sur le phénomène de concentration de la vie culturelle dans les grandes métropoles modernes. Par exemple, l'émergence des réseaux de communication auto-organisés, cela est surtout vrai pour les cultures sportives différentielles (internet, blogs, forums, fanzines, etc.) doit nous interpeller pour ensuite (re) considérer l'imaginaire produit par les villes postindustrielles et capitalistes[46]. Quelles pratiques ludiques et sportives émergent ainsi de ce contexte culturel, social et économique ?

Le présent ouvrage est organisé en trois parties. La première aborde la particularité de l'immersion au sein des communautés pratiquantes. L'engagement sur le terrain de recherche a été total, peut être trop parfois. À de nombreuses reprises, il a fallu se convaincre que la participation collective à un acte de transgression (la violation de propriétés privées entre autres) était obligatoire dans notre cas. Comment justifier cette posture délicate, entre engagement et distanciation, qui fait le propre de toute démarche anthropologique ? Cela permet, ensuite, d'ancrer cette posture méthodologique dans un cadre théorique plus large, l'imbrication des

---

[45] Raymond Williams, *Culture et matérialisme*, Les Prairies Ordinaires, 2009.
[46] *Op., cit.*.

cultures urbaines aux cultures sportives de la rue. Dès lors, la seconde partie traite des ressemblances culturelles qui contribuent à former une culture commune en référence au « droit à la ville ». Enfin, dans une troisième partie, il sera question des dissemblances culturelles marquant ainsi les sports urbains. Au cours de cette discussion, nous avons volontairement accentué les propos autour des notions de ressemblance/dissemblance pour faire basculer la tendance qui est de regrouper, dans un même ensemble culturel, des pratiques, des manières d'agir et de penser sous prétexte de leurs ressemblances notoires. Comment traiter des différences qui font de ces pratiques humaines une matière socio-anthropologique pour penser de manière dynamique la définition des sports urbains contemporains ? De même, comment interpréter de manière sociologique ces activités physiques inscrites sur les espaces urbains permettant aux pratiquants de se réaliser sur un plan aussi spirituel que corporel et émotionnel ?

PREMIÈRE PARTIE

Le socio-anthropologue et son terrain : les cultures urbaines et sportives contemporaines

I. De l'observation à la description, la posture du socio-anthropologue

1. Champs disciplinaire et posture théorique : le pari d'une socio-anthropologie !

Être l'un des leurs

La particularité de ces terrains réside dans la difficulté d'approche des publics concernés. En effet, décrites comme « émergentes », les pratiques sur lesquelles nous avons porté notre regard ne sont pas faciles d'accès. L'anthropologie a toujours « flirté » avec un accès difficile aux terrains « indigènes ». Plusieurs raisons sont envisageables. La distance culturelle est bien entendue l'une des plus plausibles pour expliquer la difficulté d'accéder à certaines de ces données. En dehors des institutions urbaines et sportives, ces pratiques sont souvent considérées comme marginales, voire déviantes. Par exemple, le club de golf est considéré comme une arme de quatrième catégorie sur les espaces publics passé 22 heures[47], les souterrains sont fermés au public... Du moins quelque trois cents kilomètres du réseau parisien. Quant à la pratique du *base-jump* en ville, elle est tout simplement interdite. De plus, ces groupes ont une culture du secret. De ce fait, ils sont marginalisés en même temps qu'ils s'auto-marginalisent, du moins en partie, nous y reviendrons. Ils sont par conséquent difficiles d'accès pour tout observateur « étranger » à leurs systèmes de valeurs et de pratiques.

Du fait de cette particularité, nous avons bien entendu essuyé de nombreuses évictions de groupes de pratiquants, des refus de collaborer dans l'enquête et même des « renvois » de certains forums Internet spécialisés. Il a pourtant bien fallu que nous nous fassions adopter comme étant un des leurs ! Nous n'avons donc pas hésité à participer, sur le terrain, aux performances de nos informateurs. Il n'y a que la pratique du *base-jump* à laquelle nous n'avons pas participé activement. Cette pratique est réservée, contrairement à ce que certains médias ont pu véhiculer, à un petit cercle

[47] Des altercations ont lieu quelquefois entre les forces de l'ordre et les pratiquants à ce sujet.

d'initiés qui maîtrisent un grand nombre de techniques (aérologie, météorologie, pliage de la voile, sécurité). Pour les trois autres pratiques, nous avons donc commencé à fréquenter les souterrains de Paris, à croiser quelques personnes de l'Inspection Générale des Carrières (I.G.C) avec qui nos partenaires de jeux entretiennent des relations ambiguës, devoir apprendre à ouvrir et refermer une bouche d'égout le plus rapidement et discrètement possible sans tenir compte des regards curieux ; à jouer au golf dans des jardins publics et à jouer avec des poubelles comme cibles dans les quartiers de la Villette ou de la Défense. D'une certaine manière, nous nous sommes pris au jeu dont la finalité est de se représenter différemment les architectures urbaines. Il y eut aussi les premiers tâtonnements pour escalader des murs et sauter par-dessus des escaliers en pleine ville. La nécessité de se faire accepter sur le terrain a été un aspect du travail de recherche que nous ne pourrons oublier.

Néanmoins, ce sentiment d'excitation ne doit pas cacher la présence de certains biais méthodologiques dus à la particularité de ces terrains. Comme le signale M. Duneier[48] à propos du *Carnet ethnographique d'un apprenti boxeur* de L. Wacquant[49], les pratiquants ont aussi des choses à cacher et à protéger. C'est surtout vrai pour la pratique de la spéléologie urbaine et du *base-jump* urbain pour les raisons avancées précédemment. Par exemple, nous n'avons jamais eu de plan de souterrains entre nos mains… Nous avons toujours été considéré comme un suiveur et non pas comme un « guide » qui aurait pu les conduire dans le labyrinthe. Par conséquent, il serait bien illusoire de croire que j'ai été accepté comme étant complètement un des leurs mais plus simplement, comme l'« étranger » du groupe. À l'image de la figure de l'étranger, il est défini socialement par les notions de distance et de proximité puisque mon appartenance au groupe enquêté se veut en même temps proche – comme objet de recherche — et distante – avec la distance culturelle[50]. Il endosse un rôle spécifique qui lui confère une attitude d'objectivité, étant *a priori* moins engagé dans le groupe. Au fond, cette posture particulière a été la trame directrice de ce travail, oscillant entre un engagement et une distanciation.

---

[48] Mitchell Duneier, « Garder sa tête sur le ring ? », *Revue française de sociologie* (Volume 47), p. 143-157, 2006.

[49] Loïc Wacquant, *Corps et âme. Carnets ethnographiques d'un apprenti boxeur*, Marseille, Agone, 2002.

[50] Georg Simmel, « Digression sur l'étranger », In Y. Grafmeyer, & I. Joseph, *L'Ecole de Chicago. Naissance de l'écologie urbaine*. Paris: Flammarion, 2004.

Cette dialectique du proche et du lointain constitue un des grands thèmes de l'anthropologie. Plus encore, la question de la juste distance par rapport à un objet de recherche demeure cruciale dans les sciences sociales[51]. Sur un plan épistémologique, la notion d'engagement pose de nombreuses questions. Or, pour notre part, nous ne sommes pas membre de leurs communautés. Nous avons dû faire preuve d'un certain intérêt pour les intégrer et nous y engager de la meilleure façon sans risquer de tomber dans le « piège » d'une auto-ethnographie empreinte de subjectivité. Mais il semble que cet obstacle épistémologique peut être dépassé dans un second temps. Le temps de la distanciation doit être vécu comme une posture intellectuelle complémentaire, « à la fois indissociable et contradictoire » de l'engagement[52]. En ce sens, ces deux pôles ne s'excluent pas l'un l'autre, ils sont couplés l'un à l'autre, l'un dans l'autre. Nous avons cherché à suggérer provisoirement comment le jeu urbain fait sens « dès lors qu'on prend la peine de s'en approcher d'assez près pour le saisir avec son corps, en situation quasi expérimentale »[53]. Cette posture qui mêle les matériaux ethnographiques et l'analyse sociologique a pour but de communiquer les déterminations cachées et les expériences vécues, les facteurs externes et les sensations intérieures qui, lorsqu'on croise ce double regard macro/micro, font des espaces urbains détournés et des corporéités la trame de ce livre.

Un sociologue en ville !

Le travail de terrain, à la fois participant[54] et distancé, permet de cette manière d'appréhender « la société telle qu'elle est perçue du dedans par les

---

[51] Norbert Elias, *Engagement et distanciation. Contributions à la sociologie de la connaissance*, Paris, Fayard, 1993.

[52] Didier Fassin, « L'anthropologie entre engagement et distanciation : essai de sociologie des recherches en sciences sociales sur le sida en Afrique ». In : C. Becker, J.P Dozon, C. Obbo & M. Touré, *Vivre et penser le sida en Afrique*, Paris : Karthala, 1999.

[53] Wacquant, *op., cit.*., p.10.

[54] A la suite de Loïc Wacquant (2002), nous soulignons la nécessaire distinction entre une observation participante et une participation observante et inscrivons notre travail dans le premier cas. En effet, la logique heuristique a toujours prévalu sur la tentation de la pratique ludosportive et le souci de s'intégrer dans les groupes pratiquants en cultivant le culte du secret qui leur est largement inhérent (Simmel, 1911).

acteurs sociaux »[55]. C'est donc une tentative pour « s'établir au plus près des altérités en présence, [...], se situer dans un équilibre instable entre empathie et différence afin d'établir un rapport où l'Autre a des possibilités réciproques de dialoguer, de connaissances »[56]. Cette démarche réciproque incite volontiers à circuler entre le point de vue *emic* (acteur/usager) et le point de vue *etic* (observateur)[57]. Nous souscrivons à une posture réflexive de l'observateur qui développe une démarche inductive et délibérative[58], sous peine de glisser vers une « auto-ethnographie » dangereuse à bien des égards. C'est ce que la socio-anthropologie distingue notamment à travers une observation impliquée et une autre distanciée[59].

Enfin, ces deux pôles (engagement/distanciation) se pensent en commun, ensemble et non de manière isolée[60]. Il y a ici une forme de mise en tension créatrice où l'un subsume l'autre au point d'être presque nécessaire. C'est seulement à travers ce double processus que le projet socio-anthropologique prend toute sa valeur.

La place du chercheur – et plus particulièrement de l'ethnologue et du sociologue — en ville n'est pas nouvelle[61]. En revanche, la compréhension de communautés d'individus – plus ou moins secrètes — qui pratiquent les espaces souterrains[62] et urbains[63] (parcs, jardins, immeubles, rues, escaliers,

---

[55] François Laplantine, *La description ethnographique*, Paris, Nathan, p.20, 1996.
[56] Pierre Bouvier, La socio-anthropologie, Paris :Armand Colin, p.70, 2000.
[57] Christian Bromberger, « Les pratiques et les spectacles sportifs au miroir de l'ethnologie » in *Dispositions et pratiques sportives* (Société de Sociologie du Sport de Langue Française éd.), Paris, L'Harmattan, p.115-128, 2004 ; Jean-Pierre Olivier De Sardan, *La rigeur du qualitatif. Les contraintes empiriques de l'interpétation socio-anthropologique,* Louvain La Neuve: Bruylant academia, 2008.
[58] Joséphine Mukamurera, France Lacourse, Yves Couturier, « Des avancées en analyse qualitative : pour une transparence et une systématisation des pratiques », *Recherches qualitatives, Vol.26(1)* , pp. 110-138, 2006.
[59] Pierre Bouvier, *Socio-anthropologie du Contemporain*, Paris, Ed. Galilée, 1995.
[60] Sophie Chevalier, Jean-Marie Privat, *Norbert Elias et l'anthropologie : « Nous sommes tous si étranges... »*, Paris, Editions CNRS, 2004.
[61] Sylvia Ostrowetsky, *Sociologues en ville*. Paris, L'Harmattan, 1996.
[62]A notre connaissance, l'unique enquête sociologique de ce genre est porté par Barbara Glowczewski, *Les cataphiles - Mission anthropologique dans les souterrains de Paris.* Paris, Librairie des Méridiens, 1983.
[63]Je citerais par exemple Eric Adamkiewicz, *Les usages sportifs autonomes de la ville, Analyse des pratiques, aménagement et management des espaces*. Thèse de doctorat. Université de Lyon 1, Villeurbanne, 1998. Claire Calogirou & Marc

poubelles, etc.) sur le mode de la transgression interpelle. Il nous a semblé alors qu'il y a peut-être là un terrain à prospecter afin de donner à chacun des habitants de la ville les moyens de mieux saisir les ressorts de son existence, ce qui l'anime et le détermine au quotidien. Un terrain qui mêle deux échelles à même d'être manipulées, croisées et imbriquées. Pour la première échelle – macrosociologique – la ville ne tient qu'aux grandes structures économiques, politiques, culturelles et sociales qui vont participer à une « intensification de la vie nerveuse ». Le trait dominant de la vie urbaine et moderne concerne donc les questions de sociabilités, d'impersonnalités, d'individualisations et mêmes d'intellectualités[64]. Elle est encore le lieu des masques, des rôles sociaux ou encore de rôles de représentations théâtrales pour reprendre Goffman. À cette première échelle de la réalité sociale et urbaine, s'oppose une autre soucieuse du vécu humain – davantage microsociologique. Des microgroupes d'individus parcourent la ville à la recherche d'espaces – non sportifs – qui seraient potentiellement transformables et malléables en espaces de corporéités ludiques et sportives. Dans cette optique, la ville devient un espace à découvrir, à explorer et à pratiquer[65].

Comment ces deux échelles s'interpénètrent-elles ? Comment accéder aux significations développées par les pratiquants enquêtés ? Est-ce ce dont parlait P. Sansot au sujet d'un univers polyphonique et polyrythmique en ville[66] ? Les discours et les représentations que nous pouvons avoir sur la ville contemporaine nous montrent en effet une possible requalification sociologique et anthropologique de la ville dans la mesure où elle n'est plus ce qu'elle était ! Elle est perpétuellement à la merci de ce qui bouge, de ce qui s'invente et de ce qui se multiplie au quotidien par et à travers la diversité culturelle des pratiques sociales.

Touché *Rêver sa ville : l'exemple des pratiquants du skateboard.* In *Le Journal des Anthropologues*, n° 61-62, pp. 67-77, 1995. Pascal Chantelat, Michel Fodimbi & Jean Camy, J*Sports de la cité. Anthropologie de la jeunesse sportive.* Paris: L'Harmattan, 1996. Pascal Duret, Michel Augustini, *Sports de rue et insertion sociale.* Paris, INSEP, 1993. Yves Pedrazzini, *Rollers et skateurs : sociologie du hors-piste urbain*, Paris, L'Harmattan, coll. « Changement », 2001.

[64] Isaac Joseph, *La ville sans qualités.* Editions de l'Aube, 1998 ; Simmel, *op., cit.*.

[65] Ulf Hannertz, *Explorer la ville.* Paris: Les Editions de Minuit, 1983.

[66] Pierre Sansot, *Les formes sensibles de la vie sociale.* Paris: PUF, 1986 ; *Poétique de la ville.* Payot, 2004.

Comment accéder aux significations développées par les pratiquants enquêtés ? Pour ce faire, nous avons tenté de saisir la signification des comportements ludiques, d'interroger le rapport au jeu par le corps, aussi bien au niveau des pratiques que des représentations et valeurs qu'il recouvre. Il s'agit d'identifier les fondements d'un possible « exister ensemble » éminemment sportif, ludique et festif.

Donner du sens !

Comment accéder aux significations développées par les pratiquants enquêtés ? Pour ce faire, nous avons tenté de saisir la signification des comportements ludiques, d'interroger le rapport au jeu par le corps, aussi bien au niveau des pratiques que des représentations et valeurs qu'il recouvre. Il s'agit d'identifier les fondements d'un possible « exister ensemble » éminemment sportif, ludique et festif. Plutôt que de restituer une description détaillée du terrain à l'image d'une monographie ethnographique, nous avons fait le choix de dégager une signification. Comment les pratiquants s'identifient à leur ville d'habitat et de quelles manières ? Que font-ils quand ils disent faire de la spéléologie urbaine ou du *street golf* et même de l'exploration et de la randonnée urbaine par exemple ? Comme « indices préliminaires », il y a ce grimpeur urbain qui déclare :

> « *Pour ma part… Ce côté original m'attire… J'aime surprendre les gens en grimpant à toute heure de la nuit dans la rue même si ça laisse place à de nombreuses altercations plus ou moins amicales (rires). Mais pour moi, ça représente une aventure… En fait, on cherche simplement à sortir du conformisme si présent dans notre société et à montrer aux autres que tout reste à faire* » (Grimpeur urbain, Paris).

Comment interpréter cette déclaration autrement que par l'interpénétration des deux échelles anthropologiques évoquées précédemment ?

Deux niveaux d'interprétations peuvent être dégagés. En effet, au premier abord, ce pratiquant tient compte d'une part de l'environnement urbain comme étant une caractéristique majeure de son mode de vie. Le conformisme exercerait sur lui une forme de faiblesse individuelle et une incapacité à s'affirmer en tant qu'individualité. Le refus du devoir être est représenté alors dans une forme de ludo-sport où l'absence des repères spatio-temporels « habituels » (en dehors des espaces et horaires sportifs traditionnels) retentit en son for intérieur jusqu'à engager un rapport vertigineux. Un second niveau d'interprétation, si on regarde *a posteriori* cette déclaration de pratiquant, fait apparaître des contradictions. En effet, lorsqu'on cherche à donner du sens comme nous tentons de le faire ici, cela relève ainsi d'une activité herméneutique où la recherche de signes, de signifiés et de signifiants vient alimenter la discussion. Nous sommes convaincu, après Habermas, que ce type de science est le propre des sciences humaines[67]. Si l'on poursuit avec le même exemple, on s'aperçoit alors que le discours tend à s éloigner de la réalité de ce genre de pratiques puisque ces « alternatives » sont aujourd'hui aux portes – du moins pour quelques-unes — si elles ne les ont pas déjà franchies, des institutions urbaines et sportives censées les réguler et les intégrer à la vie de la cité.

« Donner du sens » figure comme une priorité pour tout sociologue sensible à l'herméneutique[68]. Notre travail de réécriture, du texte universitaire au présent ouvrage, en témoigne. Outre les exigences académiques du travail de thèse, cet ouvrage se veut « intelligible » et accessible pour qui voudrait le parcourir. La volonté et le désir de comprendre nous guident perpétuellement pour réaliser un travail de ce genre. C'est avant toute chose le « métier » qui l'exige : l'œil sociologique se dilue nécessairement dans la vie et l'existence du sociologue, confondant alors le regard du chercheur avec celui du citoyen. La question du sens dépasse alors tout simplement l'activité du chercheur en sciences sociales. Elle est présente au quotidien dans notre façon de voir le monde. Le travail d'interprétation sociologique trouve sa place dans ce type de recherche. Dans le même temps, la pertinence de l'herméneutique comme paradigme sociologique a déjà été discutée. Ainsi, toute compréhension par interprétation est rationnelle car elle est pourvue d'une structure argumentative. Cette structure est mise au jour lorsque J. Habermas, dans une théorie de l'agir communicationnel[69], montre les conditions de validité et d'acceptabilité des actions pourvues de sens. D'après Habermas, l'herméneutique constitue donc un accès à un domaine d'objets structuré symboliquement.

---

[67] Jürgen Habermas, *La technique et la science comme idéologie*, Gallimard, [1968], 1990.

[68] A ce sujet, nous nous référons davantage à la problématique wébérienne de la compréhension du sens qu'aux prémices philosophiques (H-G. Gadamer). Voir, entre autre, Louis Quéré. *La sociologie à l'épreuve de l'herméneutique. Essai d'épistémologie des sciences sociales*. Paris: L'Harmattan, 1999.

[69] Jurgen Habermas, *Théorie de l'agir communicationnel*. Paris: Fayard, 1978.

2. *Méthodologie mise en œuvre*

Très simplement, nous avons cherché à rester fidèle à une sociologie descriptive, compréhensive et qualitative pour y restituer des faits sociaux qualifiés d'émergents. Pour éclairer cette posture, si fondamentale en anthropologie, nous avons tenté d'élaborer un modèle théorique qui tienne compte à la fois de l'environnement urbain comme cadre d'existence dominant et la fabrique d'un cadre de l'expérience vécue au sein du microgroupe d'individus. Comme le rappelle Goffman, « le monde ne se réduit pas à une scène »[70]. Cela est d'autant plus vrai si l'on observe aujourd'hui, de manière discrète, les diversités culturelles qui caractérisent les grands ensembles humains et urbains de notre modernité occidentale. La culture urbaine se décline en cultures urbaines qui participent à leurs tours, soit à fabriquer un ordre social[71], soit à son opposition contestataire (*counter-culture* et *subculture*). Nous incluons les pratiques alternatives parmi les pratiques urbaines de contestations. Il faut cependant distinguer différents niveaux culturels en fonction des valeurs et des normes qui y sont fabriquées, valorisées et diffusées au sein des groupes, nous y reviendrons. En d'autres termes, cela concerne tout ce qui bouge, tout ce qui s'invente perpétuellement dans les creux et les interstices des espaces publics, des hauts lieux urbains et même dans les espaces souterrains de la ville…

3. *Un terrain d'enquête : la ville de Paris*

Le choix du terrain s'est imposé, d'une certaine manière, à nous. Deux raisons majeures expliquent ce choix. La première concerne le prolongement de notre première recherche engagée sur le *base-jump* et la différenciation entre une pratique dite « naturelle » et l'autre « artificielle » ou urbaine. Certains de nos enquêtés se rendaient alors de temps en temps à Paris pour y pratiquer des sauts urbains. Nous avons été particulièrement curieux lors de ces premières approches pour aller fouiller encore un plus loin et découvrir ce que Paris représente à leurs yeux.

La seconde raison intervenue dans le choix de ce terrain parisien vient du fait que la ville est la plus grande métropole française et représente par là même une source innovante pour enquêter sur l'émergence de certaines

---

[70] Goffman, *op., cit.*, p.9.
[71] Mary Douglas, *Comment pensent les institutions*. Paris: La découverte, 1999.

pratiques ludiques et sportives en milieu urbain. Un éventail aussi large de pratiques sociales et culturelles innovantes ne figure pas, à notre connaissance, sur d'autres sites urbains français si ce n'est quelques groupes ou sites de pratiques dispersées ici ou là.

Une partie descriptive des lieux ethnographiés est présentée en annexe. Nous avons synthétisé les lieux pratiqués avec leurs localisations respectives, leurs natures (en terme de visibilité) et enfin, les conduites corporelles qui y sont développées.

4. Entre engagement sur le terrain et...

Faisant nôtres les propos de C. Bromberger pour qui une démarche de ce type doit s'appuyer pour l'essentiel sur une « enquête qualitative, l'écoute situationnelle [...], l'observation plus ou moins participante, l'attention aux détails, aux dimensions sensibles de l'expérience »[72], nous avons, par conséquent, retenu deux principes essentiels. Dans un premier temps, il s'agit de démontrer l'intérêt de s'engager sur le terrain, d'où la question de l'*engagement*. Il est mobilisé ici par le recours aux entretiens exploratoires dans un premier temps (*via* le net et l'intrusion dans les « réseaux virtuels » présents sur l'internet), puis aux entretiens plus approfondis par la suite, le recours à l'observation minutieuse (participante et/ou distanciée), la rédaction d'un carnet ethnographique et enfin l'étude de documents divers appartenant aux pratiquants et à leurs différents groupes. Cette première phase est bien entendue complétée par des moments « distants », ceux que nous nous réservons comme principe de *distanciation* car ils sont propices à une écriture réflexive et descriptive.

Toute la délicatesse de cette démarche réside dans la position juste du chercheur, celle qui oscille entre empathie et une immersion mesurée. Les observations participantes font alors figure de jeux interactifs entre eux et moi, constitués de conversations, de gestes, de jeux de regards, etc. Ce jeu méthodologique nous a permis alors de négocier en permanence notre place

---

[72] Bromberger, *op., cit..*, 119.

au sein des groupes enquêtés. C'est ce qu'A. Piette analyse entre autre lorsqu'il décrit les tactiques mises en place par le chercheur au moment où il doit négocier continuellement sa place dans la société ethnographiée[73].

L'entretien

Le recours aux entretiens et plus spécifiquement aux histoires de vie a été systématique. Nous avons donc réalisé trente-cinq entretiens exploratoires suivis de vingt-quatre entretiens plus approfondis et *in situ.* À cela, s'ajoutent les entretiens informels réalisés sur les lieux de pratique, non enregistrés. Les entretiens ont donc pris la forme à la fois de récits de pratiques — le vécu du pratiquant correspondant à une pratique particulière – et d'entretien biographique – où le pratiquant englobe cette fois-ci sa propre pratique à sa vie entière. Nous distinguerons deux formes d'entretien ici, l'un qui se situe en amont de la recherche – plutôt exploratoire – et l'autre se déroulant durant la pratique – *in situ.*

En amont, la prise de contact a été longue et difficile. Les premiers contacts se sont effectués par l'intermédiaire des réseaux Internet. Différents réseaux sociaux (communautés virtuelles) se constituent au sein même d'un gigantesque réseau mondial où l'individu s'exprime librement, sans aucune contrainte apparente… Le réseau souterrain des pratiquants est donc également présent sur cette même « Toile ». Cette approche a été reconduite auprès des *base jumpers,* des « traceurs[74] » et des golfeurs. Elle consiste à établir des contacts, des relations qui prennent forme uniquement par l'intermédiaire d'échanges virtuels dans un premier temps. Nous avons fais le choix d'entrer en relation tout en nous faisant connaître. Ce choix méthodologique est uniquement dû aux exigences de cette recherche. Nous y avons pénétré avec un statut très différent de celui des pratiquants, nous allions sur leur lieu de pratique uniquement pour y récolter des informations, non pas pour partager une « passion ». Ce statut a été fortement handicapant lorsqu'il a fallu persuader des pratiquants de nous accepter parmi eux *in situ,* au point de nous demander de descendre sans eux et de faire nos « preuves », comme une sorte de rite initiatique et intégratif en solitaire. Ne pas donner accès à tout étranger qui le demande s'explique par le grand nombre

[73] Albert Piette, *Ethnographie de l'action. L'observation des détails*. Paris, Métailié, 1996.
[74] Nom que s'attribuent les pratiquants du parkour.

d'enquêtes, journalistiques notamment, relayant des informations ou des événements aux saveurs « extraordinaires » et « sensationnelles » déformant très souvent la réalité. Ce repli dans un « entre soi » protecteur répond au souci de préserver l'espace des *étrangers* tout en entretenant cette part de mystère qui sied aux activités différentes de celles habituellement investies dans le monde social ordinaire. Les activités étudiées ici auraient-elles la même saveur si chacun aujourd'hui en connaissait le sens et les finalités ?

Nous ne développerons pas ici en détail la méthodologie pour réaliser nos entretiens. Une présentation plus fine en annexe précise les différentes formes d'entretiens réalisés : *in situ* (semi-directif) *in situ* (informel), via internet et en dehors des temps de pratique. De même, une présentation succincte de l'analyse des contenus récoltés fait l'objet d'un paragraphe spécifique en annexe. Au regard de la diversité des interviewés (en terme de sport pratiqué), nous avons opté pour une démarche selon laquelle la présence d'« homologies structurales »[75] permet de thématiser cette diversité de points de vue.

Les observations sur le terrain

Le terrain est intervenu ici en amont des entretiens exploratoires et *in situ* car il a permis de nous présenter brièvement au cours des observations plus ou moins participantes ; à la fois participantes et distanciées, nous allons le voir. En quelque sorte, l'individu se construit dans ses relations avec son environnement, dans les relations entretenues avec le monde environnant et le sens que le pratiquant leur attribue. Ces significations sont accessibles uniquement par l'observation de gestes, postures, paroles, mais aussi éventuellement des silences qui marquent la situation à un moment donné. C'est ainsi que les significations données sur le fait de descendre en souterrain ou bien de chuter du haut de la tour Montparnasse représentent le vécu des acteurs tels qu'ils se donnent à nous au fur et à mesure de cette enquête. Cela suppose la mise en place d'observations participantes dans les souterrains de la ville de Paris mais également, une observation (sans participation) sur les « spots » urbains de *base jump* à Paris. Nous avons donc eu accès à une première descente souterraine qui s'est présentée sous la forme d'un test avec le groupe. Bien entendu, nous n'avons pas eu accès,

---

[75] Didier Demazière, Claude Dubar, *Analyser les entretiens biographiques - L'exemple des récits d'insertion.* Paris. Nathan. Essais et Recherche, 1997.

d'emblée, à des sites idylliques ou à des endroits tenus secrets, mais nous avons dû faire nos preuves dans un réseau de labyrinthes ; il fallait prouver notre intérêt pour le groupe mais aussi notre sang-froid et notre calme sans pour autant manquer de lucidité. Ce ne fut pas facile… À commencer par la première tâche, délicate pour toute personne n'ayant jamais manipulé une plaque d'égout dans sa vie. Cela consiste à soulever la plaque à l'aide d'un mousqueton accroché par une cordelette ou bien, dans certains cas beaucoup plus rares, la fameuse barre de fer utilisée par les professionnels et spécifiquement prévue à cet effet, les pratiquants nomment la « *barre de l'égoutier* ». Éviter le ridicule était la principale motivation qui nous a finalement conduit à ne soulever qu'une infime partie de cette fameuse plaque. Sans le savoir sur l'instant, nous n'avons pas été entièrement ridicule si nous en croyons les difficultés de quelques autres pratiquants à entre-ouvrir de quelques centimètres cette fameuse plaque aux accents de « sésame ouvre toi ! ». Mais, nous l'avons appris quelque temps plus tard, cette tâche n'est facile pour personne y compris pour les pratiquants ayant quelques descentes à leur actif. Viennent ensuite les premières déambulations dans les premiers mètres de la galerie. « Ne surtout pas montrer un semblant d'hésitation et de peur ! » : pensions-nous. Il n'en est rien ! Bien au contraire, ne pas laisser transparaître le moindre sentiment humain n'est aucunement valorisant ici. L'homme n'est qu'un être soumis aux aléas du terrain de jeu et aux difficultés que ce dernier nous renvoie. Notre stratégie de départ était donc mauvaise… Nous pensons notamment aux premiers essais de *parkour* où la peur du ridicule était encore plus forte que dans la communauté souterraine… Un fort accent de virilité masculine y était sans doute pour quelque chose. Cependant, nous nous en sommes rendu compte suffisamment tôt pour corriger le tir et modifier nos premières participations observantes. Bref, un jeu s'est rapidement mis en place. Bien que la découverte d'un nouveau milieu nous ait impressionné de temps à autre, il ne fallait montrer que très peu de signes de faiblesse ou de doute, auquel cas notre observation n'aurait pas été pertinente car beaucoup trop contrainte par l'émotivité envahissante. L'observation des gestes, des initiatives, des discours, des réflexions, des repas (bon nombre de « *gueuletons* » y sont organisés) ont donc fait partie de nos tâches de chercheur.

Pour rendre compte de ces observations, il a fallu construire des grilles qui nous permettent d'explorer les processus sociaux ; tout en effectuant cet aller-retour qui marque l'intérêt de notre position d'observateur tantôt participant, tantôt distancié. Ces observations se sont avérées très complémentaires des entretiens et riches d'informations venant confirmer, renforcer, ou à l'inverse, infirmer ce que les acteurs interrogés nous disent.

Par exemple, l'aspect communautaire qui émerge des entretiens et observations permet aux enquêtés de se « *connaître et surtout de se reconnaître dans le monde du dessous* [activité souterraine] (Spéléologue urbain, 41 ans) ». Sans observation ni participation active, comment comprendre que l'organisation relève de conventions (recrutement de « nouveaux », respects des lieux, liens entre les forces de l'ordre et la communauté souterraine, secrets relatifs aux « spots » de pratique) ? Car, cette organisation révèle à elle seule tous les idéaux et les revendications auxquelles nos enquêtés adhèrent : droit à la ville, liberté de circulation et de mouvement, auto-organisation.

Quatre domaines ont été mobilisés dans le travail d'observation, de description et d'interprétation :

• La place ou le rôle du corps (position, éloignement, rapprochement, ouvert vers l'extérieur, membres, etc.)

• Le ou les outils que l'acteur mobilise (matériels, cartes, systèmes d'éclairage, voile, sacs, etc.)

• La matière sur laquelle le sujet s'exerce préférentiellement (terre, eau, pierre, air, asphalte, etc.)

• La motricité (sauter, ramper, courir, marcher, se courber, etc.)

L'analyse porte essentiellement sur ces quatre éléments qui correspondent au premier abord à un ensemble de caractéristiques pouvant révéler une construction de sens par, et pour, le sujet lui-même afin de ne pas y perdre la face. Ce travail d'observation, à la fois participante et distanciée, permet d'appréhender « la société telle qu'elle est perçue du dedans par les acteurs sociaux »[76]. L'expérience permet, dans ce cas-là, d'anticiper et de vivre le phénomène en question avec, très certainement, un savoir propre qui permet à l'observateur de conduire sa recherche sans surprise[77], dans une posture réflexive.

---

[76] Laplantine, *op., cit.*., 20.
[77] Everett Hughes, *Le regard sociologique. Essais choisis*, Textes rassemblés et présentés par Chapoulie, JM. Paris : Éditions de l'EHESS, 1996.

Une meilleure compréhension est réalisée en suivant un pratiquant urbain dans sa déambulation, qu'elle soit « au-dessus » ou « au-dessous », et dans sa quête du droit à la ville. Ce n'est pas une chose aisée. En revanche, se munir d'une grille d'observation nous a largement facilité la tâche. La prise de notes s'est essentiellement déroulée à l'aide de grilles, de tableaux qui sont définis au préalable à partir des données récoltées au fur et à mesure que l'enquête progressait. Ne rien laisser échapper, entrapercevoir des détails *a priori* anodins est essentiel. *Ex post*, il s'agit d'analyser ce qui a été coché, gribouillé et annoté sur les grilles elles-mêmes. Comme l'observation suppose de retenir un grand nombre d'informations (organisation de l'espace, décompte de personnes, trajectoires dans l'espace, extraits de conversations, etc.), la prise de notes sûr place peut constituer un outil productif qu'il est essentiel d'organiser pour éviter de passer à côté des indices qui risqueraient de se perdre. Ici, dans le cadre des observations non participantes, la prise de notes s'effectue sur le vif. C'est la manière utilisée pour les observations réalisées avec les *base jumpers* notamment. Pour les autres pratiques urbaines, nous avons eu recours au carnet ethnographique. Ces grilles regroupent ainsi les items présents dans les premiers entretiens, puis, sont progressivement affinées selon les nouvelles questions et autres items « surgissant » au fur et à mesure que l'étude progresse. Voici par exemple quelques points sur lesquels nous avons focalisé nos observations et récoltes d'informations

Figure 1 : exemple de grille d'observations sur le terrain

Le corps	-relation avec partenaires -attitudes (fermées, ouvertes : exemple du positionnement des membres supérieurs) -échanges non verbaux ⇩ INTERACTIONS EN COURS
L'espace	-marqueurs/inscriptions -déambulation : préparation, hasardeuse -vocabulaire utilisé

Le temps	-durée de la pratique (mesurée, délimitée) -moments de la journée/semaine/week-end -déambulation active et continue/passive c'est-à-dire alternée entre des états actifs et passifs
La motricité	-recours aux chiffres (comptage) -positions corporelles (debout, assis, allongé, saut, accroupi, grimpe, accroche, marche, course)
Le lexique	-échanges verbaux (langage spécifique/technique)
Divers	-autres renseignements fournis au fur et à mesure de l'observation (documents, échanges, discussions, etc.)

Nous avons donc choisi d'opter pour deux points de vue différents pour observer les pratiques et leurs pratiquant (e) s. Ainsi, prendre les individus un à un et les suivre dans leurs déambulations nous a semblé davantage bénéfique que de ne prendre qu'un lieu comme point fixe. Nous avons essayé de changer de position et d'entrer dans le rôle de la participation observante afin de voir la diversité des situations cette fois. Le thème centré autour du droit à la ville et de la déambulation corporelle (le mouvement) étant central, nous avons opté pour cette variété de « point de vue » comme le préconisent Schatzman et Strauss[78] : rester à la même place afin de recueillir des données comparables, multiplier les positions différentes et enfin, prendre les personnes comme objet d'observation.

---

[78] Leonard Schatzman, Anselm Strauss, *Field research: Strategies for a natural sociology*. Englewood Cliffs, NJ: Prentice-Hall, 1973.

Le carnet ethnographique

Aux difficultés imposées par le terrain vient s'ajouter la capacité à la fois de prendre en considération certains éléments tenus « cachés » ou présentés comme sans importance par certains individus du groupe, et de prendre en compte des éléments qui ont échappé à la prise de notes par manque de temps ou de possibilité *in vivo in situ.* Notre posture vigilante incite, au contraire, à retenir ce qui a été entraperçu, senti, touché ou encore éclipsé au profit de discours davantage cadrés. C'est la raison pour laquelle nous avons tenu à organiser nos prises de notes complémentaires sous la forme du carnet ethnographique. À l'image du *carnet ethnographique d'un apprenti boxeur*[79], il s'agit de compléter les informations recueillies par les entretiens et les observations mais aussi de rompre avec une posture qui fait soit de l'intégration soit de la distanciation un vecteur biaisé de résultats erronés. Bien au contraire, notre souci est de suggérer provisoirement comment les quatre pratiques urbaines font ici sens « dès lors qu'on prend la peine de s'en approcher d'assez près pour (les) saisir avec son corps, en situation quasi expérimentale »[80]. Cette posture qui mêle les matériaux ethnographiques et l'analyse sociologique a pour but de communiquer les « déterminations cachées et les expériences vécues, les facteurs externes et les sensations intérieures qui, en se mêlant »[81] font des espaces ludiques une projection d'appropriation et de sens.

Accumulations de détails, de schémas, de flèches ou encore de notes écrites à la va-vite, ce carnet revêt toute son importance au moment de l'éloignement, de la distance opérée entre nous et le terrain. Les notes découlent uniquement de nos représentations et interprétations et non plus de discours indigènes. Dès lors, après avoir noté ce que l'observateur « voit » en immersion, le carnet sert à « faire voir » cette fois ce que l'immersion révèle. Tout le travail d'interprétation sociologique se situe au sein de cette délicate phase de compréhension, au sens herméneutique, de ce que signifie le rapport au temps et à l'espace particulier pour le pratiquant.

Le carnet a été utile pour retranscrire après la pratique certaines actions motrices qui ne nous ont pas permis de continuer les observations annotées tout en participant à la déambulation du groupe avec lequel nous étions.

[79] Wacquant, *op., cit.*.
[80] *Ibid*, 10.
[81] *Ibidem*, 10.

Dans le cadre du *parkour* où, bien évidemment, les bras et mains sont mobilisés… nous n'avions pas d'autre choix que de retenir le maximum d'informations (les encouragements des pairs, les précisions techniques de certains, les ricanements des autres, etc.) et de les annoter seulement par la suite. Les premières sorties effectuées avec le groupe de spéléologues urbains nous ont offert le même lot de surprises tant le recours aux gymnastiques et autres contorsions corporelles nous ôte l'envie d'annoter en direct. Concentré sur les tâches à réaliser… nous ne pouvions nous permettre de « faire semblant ». La première sortie de souterrain est à ce titre riche en souvenirs tellement la scène était propice aux nombreuses annotations. Sortir de la galerie soulevant par en dessous et avec son dos la plaque n'est pas une mince affaire la première fois que vous y êtes confrontés… Les autres pratiquants le savent bien, ils en ont profité pour nous faire passer le « test » et voir si nous maîtrisions le retourné acrobatique suspendu à une échelle et savions pousser cette plaque, non pas avec le dos – chose qui a suscité la moquerie des pratiquants – mais avec les pieds, la tête en bas. À ce moment-là, il n'y a aucune chance de se contenter d'observer et de noter des détails ici ou là, il faut le faire sans demander notre reste… Les quelques feuilles de « route » sont alors rangées au fond de nos poches, il ne reste que les souvenirs. Le temps de l'écriture est alors un moment intense où nous n'avons pas d'autre choix que de revivre ce que nous avons vécu quelque temps auparavant. Les souvenirs et quelques anecdotes se bousculent sans cesse. Ils constituent donc le cœur de ce carnet ethnographique, là où les émotions ne sont pas encore retombées. Le travail d'interprétation et celui de l'écriture ne prendront place qu'ultérieurement.

5. … la distanciation du travail réflexif

Aller sur le terrain, se rendre sur les lieux du jeu, observer et participer, s'imprégner autant des dimensions évidentes de l'expérience que de celles, insoupçonnables, dissimulées ou non, impliquait la longue durée et s'imposait l'idée d'une présence qui tiendrait plutôt dans de courts séjours répétitifs afin de favoriser les interrelations, la co-présence avec l'indigène. Cette posture, oscillant entre « engagement et distanciation », a été celle de l'observation participante distanciée, comme tentative pour « s'établir au plus près des altérités en présence […] se situer dans un équilibre instable entre empathie et différence afin d'établir un rapport où l'Autre a des possibilités réciproques de dialoguer, de connaissances[82] » et ayant comme unique objectif de construire une démarche réciproque dans l'administration de la preuve scientifique.

De la même manière, le processus de distanciation que N. Elias préconise au niveau de l'analyse est justement d'une très forte valeur heuristique. Ce dernier différencie l'engagement sur le terrain, composé d'émotions, et une distanciation marquée par le retrait de toute caractéristique « subjective » et irrationnelle. Notre position distante adoptée au moment de l'écriture doit ainsi rendre compte de l'action des processus consistant à dédoubler son regard entre une expérience intimement vécue et une représentation mise à distance.

Il faut maîtriser la recherche menée de manière rationnelle, non émotionnelle, c'est-à-dire distanciée, non engagée, dans le sens de N. Elias. La science, nous dit l'auteur doit s'inscrire dans un processus de distanciation et de contrôle des affects ramenés des terrains de recherche. Le cas échéant, des terrains de recherche empirique.

Ces deux pôles (engagement/distanciation) se pensent en commun, ensemble et non de manière isolée. C'est seulement à travers ce double processus que le projet socio-anthropologique prend sa valeur. La trame de l'étude combine à la fois la « neutralité axiologique » et le principe réflexif de l'engagement/distanciation. Car, si M. Weber émettait quelques réserves sur la pratique de la recherche et de l'application *stricto sensu* de son « idéal », la pensée éliasienne nous permet quant à elle de dépasser les approches durkheimienne et wébérienne sur la réalité du monde social lui-même fragmenté en sous-mondes interdépendants. En revanche, la posture adoptée ici ne rend pas compte d'un engagement au sens politique du terme et de sa mise en œuvre dans le monde social concret – comme P. Bourdieu[83] a pu le démontrer sur certains faits sociaux critiques notamment où la frontière engagement/distanciation devient alors floue, mais plutôt pour signifier la posture et le rapport qu'entretient le chercheur avec son objet au sens d'une anthropologie réflexive et/ou réciproque.

---

[82] Pierre Bouvier, *La socio-anthropologie*, Paris : Armand Colin, p. 70, 2000.
[83] Pierre Bourdieu, *Pour un savoir engagé*, In Contre-feux 2, Paris, Liber-Raisons d'agir, pp.33-40, 2001.

De cette manière, le travail de distanciation opéré dans un second temps nous conduit à entreprendre la conversion du terrain et de l'observation participante vers la version finale du texte écrit qui recensera des descriptions et des citations sélectionnées en fonction de notre méthode socio-anthropologique[84]. Voyons précisément comment l'engagement et la distanciation fonctionnent en couple complémentaire :

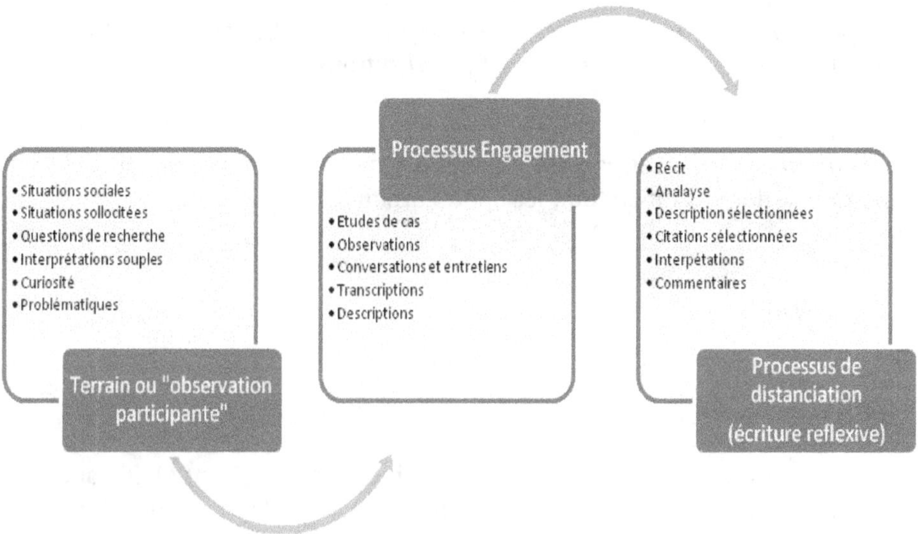

Figure 2 : couple engagement-distanciation en socio-anthropologie[85]

---

[84] Jean-Pierre Olivier De Sardan, « Observation et Description en socio-anthropologie », In G. Blundo, & J.-P. Olivier de Sardan, *Pratiques de la description*, Paris: Editions EHESS, 2003 ; *La rigeur du qualitatif. Les contraintes empiriques de l'interpétation socio-anthropologique.* Louvain La Neuve: Bruylant academia, 2008.

[85] Jean-Pierre Olivier De Sardan, *Anthropologie et développement. Essai en socio-anthropologie du changementsocial.* Paris: Karthala, 1995.

II. Une société sportive en mutation : l'empreinte des cultures urbaines

« *Ce n'est plus l'homme en général qui fait maintenant la valeur de l'individu, mais justement l'unicité et l'originalité de chacun. L'histoire de notre temps est celle de la lutte entre ces deux manières de définir le rôle du sujet à l'intérieur de l'ensemble, celle de leurs imbrications variables. La fonction de la ville est de faire place à la querelle et aux tentatives d'unification de ces deux tendances dans la mesure où le contexte particulier qu'elle représente leur donne à toutes les deux des occasions et des raisons de se développer […] Dans cette mesure, notre tâche n'est pas d'accuser ou de pardonner, mais seulement de comprendre* ». Simmel G., (2007), Les grandes villes et la vie de l'esprit, Paris, Éditions de l'Herne, pp. 42-44.

Après avoir précisé notre posture méthodologique, il est temps de définir précisément les caractéristiques historiques, sociales et culturelles qui marquent, de près ou de loin, les sports urbains.

1. Du jeu traditionnel au « sport »

« Sport » et jeu, une différenciation socio-historique ?

Les Activités Physiques et Sportives (APS), dans leur acception globale, « disent » la société dans laquelle elles s'intègrent : développement économique, niveau éducatif et culturel, rapport entre travail et loisirs, temps libres et utilisation de ces temps sociaux, etc. En même temps, elles renseignent l'observateur sur les traits culturels, les finalités et les modalités qui correspondent et distinguent, globalement les sociétés, mais également les individus, à travers chaque modèle praxéologique que ces pratiques soient individuelles/collectives, d'affrontements/de coopérations, instituées/autonomes, compétitives/ludiques, etc. L'étude des APS, éléments de la culture au sein d'une société donnée, renseigne également sur la répercussion de la pratique sur la vie des individus et ses interrelations entre idéologie personnelle et sphères sociales[86], tout autant qu'elle informe sur l'interpénétration complexe entre normes sportives et normes sociales, les unes influençant, au sein des sociétés occidentales modernes, largement les

[86] Coakley, *op., cit.*.

autres et *vice versa*[87]. Dès lors, il semble légitime de considérer les APS, pratiquées dans des espaces informels, comme un exceptionnel laboratoire d'analyse des ressources individuelles, contribuant ainsi au contrôle de sa propre existence pour la rendre significative. Le versant « obscur[88] » de la vie sociale ainsi éclairé doit fournir de précieux indices sur les transformations et constructions sociales contemporaines.

Dès 1934, Mauss montrait que les « techniques du corps », loin de se résumer à de simples pratiques corporelles ou des performances technico-physiques, participent à l'élaboration des cultures et sont des éléments culturels à part entière. Le traitement culturel du corps doit donc, à ce titre, être considéré comme une manifestation majeure des différences culturelles. Quelles sont celles qui marquent profondément la rupture entre le sport et le jeu, ou bien, comment identifier les formes de jeux urbains comme une nouvelle forme de « sport » ? Ainsi, par élimination, en quoi les pratiques observées seraient-elles des « non-sports » (quasi-jeu, jeu de rue, etc.) ?

L'espace ludique des formes sociales des pratiques physiques accepte maintes variations. Ce sont alors les APS qui sont à décliner selon la situation motrice permettant de différencier le sport du jeu. Cette distinction nous conduit alors à parler de pratique ludosportive pour plusieurs raisons. Du jeu informel et libre aux activités physiques institutionnelles, la palette des activités conduit à une pluralité de définitions qui ne sont pas forcément compréhensibles et identifiables pour les observateurs extérieurs. Pour réduire ce flou, il faut se demander s'il existe aujourd'hui une forme contemporaine du « sport » qui ne serait pourtant pas si nouvelle[89] ? Or, l'élargissement de cette même palette en fonction de nouvelles exaltations, de nouveaux publics (nous pensons par exemple au public « hors-club ») et du temps consacré au loisir doit nous amener à repenser la réalité, faite à la

---

[87] Pascal Duret, Dominique Bodin, *Le sport en questions*, Paris, Chiron, coll. Sports études, 2003.

[88] Par obscur, nous entendons la part très peu significative de l'analyse de la vie sociale souterraine au sein des sciences humaines et sociales. La sociologie de l'imaginaire ayant déjà identifié cet objet de recherche par l'expression de « centralité souterraine » entre autres (voir M. Maffesoli, M. Xiberras) ou dans une approche différente, voir J. Duvignaud et la définition qu'il donne de l'anomie en se référant au désordre social. P. Sansot, quant à lui exprime cela avec le concept d'« univers polyrythmique ». E. Goffman, dans une toute autre perspective, évoque à son tour le concept de « vie souterraine » pour analyser les institutions totalitaires.

[89] Selon certains traits intrinsèques aux jeux anciens.

fois de jeux sportifs mais aussi de jeux hors institution qui émergent sans cesse.

Dans son acception large, le sport est donc entendu comme une activité qui réunit majoritairement les quatre critères suivants[90] : la situation motrice, le système des règles, le cadre compétitif et l'institution. Trois de ces caractéristiques éliminent d'emblée les pratiques analysées ici, car les jeux urbains sont libres des empreintes institutionnelles régulant l'activité. Cependant, nous verrons comment une pratique se sportivise dès lors qu'elle interagit avec les institutions (qu'elles soient urbaines, culturelles ou sportives). Seule la situation motrice est engagée. Ce point nous intéresse car les réflexions sur le corps en mouvement existent et tout particulièrement en ce qui concerne les mouvements « anarcho-environnementaux » en ville[91]. À travers le corps, nous prenons conscience de sa matérialité et de son interface au monde. L'idée est qu'il y a une motivation à la base de tout mouvement : des actes volontaires, des actes nécessaires et des besoins qui vont engendrer le mouvement des corps, peu importe le support sur lequel les mouvements seront exécutés.

Jeux modernes de la cité et jeux anciens, des similitudes ?

Une première approche consiste à analyser les critères qui font que le jeu urbain est organisé comme tel. Le jeu sportif hors institution est alors différent selon six critères que nous empruntons à Duret et Augustini lorsqu'ils ont défini le « sport de la rue »[92] par :

- Une pratique en continuité avec la vie quotidienne
- Un temps de préparation quasi-nul marqué par l'absence d'entraînement
- Un règlement négociable,
- Une organisation par défi,
- Une diffusion des « résultats » par la rumeur (forums Internet par exemple, tracts, etc.)
- Une temporalité sur l'année, au « coup par coup »

---

[90] Pierre Parlebas, *Jeux, sports et sociétés. Lexique de praxéologie motrice*. Paris, Editions INSEP, 1999.
[91] Atkinson, *op., cit.*.
[92] Pascal Duret, Michel Augustini, *Sports de rue et insertion sociale*. Paris, INSEP, 1993.

Cette distinction opérée entre le sport et le jeu hors institution permet de se demander s'il n'y a pas un « certain archaïsme et un retour aux jeux anciens dans les pratiques sportives de la cité »[93]. Au fond, le jeu urbain ou jeu de la cité décrit ici n'est-il pas, à sa manière, une forme de « sport » de résistance[94] ? Nous interrogeons la différenciation entre sport et jeu pour voir si les formes de jeux de la cité auxquelles nous assistons ne seraient pas à la fois une nouvelle forme de « sport » et un retour aux « archaïsmes » sportifs ?

Les fonctionnalismes appliqués aux jeux

Une seconde approche consiste à repérer, dans les manifestations historiques, différentes nuances concernant le jeu. Cette démarche met en exergue le fonctionnalisme sociologique, biologique ou encore psychologique attribué au jeu. Les travaux pionniers en matière de ludologie insistent sur le caractère gratuit et libre de ce type d'activité sociale soumise à des conventions suspendant les « lois ordinaires » de la vie quotidienne.

L'historien Huizinga envisage le jeu comme un phénomène culturel et, singulièrement, comme une activité sérieuse de l'existence humaine. Ainsi, le jeu occupe une réelle fonction sociale. Pour ce dernier, le jeu est une activité « fictive et située en dehors de la vie courante [...] une action dénuée de tout intérêt matériel et de toute utilité [...] qui s'accomplit en un temps et dans un espace expressément circonscris [...] et suscite dans la vie des relations de groupes s'entourant volontiers de mystère ou accentuant par le déguisement leur étrangeté vis-à-vis du monde habituel »[95]. Cette célèbre citation nous renseigne évidemment sur la forme que revêt le jeu pour une société donnée : espace-temps informel, le jeu comme fonction sociale, etc. Huizinga développe un fonctionnalisme sociologique appliqué au jeu et aux expériences ludiques. Pour rendre compte de la nature du jeu en soi, de sa signification pour les joueurs et du plaisir engagé, il se réfère à des aspects qui désignent le jeu comme une rupture avec la « vie courante » et quotidienne. Finalement, la vision de l'auteur conduit à considérer ce jeu là comme une activité qui génère des *effets* et non pas comme une activité innocente ou gratuite.

---

[93] Dominique Bodin, Eric Debarbieux, « Le sport, l'exclusion, la violence », In *Sports et violences*, Editions Chiron. PP.13-34, p.27, 2001.
[94] *Ibid*, 28.
[95] Johan Huizinga, *Homo Ludens - Essai sur la fonction sociale du jeu*, Paris, Gallimard, 1951.

Le fonctionnalisme appliqué au jeu est également présent chez Caillois[96], pour qui le jeu est en quelque sorte son propre but. L'auteur montre également à travers la célèbre classification des formes de jeux (*agôn*, *ilinx*, *alea* et *mimicry*) que chaque « contexte sociologique » valorise un type de jeu plutôt qu'un autre. Notre culture occidentale a diffusé, puis valorisé le « sport », entendu comme une pratique agonistique et/ou compétitive – thème également repris par N. Elias, développé *infra.*

Le travail de Duvignaud sur le jeu et la transe[97] nous renseigne sur ce que signifie l'acte de jouer : un coup de force au milieu du clair-obscur de la vie quotidienne ! Le jeu sert à la fois à soi et à rien pourrait-on dire. À l'instar de Caillois, la dimension du vertige (*ilinx*) intervient ici très fortement pour révéler le côté effervescent et bouillonnant de ce type de jeu urbain.

Genèse du « sport » moderne

Nous pouvons aussi analyser ce thème par une lecture de la genèse du sport moderne et de certains critères qui le différencient fondamentalement du jeu[98]. En effet, le passage d'une activité ludique à une activité « rentable » (à la fois pour l'individu valeurs hygiénistes mais également pour la société par une *normalisation* de la pratique) contribue à rendre le « sport » contraire à l'essence même du jeu, nous venons de le voir. Dès lors, l'apparition de règles, de fédérations sportives et autres phénomènes d'institutionnalisation semblent corroborer la thèse éliasienne selon laquelle l'incorporation (intériorisation) des contraintes (normes) sur un cadre défini résulte de la médiation des pulsions et de leur canalisation par certains dispositifs institutionnels.

Dès lors, comment situer le jeu sportif hors-institution comme « expérience » ludique sous une acception stricte du « sport » ? Ces pratiques, nous le pensons, s'inscrivent pourtant toutes deux au sein des activités de loisirs et traduisent, ainsi, la circulation des individus entre des

---

[96] Roger Caillois, *Les jeux et les hommes*, Paris, Gallimard, 1958.
[97] Jean Duvignaud, *Le Don du rien*, Paris, Éditions Tétraèdre, collection l'anthropologie au coin de la rue, 2007.
[98] Norbert Elias, Eric Dunning, *Sport et civilisation. La violence maîtrisée*, Paris, Fayard, 1994.

« enclaves dé-routinisantes » et des « moments routiniers »[99]. Nous retenons de ces auteurs la relation équilibrée d'interdépendance qui existe entre les fonctions du loisir et celles du non-loisir.

Le jeu sportif hors-institution est une pratique ancrée dans un espace-temps significatif et positionnée au cœur des espaces de la vie quotidienne[100] (espaces sociaux, espaces de vie). Cette pratique est vécue comme dé-routinisante cette fois-ci. Non pas qu'il s'agisse de pratique du « hors-quotidien », mais située au cœur même de la vie quotidienne moderne car elle se nourrit principalement des espaces vécus comme contraignants pour s'en distancier ensuite. Ce que nous appelons ici un *agir ludique*. Cela prend forme dans le « lieu anthropologique[101] » ainsi construit car il est propice aux expériences en tout genre (motrices, ludiques, identitaires, etc.). Cet *agir* prend la forme d'une quête hédoniste des espaces urbains qui contribue alors à requalifier sociologiquement la ville. Cette manière d'aborder la ville ne redonne-t-elle pas à l'espace public un esprit fédérateur ? Alors, les activités de rues analysées ici apparaissent largement comme des lieux de socialisation trop souvent sous-estimés par les acteurs institutionnels.

En d'autres termes, Elias et Dunning montrent que les perspectives historiques et universelles élaborées par Huizinga sur l'*homo ludens* et Caillois pour critérier les jeux ne semblent plus représenter la valeur accordée aujourd'hui à la notion de jeu. Car, le jeu est présenté comme un monde profondément différent du quotidien chez ces deux auteurs : un monde « hors quotidien ». Les pratiques auto-organisées sur lesquelles nous nous penchons semblent davantage s'accorder avec les travaux interactionnistes qui montrent une forme de « vécu urbain »[102], ou bien encore de « territoires du quotidien »[103]. Cela pose la question du jeu comme une pratique du quotidien.

---

[99] *Ibid*, 146.

[100] Le milieu urbain est ici représenté comme un espace de vie quotidienne où se mêlent différents usages (travail, habitat, loisirs, etc.).

[101] « Nous réservons le terme « lieu anthropologique » à cette construction concrète et symbolique de l'espace qui ne saurait à elle seule rendre compte des vicissitudes et des contradictions de la vie sociale mais à laquelle se réfèrent tous ceux à qui elle assigne une place. », Marc Augé, *Non-Lieux, introduction à une anthropologie de la surmodernité*. Paris: Seuil, p.68, 1992.

[102] Hannerz, *op., cit.*.

[103] Guy Di Méo, *Les territoires du quotidien*. Paris: L'Harmattan, 1996.

Il est possible de repérer des similitudes entre les jeux modernes de la cité et les jeux anciens, nous l'avons dis. Pourtant, le jeu urbain possède un critère distinctif de certaines activités motrices (une activité professionnelle par exemple) qui le rend spécifique : la situation motrice[104]. La personne qui « joue » agit alors avec pertinence au cours de l'action motrice engagée, « les comportements moteurs observables sont porteurs de significations »[105]. Ce paradoxe du jeu sportif (qu'il soit institutionnel ou en dehors) organisé autour d'une situation motrice et où le plaisir du jeu est essentiel, nous incite donc à proposer le terme de pratique *ludosportive*. Si le sport se distingue des jeux, c'est parce qu'il s'inscrit dans une temporalité précise, parce qu'il se fonde sur le respect de règles précises et universelles, parce que sa logique compétitive est au départ compatible avec la promotion de valeurs morales et d'une éthique de comportement dont l'Olympisme est l'illustration. En rupture avec les formes classiques de sociabilité ludique ou festive, le sport moderne et les formes de pratiques qu'il propose imposent un cadre spatio-temporel rigide. Ce sont des espaces de shows sportifs[106] ou même de « contre-société »[107] pour reprendre l'expression de B. Jeu.

Ce regard historique permet de situer l'héritage de modalités anciennes parmi les pratiques ludosportives actuelles. Comment se comporte la sociologie pour analyser le corps sportif, le corps en mouvement ?

La sociologie considère le corps comme un « opérateur social », un instrument avec lequel se construisent à la fois des identités individuelles, mais également des symbolisations (comme processus), des configurations sociales, *in fine* des représentations sociales partagées. Le corps fournit une grille de lecture de la société en même temps qu'il accompagne cette dernière au gré de ses mutations et changements. Prenons un exemple cruel. Les corps décharnés, ou à l'inverse obèses, sont autant de signes de malnutrition dans les pays en voie de développement qui montrent l'état de développement ou de pauvreté d'une société. À l'inverse, le culte du corps,

---

[104] « Ensemble des données objectives et subjectives caractérisant l'action motrice d'une ou plusieurs personnes qui, dans un milieu physique donné, accomplissent une tâche motrice » (Parlebas, 1981, 220).

[105] Eric Dugas « Du sport aux activités physiques de loisir : des formes culturelles et sociales bigarrées », *SociologieS*, Théories et recherches, mis en ligne le 10 juillet 2007. URL : http://sociologies.revues.org/document284.html.

[106] George Vigarello, *Du jeu ancien au show sportif*. Paris: Seuil, 2002.

[107] Bernard Jeu, *Le Sportif, le philosophe, le dirigeant*. Paris: Presses Universitaires Du Septentrion, 1993.

son entretien, la lutte contre l'obésité et les maladies cardiovasculaires sont le propre des sociétés industrielles occidentales. Le corps peut être considéré comme un analyseur social qui fournit des indices visuels à la compréhension de phénomènes modernes, que ce soit en matière de développement sociétal mais également de transcendance corporelle à l'égard de toute norme sous des formes subjectives, pour reprendre la pensée de Foucault[108].

Les pratiques de désinstitutionnalisation

Nous venons de retracer brièvement les processus qui ont marqué la genèse du sport moderne et son institutionnalisation progressive. De son implantation à son institutionnalisation en France (1870-1914), puis à sa diffusion et aux mutations idéologiques qui vont de pair (1939) jusqu'à sa mondialisation (2ème moitié du XXème siècle), les logiques sportives contemporaines oscillent alors entre les aspects traditionnels, le poids du marché économique et les enjeux politiques[109]. Cette organisation du sport moderne et son fonctionnement ont donné une place fondamentale au sport dans notre société contemporaine. Divers espaces, conjonctures et autres contextes variés permettent d'identifier les institutions du sport à partir du façonnage qu'elles exercent sur les pratiquants et sur les sports régis par la règle institutionnelle. À ce titre, l'institution sportive pourrait être définie comme le lieu où se déroulent les pratiques, c'est-à-dire un groupement d'« organisations légitimes » créant ainsi un système de valeurs et de normes qui leur sont propres[110]. À partir de ce constat, nous pouvons tenter d'analyser le mouvement inverse, largement d'actualité, la désinstitutionnalisation des formes de pratiques.

Ce mouvement se caractérise essentiellement par le retrait du modèle de pratique marqué par la « force et la performance » au profit de celui marqué par le « plaisir et la participation »[111]. Il ne faut pas se méprendre sur le sens de cette remarque : le premier système dominant (force et

---

[108] Michel Foucault, Foucault, *Surveiller et punir. Naissance de la prison.* Paris, Gallimard, 1975 ; *Histoire de la sexualité, vol.3 : Le souci de soi.* Paris: Gallimard, 1984.
[109] Thierry Terret, *Histoire des sports. (*Sous la dir.). Paris: L'Harmattan, 1996.
[110] William Gasparini, *L'institutionnalisation des pratiques sportives et de loisir.* Edition Le Manuscrit, collection Recherche-Université, 2007.
[111] Coakley, *op., cit..*, 567.

performance) est toujours le plus visible, le plus pratiqué et le plus concerné par toute l'activité économique liée aux mondes du sport. Cependant, la demande en termes de « nouvelles » pratiques interpelle sur les « nouveaux » publics concernés. Il y a donc différentes manières de faire du « sport » et l'émergence des formes de pratiques auto-organisées illustre l'engagement moral des participants vers le challenge, la liberté et la résistance, l'authenticité et la réalisation d'intérêts personnels : bien-être, corps/esprit, activité/environnement naturel, etc.

Les mouvements sociaux qui ont progressivement vu le jour au cours des années soixante et soixante-dix ont vu naître des cultures corporelles et sportives de diverses natures. Certaines se sont alors opposées au système culturel dominant et ont eu comme objectif de « renverser » le système en place : les premières pratiques californiennes liées à la « glisse » par exemple étaient vécues comme un mode de vie alternatif tant sur le plan culturel que social. Il existe donc bien des pratiquants soucieux, par désir mimétique, de produire dans le sport, une culture qui conteste et déstabilise les structures traditionnelles du sport. Aujourd'hui, nous pouvons dire que le désir de produire une forme culturelle alternative et réalisable par le « sport » est possible si elle incite les pratiquants à définir eux-mêmes leurs propres valeurs, normes, langages, etc. L'opposition et la contestation ne sont pas de mise ici. Il ne s'agit pas de contre-culture mais plutôt de sous-culture au sens où l'affirmation d'un style de pratique physique permet à ces pratiquants de se différencier. Car, si l'on se réfère aux travaux des *Cultural Studies*, la sous-culture est effectivement une forme d'opposition au système culturel dominant mais se mue vers une forme de résistance symbolique[112].

S'agit-il pour autant d'un véritable mouvement de désinstitutionnalisation tel que nous le posons ici ou plutôt, simplement de générer des formes d'organisation « nouvelles » ? Cette question sera discutée au cours du chapitre quatrième. À titre d'exemple, le cas du *parkour* est largement représentatif car la pratique, originellement sous-culturelle, est en train de s'institutionnaliser. Le parkour est aujourd'hui moins une sous-culture qu'un sport de plus en plus commercial car il est progressivement réapproprié par les institutions.

---

[112] Stuart Hall, Thomas Jefferson, *Resistance through Rituals: Youth Subcultures in Post-War Britain*. London: Hutchinson, 1976.

Nous le voyons, il faut nuancer les propos lorsqu'il s'agit de définir les cultures urbaines. Qu'elles soient alternatives ou sous-culturelles, elles reposent toutes sur l'autodéfinition et l'auto-organisation du système de valeurs et de normes. Et, certaines de ces pratiques effectuent alors le trajet inverse qui consiste à être institutionnalisé progressivement à leur tour et à perdre alors tout contenu « sous-culturel ». Nous verrons ainsi comment une même culture urbaine peut générer à la fois de l'alternatif et de l'instituant à partir de différentes formes de pratiques physiques. On voit certains traits « sous-culturels » rejoindre les formes de l'*establishment*.

Une première tendance consiste à observer ces pratiques alternatives et à les ranger sous l'étiquette de « sous-culture » et pire, de « contre-culture ». Le système de valeurs ainsi créé suppose un projet de différenciation sociale, tant individuel que collectif (la « communauté de projet »). Une autre tendance est de regarder les pratiques émergentes relevant de l'instituant : leurs « représentants » ne se déclarent pas contestataires mais soucieux de porter un nouveau projet « citoyen » au cœur de la cité, tels le *parkour*, les NTIC[113] et jeux urbains comme la chasse au trésor[114], la chasse à l'homme, etc. Il est donc important de saisir comment la pratique auto-organisée se distingue, tant sur la forme que sur le contenu, des pratiques institutionnelles.

L'auto-organisation comme différenciation sociale

Les activités ludosportives sont à analyser directement dans la confrontation avec les autres activités situées sur le même espace/temps quotidien. Il révèle, sans aucun doute, des différences culturelles que les

---

[113] Nouvelles Technologies de l'Information et de la Communication

[114] La ville de Paris organise des « chasses au trésor » depuis trois ans. Les mairies des 3ème, 6ème, 13ème, 18ème et 19ème arrondissements organisent un gigantesque jeu ouvert au public local et étranger (touristes). Les notices du jeu sont d'ailleurs traduites en anglais. Le jeu se pratique seul ou en groupe (de deux à six) et consiste à réunir des indices et à répondre aux énigmes posées. Les commerçants sont d'ailleurs sollicités pour aider les participants à progresser dans la ville. L'adjoint chargé du tourisme à la mairie de Paris déclare à ce titre que l'organisation du jeu a pour objectif de « redécouvrir les lieux exceptionnels de la ville ». Le projet citoyen est alors mis en œuvre pour requalifier la ville (Journal Du Dimanche, 12-13 Juillet 2008).

acteurs revendiquent sous la forme d'activités décentrées de toute légitimité issue des cultures dominantes[115]. Un contexte anthropologique qui révèle alors une fabrication auto-organisée et centrée autour de valeurs individuelles. La légitimité de l'institution sportive est, bien entendu, directement concernée ici au même titre que l'espace public au sens politique du terme[116]. Si bien que l'*homo ludens* (l'homme qui joue) se trouve en confrontation directe avec l'*homo faber*[117] (l'homme qui fabrique). D'autant plus que la valorisation du travail a connu ces dernières décennies une ascension croissante dans la reconnaissance de l'Homme et de la notion de « performance », jusqu'à épuisement de ce dernier dans la rupture marquée par l'incertitude sociétale. D'autres analystes ont vu le travail comme une valeur en voie de disparition[118]. Cette position, certes critiquée, marque cependant une transition, une sortie progressive du travail comme activité effectuée en vue de l'échange marchand. Cette évolution nous montre que la valeur accordée au travail comme liberté créatrice, chère à Hegel, est transférée vers des activités périphériques au monde du travail qui peuvent s'en inspirer. Certains qualificatifs issus de pratiques sportives modernes en témoignent : abnégation, challenge, prise de risque, contrôle, défi, etc.

En effet, la comparaison effectuée avec une société sportive en mutation révèle certains traits directement issus du monde du travail : défi, challenge, performance et dynamisme. La montée de l'individuation, que ce soit dans le monde du travail ou dans celui des loisirs crée de nouvelles modalités sportives repérées entre autres en France par Pociello, Duret, Loret ou encore Le Breton ; ce même contexte voit émerger certaines APS « risquées » et « extrêmes » au tournant des années quatre-vingt[119]. Sur un plan théorique, ces « étiquettes » sont néanmoins insuffisantes aujourd'hui[120].

---

115 Michel Wieviorka, Jocelyne Ohana, *La différence culturelle.* Paris : Balland, collection "voix et regards", 2001.

116 Jurgen Habermas, *The Structural Transformation of the Public Sphere.* Polity, Cambridge, 1989[1962].

117 Henri Bergson, *L'Évolution créatrice* (1907), Éd. PUF, coll. "Quadrige", 1996.

118 Dominique Meda, *Le travail. Une valeur en voie de disparition*, Paris : Aubier, 1995.

119 David Le Breton, *Conduites à risque*, Paris, PUF, 2002.

120 Guillaume Routier, Soulé Bastien, « Jouer avec la gravité : approche sociologique plurielle de l'engagement dans des sports dangereux », in *SociologieS*,

Dans ce contexte d'incertitude, le jeu urbain occupe indéniablement une place importante aux yeux des acteurs car il révèle une conduite organisée différemment des activités quotidiennes. Ce passage aux activités pratiquées doit être compris comme le révélateur de dimensions culturelles spécifiques à une ambiance localisée. Par exemple, c'est l'un des arguments avancés par Geertz pour résumer l'intérêt de son étude concernant les combats de coqs à Bali. « Ce jeu d'enfer » permet d'observer « par-dessus l'épaule » des joueurs les dimensions culturelles de la société balinaise : « tout comme l'Amérique laisse émerger beaucoup d'elle-même dans un stade de base-ball, sur un terrain de golf, sur un champ de courses, sur une table de poker, Bali fait largement surface dans une arène de coqs »[121]. Sous cet angle, les pratiques ludiques peuvent être « des laboratoires privilégiés d'analyse des processus de globalisation, de résistance culturelle ou d'indigénisation créative de pratiques forgées dans d'autres contextes que ceux des sociétés qui les mettent en œuvre »[122].

Comment alors appréhender le regain du jeu dans notre société contemporaine autrement que par la valorisation de la dérision, de la gratuité, du festif et de l'ivresse ? Non pas que ces pratiques ludiques soient insignifiantes pour tout un chacun, elles exercent, nous le pensons, une réelle fonction sociale où culmine le goût de vivre dans le « don d'un rien » qui fait toute la valeur de l'existence individuelle et collective. Car, c'est bien par le corps comme outil identitaire que l'individu contribue à sa propre mise en scène. La notion d'*agir ludique* est significative de ce qui se joue à l'intérieur des communautés car si cette dernière n'est pas valorisée au sein des structures sociales fixes (seul l'*agir* y est présent), elle l'est davantage en marge du monde du travail et des structures sociales[123]. Cette mise en scène peut, alors, être envisagée comme une catégorie analytique de l'« outil-corps » et « corps-signe »[124], c'est-à-dire en tant qu'analyseur du social et du caractère sensible qui fait du corps une marque à la fois individuelle et collective. Dès lors, ne faut-il pas se demander si ce « corps-signe » et

---

à paraître (2010).

121 Cliford Geertz, « Jeu d'enfer, notes sur le combat des coqs balinais », In *Bali. Interprétation d'une culture*, Paris, Gallimard, p.165-215, p.171, 1983.

122 Bromberger, *op., cit..*, 123.

123 Christoph Wulf, « Le rituel : formation sociale de l'individu et de la communauté ». *Spirale, n°31* , PP. 65-74, p.66, 2003.

124 Jean-Michel Berthelot, « Corps et Société. Problèmes méthodologiques posés par une approche sociologique du corps », *Cahiers Internationaux de Sociologie*, LXXIV, PP. 119-131, p.120, 1983.

« outil-corps » ne sont pas le moyen d'accéder à une corporéité différenciée ? Berthelot précise que cet « espace de corporéité » produit à la fois le corps-outil et le corps-signe. La pratique ludique ne se situe-t-elle pas dans les interstices de ce corps-outil/corps-signe et vécue dès lors comme une réappropriation personnelle du corps et de ses usages ?

De la même manière, les pratiquants enquêtés ne visent-ils pas une distanciation sociale ? A.S. Sayeux, à propos de l' « être surfeur »[125], montre que la pratique ludique du surf, au sens original de la pratique, est une mise en scène à la fois du corps et d'eux-mêmes dans un souci de « différenciation sociale »[126]. Elle témoigne ainsi de cet « entre-deux mondes » social. Ce même espace interstitiel correspond aux pratiques et perceptions particulières que les enquêtés ont avec leur ville d'habitat.

2. *Socio-anthropologie d'une forme ludique de déviance*

<u>Culture objective et culture subjective, une trajectoire bancale</u>

La ville, composée d'espaces institués, est néanmoins réappropriée de manière informelle par les pratiquants. Ces espaces mettent en scène des individus qui agissent et transforment le lieu ainsi approprié. Il va de soi que l'héritage de la sociologie interactionniste et en particulier celle développée par E. Goffman, par l'intérêt qu'elle porte aux rôles et statuts en société, est très utile dans ce contexte pour comprendre comment un espace approprié par un petit groupe de pairs peut rapidement devenir un territoire. Le caractère sensible semble alors traverser différentes approches sociologiques, anthropologiques, géographiques et animer nombre de catégories analytiques[127]. Le corps sensible possède, dans ce contexte d'interactions, une forte valeur pour analyser les territorialités ludosportives.

---

[125] Anne-Sophie Sayeux « Surfeur, l'être au monde, analyse socio-anthropologique de la culture de surfeurs, entre accords et déviance, Thèse de doctorat STAPS, Université Rennes 2, 2005.
[126] *Ibid*, 2.
[127] Voir à cet effet les dernières contributions des revues *Cultures et sociétés*, Les sens, une anthropologie du sensible (Le Breton D., dir.), n°2, 2007 et *Anthropologie et sociétés*, La culture sensible (Howes D., Marcoux J-S., dir.), vol.30, n°3, 2006.

Lorsque Simmel travaille sur le concept de *forme* et l'opposition classique qui en découle entre une culture objective et une autre dite subjective, l'auteur a déjà une longueur d'avance. D'une part, une culture englobe les « entités supra- ou infra-individuelles et les dispositions intérieures et extérieures que la structure collective apporte avec elle », et d'autre part, une culture englobe les « situations et besoins » de l'individu. À ce titre, il est préférable, non pas d'analyser chaque forme isolée, mais plutôt de se pencher sur le principe d'une « relation variable et aléatoire »[128] entre ces deux versants culturels. Il définit alors la culture subjective comme étant « la capacité de l'acteur à produire, absorber et contrôler les éléments propres à la culture objective[129] » pour ensuite s'en défaire.

Produire une forme sociale d'être ensemble qui qualifie le partage des connaissances et des émotions ; absorber certains éléments directement issus de la culture sportive et enfin contrôler et réguler le territoire souterrain de toute « *intrusion malsaine* » (spéléologue urbain, 41 ans). À ce titre, la littérature anglo-saxonne nous dit que les *post sports* peuvent aussi prendre la forme des techniques sportives usuelles – *mainstream* (comme la course et la gymnastique dans le cadre du parkour par exemple). Ce que B. Wheaton, par exemple, décrit comme des « éléments résiduels » des sports modernes[130]. Mais l'engagement individuel et collectif, ritualisé au sein de ces communautés, et les expériences vécues ont peu en commun avec les pratiques dominantes. Ce point est important à nos yeux car il illustre la complexité des APS contemporaines qui oscillent entre une adhésion objective à la culture sportive dominante et la reconstruction personnalisée (culture subjective) de gestes moteurs dans un cadre sous-culturel.

Quelle peut être la marge de manœuvre laissée à l'individu pour se glisser dans les interstices du social ? S'il y a lieu de s'y glisser. Selon Simmel, la part croissante de cette culture objective va de pair avec le phénomène de modernisation qui uniformise. Les marges de manœuvre pour l'individu sont donc négociables. Notre microsociologie, avec ses limites, entend participer de près ou de loin, à la reconsidération du sujet *malléable*, c'est-à-dire assimilé à un être ensemble, et non plus uniforme ou assimilé à

---

[128] Georg Simmel, *Sociologies. Etude sur les formes de la socialisation*. Paris: PUF, Sociologies, p.200, 1999.

[129] «... *the capacity of the actor to produce*, absorb, and control the elements of objective culture », cité par Ritzer G. et Doogman J., 2004 (6eme edition), p. 167.

[130] Wheaton, *op., cit.*.

un simple être soi témoignant, ainsi, du traditionnel processus d'individuation.

« Subculture », « subworld » et déviances sportives

Si nous acceptons pour définition large de la déviance les actes considérés par la population locale ou bien par les institutions en présence comme une violation de certaines règles sociales en vigueur[131], nous ne devons cependant pas perdre de vue que l'analyse de la déviance des pratiques sportives ne peut être utile que si nous considérons la déviance comme le résultat d'un double processus[132]. Cette théorie interactionniste de la déviance nous semble pertinente ici du point de vue anthropologique essentiellement. D'une part, elle est définie par l'ambiance d'une société et le rôle joué par ses « entrepreneurs de la morale », les acteurs impliqués dans le maintien d'un certain ordre social. Sa transgression et les mécanismes de résistance inventés par les acteurs participent à définir une ressemblance culturelle commune : le droit à la ville (chapitre II). La ville intervient dès lors comme le théâtre de l'activité humaine et devient, dans le même temps, le lieu où des pratiques humaines cherchent à disqualifier les espaces et pratiques réglementaires. La culture alternative peut être définie ici en fonction de l'auto-organisation de ses membres et de l'appropriation des espaces de la ville. Tandis que l'auto-organisation révèle une volonté d'autonomie, de liberté et d'individualisation, le geste d'appropriation concerne plus spécifiquement « l'acte de faire sien par l'attribution d'un sens »[133]. Ces deux critères participent, selon nous, à l'étiquetage de pratiques sociales *outsiders*.

Un détour par la sociologie « formale » n'est pas inutile. Simmel propose d'analyser les regroupements d'individus sous la forme de cercles où « la combinaison [de ces] cercles [sont des] indicateurs de la culture et révélateurs d'une individualité différenciée »[134]. Cette modélisation très stimulante des relations et des structures sociales est d'une modernité impressionnante. Une anthropologie des mondes contemporains doit nous

---

[131] Alex Thio, *Sociology. A brief introduction* (3rd edition), Allyn & Bacon, 2003.
[132] Howard Becker, Outsiders. *Etudes de sociologie de la déviance* . Paris: Métaillé, 1985.
[133] Nicolas Hossard, Magdalena Jarvin, *C'est ma ville ! De l'appropriation et du détournement de l'espace public,* L'Harmattan, p.23, 2005.
[134] Simmel, *op., cit..*, 420.

aider à repenser les multi-appartenances et figurations sociales des individus. Par exemple, une culture du secret illustre l'entrecroisement des cercles sociaux et redéfinit les appartenances sociales. Les interdépendances entre les cercles nous montrent qu'une « relation positivement antagoniste entre le cercle le plus étroit et le cercle le plus large »[135] traduit alors une multi-appartenance des individus à des sphères d'identifications plurielles, nous y reviendrons avec le détour par N. Elias.

La *subculture*, un concept approprié ?

Nous venons de le voir, évoquer une culture sportive au singulier serait réducteur. Nous pouvons appuyer l'idée selon laquelle il existe, aujourd'hui, des cultures sportives marquées par une diversité de logiques et de modalités d'actions. Cette pluralité de cultures illustre alors les configurations sociales actuelles que nous devons définir correctement devant l'émergence des jeux ludosportifs. Les notions de plaisir, d'esthétisation et de participation se distinguent des notions de force et de compétition. Comment identifier ces pratiquants qui se réunissent en communauté, en association, à partir de la notion de culture, si ce n'est en les intégrant aux études anglo-saxonnes qui identifient la *subculture* et les *subworlds* ?

Le concept de *subculture* a été tracé par les précurseurs de la sociologie urbaine des différentes Écoles de Chicago qui se sont succédées. Employées à l'origine pour désigner et décrire une entité sociale située à l'intérieur de groupes sociaux plus vastes, ces entités étaient désignées très souvent comme des groupes déviants ou marginaux. La *subculture* a progressivement acquis une crédibilité scientifique par l'utilisation qui en a été faite dans les recherches en criminologie[136], et en particulier avec le développement des *Cultural Studies*[137] au Royaume-Uni durant la seconde moitié du vingtième siècle. Elle a été très largement employée pour décrire des processus de résistance en fonction de critères sociologiques comme la classe sociale et l'âge. Leurs objets d'étude possèdent des liens très forts avec le nôtre car les terrains investis illustrent cette recherche de la « différence », caractéristique des modes de vie en milieu urbain. La pratique d'A.P.S est une activité de

[135] *Ibid*, 421.
[136] Albert Cohen, A. *Delinquant boys*. New York: Free Press, 1955.
[137] David Downes, The delinquent solution : a study in subcultural theory. London Routledge, 1966. Stuart Hall, S., Jefferson, Resistance through ritual, 1976.

loisir qui se trouve alors dans une position délicate car elle est liée – de près et de loin – à diverses médiations culturelles et économiques pouvant déterminer des modalités différenciées de pratiques.

Cette thématique provient des recherches effectuées au milieu des années soixante au Royaume-Uni sous la houlette de sociologues comme R. Hoggart et S. Hall qui se sont intéressés, entre autres, à la nature du changement social et culturel dans la Grande-Bretagne d'après guerre. D'abord situé à la marge d'une « reconnaissance » universitaire, ce courant s'institutionnalisa progressivement avec la création du célèbre *Centre for Contemporary Cultural Studies* (CCCS) au sein de l'Université de Birmingham en 1964. L'objectif de ces auteurs était de proposer une définition nouvelle et élargie de la « culture » à partir des rapports de pouvoir à l'étude dans la culture et ses pratiques. En d'autres termes, le travail qu'entreprit S. Hall consistait à élaborer une théorie critique sur les représentations dans les médias et l'étude de leur réception dans diverses communautés alors marginalisées. Cela donna naissance à toutes formes de contributions traitant des quartiers, des ghettos, des sportifs de couleur, des communautés ethniques, des « styles » musicaux, vestimentaires, linguistiques... D'autres contributions s'intéressaient encore aux rapports de domination subis par les classes ouvrières britanniques pauvres[138]. Nous concevons que la « domination » ne désigne pas uniquement les structures du pouvoir mais peut être davantage les situations quotidiennes où les relations de forces sont inégales entre individus lorsqu'elles servent quelques intérêts de fractions particulières de la population. L'objet du centre de recherche consistait ainsi à étudier les formes, les pratiques et les institutions culturelles et leurs rapports avec la société et le changement social. En France, par exemple, nous identifions des connexions avec les « arts de faire » notamment de M. de Certeau pour rendre légitime la question du « bricolage » effectué au quotidien. Cette première phase du CCCS[139] se concentre alors sur l'étude des pratiques de résistance des classes populaires (« *working class* ») et sur l'étude de luttes sociales. L'idée de résistance à un ordre culturel et industriel (dans les rapports de pouvoir et dans les stratégies du changement social) figure encore dans les travaux de Baudrillard[140], entre autres. On peut repérer alors la volonté théorique de dépasser les

---

[138] Richard Hoggart, R. *La culture du pauvre*. Paris: Editions de Minuit, 1970.
[139] Armand Mattelart Erik Neveu , *Introduction aux cultural studies.* Paris: La découverte, 2003.
[140] Jean Baudrillard, *Simulacre et simulation*, Galilée, 1981.

déterminismes socio-économiques pour se concentrer sur les interactions sociales et les pratiques culturelles microscopiques. Ces premières années voient essentiellement naître des contributions de type sémiologique, structuraliste, largement inspirées par l'École de Francfort et celles de Chicago, notamment, avec les notions de déviance et de sous-culture. Le terreau de ces écrits figure ainsi dans les cultures populaires, dans les médias, dans les identités sexuelles et ethniques, dans les communautés immigrées ou bien encore dans les sous-cultures jeunes. Tous ces domaines pointent du doigt le « changement social » en cours et la reconnaissance des mécanismes de résistance sociale.

Pour conclure, les *cultural studies* se sont donc intéressées aux relations entre culture(s), notamment populaire(s) et communautaire(s), et pouvoir(s), pour reconnaître la spécificité de chaque culture. Dès lors, il arrive que « les sujets humains sont modelés ou expérimentent leurs vies dans un contexte culturel et social[141] » parfois autogéré, en marge des règles officielles. En examinant comment la culture est utilisée et transformée par des groupes sociaux « ordinaires », les *Cultural Studies* considèrent alors ces groupes comme des producteurs de valeurs et de langages qui leur sont propres. Des études sur des terrains variés ont pu voir le jour : les médias (*film studies, fan studies*), les rapports de genre, sans oublier les *postcolonial studies* et les sous-cultures musicales et sportives.

Néanmoins, les publics adultes sont souvent « oubliés » par ces études. Pour notre part, nous avons volontairement opéré certains choix méthodologiques et écarté ainsi des catégories d'âges dans le recrutement de nos enquêtés. Ce manque de données sur les adultes peut se comprendre. Si l'on retrace brièvement l'histoire du « centre », les populations étudiées ont été les classes d'âge qui se sont construites en opposition avec la culture parentale, les premières générations immigrantes (principalement des Caraïbes). Les notions de résistance, de signes et de styles se sont alors développées en même temps que la jeunesse s'accaparait de « nouveaux » modes de socialisation, perçus alors comme déviants.

---

[141] « *Cultural Studies Resources* » sur le portail internet publié depuis 1999 par l'éditeur Blackwell.

Les limites d'un concept

D'une manière générale, les *cultural studies* soulignent que la *subculture* est d'une part une résistance aux codes dominants et aux idéologies en présence et d'autre part, que le discours légitime a tendance à incorporer cette notion de résistance. En ce sens la *subculture* est une forme expressive et ritualisée d'un groupe minoritaire et non exclusivement marginale. Les ethnographies sportives qui se sont penchées sur le phénomène des « *subcultures* » physiques et sportives précisent pertinemment que l'appellation comme telle est dangereuse et polysémique. C'est la raison pour laquelle il est utile de distinguer à l'intérieur de la communauté ethnographiée le « degré d'opposition » qui la marque dès lors en tant que subculture, *counterculture*[142] ou de *subworld*[143]. Ainsi, l'exploration des cultures alternatives nécessite de replacer l'étude dans son contexte socio-historique, par conséquent, de situer les distances opérées par le groupe minoritaire dans le contexte global de la société[144]. Le concept de « *subculture* » ne doit pas être employé sous prétexte que le groupe ethnographié se revendique comme tel, mais doit être définie dans le traitement opéré par les institutions ou groupes dominants sur le groupe minoritaire.

En revanche, nous préférons le concept éliasien de « figuration sociale » à la notion de *subculture* car il illustre, à notre avis, la multiplicité des mondes sociaux et des affiliations collectives. Cette position théorique consiste à rejeter la notion de structure, d'individu et de société car ces deux dernières ne sont pas séparées et encore moins isolées. La figuration entend dépasser l'opposition entre l'holisme et l'individualisme pour faire preuve d'une sociologie relationnelle en quelque sorte. R. Chartier dans sa préface à *La société de cour*, définit la figuration comme « une formation sociale dont la taille peut être variable (...) où les individus sont liés les uns aux autres par un mode spécifique de dépendances réciproques »[145]. À notre sens, elle

---

142 Eliane Perrin, *Culte du corps*, p. 23, 1985. L'auteur cite le jeu de mots de Carl Rogers « *encounter culture* » par rapport à contre-culture.

143 Todd Crosset T., Becky Beal, "The use of subculture and subworld in ethnographic works on sport: a discussion of definitional distinctions", In *Sociology of Sport Journal*, n°14, p.73-85, 1997.

144 Peter Donelly, "Subcultures in sport: Resilience and transformation". In *Sport and social development: traditions, transitions and transformations*, Ingham, A., Loy, J. (eds). Human Kinetics, Champaign. PP.119-145, 1993.

145 Norbert Elias, *La société de cour.* Paris: Pocket, 1974.

reflète le caractère dynamique des appartenances et des identités sociales contemporaines (et non plus figée). C'est la raison pour laquelle le concept de *subculture* est problématique aujourd'hui, même si l'affiliation à une *subculture* occasionnelle, dynamique, existe dans différents travaux sociologiques[146]. Comme il le précisera lui-même[147], Elias insiste sur le dynamisme des différentes réalités sociales, elles-mêmes interdépendantes :

« Pour moi, il s'agit d'une notion essentiellement dynamique, et point du tout statique, qui permet de comprendre le passage d'une situation à une autre ».

Comment définir les A.P.S émergeantes ?

Dans le champ du sport, les *cultural studies* ont ainsi contribué à la compréhension de l'institutionnalisation progressive du sport et le rapport étroit qui le lie avec les créations d'organisations internationales, normalisées et normalisantes. Son intégration aux industries médiatiques et aux agences de communication fait que l'association entre le « sport, les médias et la société de consommation participe à la transformation de la place de la culture dans l'économie »[148]. Des travaux rendent alors compte d'une marchandisation du sport et de sa culture dominante. De notre côté, nous avons abordé le problème différemment puisque nous avons cherché à comprendre ce qui se joue du côté a-structurel, en dehors des processus dominants de diffusion de la culture sportive.

Cependant, l'institutionnalisation progressive des *cultural studies* en France semble être acceptée avec scepticisme[149]. L'accès aux significations et aux expériences vécues fait du « sport » et des APS une pratique culturelle à part entière. Le concept de *subculture* est à dépasser, nous l'avons dis. Car

---

[146] Robert Prus, *Subcultural mosaics and intersubjective realities. An ethnographic research agenda for pragmatizing the social sciences.* University of New York Press, p.46, 1997.

[147] « Norbet Elias ou la sociologie des continuités », *Labyrinthe*, n°5, 2000.

[148] John Howell, Dave Andrews, Steven Jackson, & Fabien Ohl, "Sociologie du sport et Cultural Studies », In F. Ohl, *Sociologie du sport. Perspectives internationales et mondialisation* (pp. 137-152). Paris: PUF, p.143, 2006.

[149] *Ibid* ; Patrick Mignon, « La sociologie du sport a-t-elle besoin des Cultural Studies ? », In F. Ohl, *Sociologie du sport. Perspectives internationales et mondialisation* (pp. 153-158). Paris: PUF, 2006.

les interprétations parfois douteuses qui en ont été faites nous incitent à une certaine prudence théorique.

Notre intérêt pour la question de la ville, de ses usages, de ses pratiques et de ses transgressions fait partie intégrante de cette recherche. La tentation de les intégrer aux *subcultures* est donc forte. Or, pour éviter certains étiquetages hâtifs, nous pourrions plutôt interroger les A.P.S contemporaines de la manière suivante :

- S'agit-il d'une adaptation de pratiques traditionnelles ?
- S'agit-il d'une « hybridation » de pratiques traditionnelles et émergentes ?
- S'agit-il d'une activité émergente ?

Cela nous permet de repérer les indicateurs socioculturels qui nous renseignent sur la nature de ces cultures émergentes. Et donc, des pratiquants qui ne font que circuler entre différentes situations ou séquences sociales. Prenons un exemple précis de ce qui se passe en milieu urbain. À Rennes[150] par exemple ou encore à Nantes, nous pouvons répertorier des activités – en plus de celles illustrées ici – qui répondent à l'une des trois questions soulevées plus haut : le « double-dutch »[151], le « tshaka-ball »[152], le « blackminton »[153], le « street golf ». Les caractéristiques de ces pratiques sont proches les unes des autres : entraide, respect de l'environnement de pratique et de l'autre, solidarité, « fun », nouveauté, apprentissage entre pairs

---

150 Voir à cet effet la nuit du sport organisé par la ville de Rennes qui est un rendez-vous mensuel, ludique et sportif gratuit pour s'initier à des pratiques innovantes et/ou originales (kin ball, peteca, ultimate, speedminton, etc.). Les équipements sportifs de la ville sont alors ouverts aux pratiques alternatives le temps de l'événement. L'environnement est volontairement nocturne et festif afin de créer une « atmosphère » particulière (nuit du sable, « urban expression », « dynamik jeux ») qui rompt avec certaines pratiques culturelles traditionnelles. Ce programme s'inspire d'ailleurs très largement des loisirs alternatifs de la nuit déjà testés dans quelques villes espagnoles (Gijon et Oviedo par exemple) montrant l'implication des pouvoirs publics vis-à-vis de la diversité urbaine.

151 "Hybride" entre le saut à la corde, saut à l'élastique, freestyle hip-hop et gymnastique

152 Adapté d'un jeu de balles brésiliennes à l'origine

153 Animation nocturne dérivée du « badminton » qui se joue sur le modèle d'un carré de tennis avec une raquette, une balle et des illuminations phosphorescentes.

et marquer la ville de son empreinte. En quoi ces modalités seraient la marque d'une subculture ? Elles illustrent plutôt la bascule entre un cadre social urbain, normé et réglementé vers une séquence ludique, voire vertigineuse. C'est ce qui fonde les modalités de pratique de ces activités auto-organisées.

Une seconde collecte de données sérieuses pourrait être entreprise sur les catégories de population qui pratiquent ces activités. Notre terrain nous a montré un échantillon très large allant de la catégorie jeune (*street golf* et *parkour* notamment) à une catégorie adulte (spéléologie urbaine et base-jump). Notre échantillon s'échelonne ainsi de 16 à 44 ans. En plus de cette première catégorie axée sur l'âge des pratiquants, une seconde axée sur le genre serait d'autant plus intéressante. Peut-on y observer une domination « genrée » caractéristique des pratiques informelles et urbaines ? La surreprésentation masculine est une donnée évidente sur laquelle nous n'avons pas pu porter un regard suffisamment critique. À vrai dire, la problématique de ce travail consiste d'abord à comprendre les liens entre espaces et pratiques corporelles. La sous-représentation féminine pose alors une question à laquelle nous ne pouvons répondre aujourd'hui : en quoi l'absence notoire de femmes dans ces activités auto-organisées illustre-t-elle à son tour l'exclusion d'une partie de la population ? Quels sont les traits culturels de ces communautés qui conduisent à « exclure » les femmes ? Cela provient-il des logiques et des modalités de pratique qui ne séduisent pas les femmes ? Ou bien s'agit-il de déterminants socioculturels qui conduisent une fois de plus à exclure la femme du monde de l'homme[154] ? Si la guerre des genres est attestée dans le monde sportif[155], les sous-mondes sportifs incarnent-ils à leur tour la reproduction de certaines inégalités sexuées ? La réponse est discutable. Certaines sous-cultures sportives sont organisées exclusivement par des femmes autour d'une valorisation de carrières sportives différenciées et du capital corporel notamment[156]. En revanche, nous ne disposons pas de données claires sur la non-participation des femmes aux pratiques urbaines. Cet obscurantisme est une nouvelle fois confirmé sur notre terrain où nous observons une sur-représentation masculine.

---

[154] Christine Menesson, *Etre une femme dans le monde des hommes. Socialisation sportive et construction du genre*. Paris: L'Harmattan, 2005.
[155] Christine Louveau, Annick Davisse, *Sport, école, société : la part des femmes*. Joinville: Actio, 2001.
[156] Menesson, *op., cit.*.

Nous pourrions encore approfondir la réflexion avec une étude précise sur les lieux d'expression de ces pratiques. Pour exemple, la Défense à Paris nous a toujours interpellé à ce niveau. « Haut-lieu » des professions du secteur managérial, marketing ou encore d'ingénierie (cadre supérieur, ingénieur, recherche et développement), ce même lieu est pourtant investi de toute part par des activités ludiques et récréatives : skate-board, roller, base-jump, parkour ou encore street golf. Du même coup, il est également un « haut-lieu » des activités auto-organisées et du renversement, à la fois symbolique et pratique, du sens accordé généralement à un « quartier d'affaires » où sont regroupées des entreprises du secteur tertiaire. Le sens du lieu est alors déterminant dans l'appropriation que les populations auto-organisées en font. Même si la déambulation les conduit ici et là, une cartographie très précise des activités serait à envisager.

Enfin, il est important de répertorier les moments privilégiés pour ces types de pratiques. La ville de Rennes montre le potentiel des pratiques nocturnes et l'ouverture des équipements culturels de la ville à ces populations. Nous en avons déjà parlé au sujet de la « nuit du sport » entre autres. À travers la question de la réappropriation se pose celle du rythme conçu comme l'émergence de rythmes individuels et collectifs qui favorisent l'épanouissement de chacun dans sa participation à la cité. Le milieu urbain résonne de ces rythmes sociaux et corporels diversifiés qui retentissent en son centre, qu'ils soient musicaux, « sportifs » ou plus largement festifs. La circulation et le transport de l'individu au sein de divers univers d'identification font alors appel aux variations rythmiques qui orientent la vie quotidienne du citadin en quête d'excitation ou bien encore de stylisation esthétique. La prise en compte de ces rythmes interroge le corps comme vecteur essentiel de ces variations rythmiques.

Après avoir précisé le lien, très fort, qui unit à la fois l'héritage des Écoles de Chicago et celui des *Cultural Studies*, il est possible de reformuler, *in fine*, la problématique centrale de ce travail : comment s'articulent, au sein des identités individuelles et collectives de groupes minoritaires, les épreuves de résistances identitaires contre le processus de gouvernement des corps urbains ?

3. Introduction aux urban games

Par sa diversité architecturale et ses aménagements (urbains) spécifiques, la ville crée des espaces de corporéités. Nous sommes tous témoins de l'exposition sans cesse renouvelée de formes de jeux corporels. Le cas de l'*urban gaming* occupe progressivement une place de plus en plus importante aux yeux des collectivités et autres municipalités. Les municipalités doivent répondre aux demandes de plus en plus diversifiées de leurs habitants. Nous allons donc recenser très brièvement les pratiques actuelles pour illustrer notre thèse principale : les *urban games* participent-ils aussi à la production sociale de l'espace urbain[157] ?

L'écoute et l'observation minutieuse ont montré combien le creuset urbain et ses interstices, tant sociaux que spatiaux, favorisent la constitution d'identités groupales qui se mettent en scène. Que ce soit le centre urbain ou la zone périurbaine, tous sont le théâtre de pratiques ludiques et/ou sportives qui s'adaptent aux architectures et mobiliers locaux. Que ce soit les espaces fréquentés (rues, parcs, places publiques) ou abandonnés (friches, entrepôts, souterrains). Outre l'étude classique de Loret sur la culture « glisse »[158] et la « *board culture* », ces innovations techniques et technologiques nous incitent à dépasser ce constat. D'autres outils sont utilisés : voile, vélo, téléphone cellulaire, *Global Positionning System* (GPS), corde, canne, ressort, etc. Un équilibre entre le pratiquant et son aire de jeu (terre, ciel, parc, rues). Ils sont utilisés pour être adapté aux espaces pratiqués : building, tours, murets, souterrains, parcs, rues, bancs publics, friches, etc. C'est ainsi que naît - parmi d'autres - le *street golf*, le *fly jumping* (échasses sur ressorts), le *parkour*, les chasses au trésor, les courses d'orientations urbaines, la spéléologie urbaine et autres explorations de friches urbaines et périurbaines par exemple. Il faut défier l'architecture urbaine.

Le *street golf* consiste à détourner les principes du golf traditionnel pour réinventer une forme davantage ludique, dynamique et créative. Abandon des règlements golfiques et des codes vestimentaires traditionnels. Que les pratiquants le nomment *street golf* ou encore *free golf*, la façon de jouer est détournée et réinventée sur des places publiques, des parcs publics, des escaliers avec des poubelles et des lampadaires comme cibles. La

---

157 Henri Lefebvre, *La production de l'espace*, Paris : Anthropos, 2000.
158 Alain Loret, *Génération glisse*, Paris, Autrement, 1995.

technique demeure identique mais « l'esprit » est alors fondamentalement réinventé :

> « *La façon de jouer est beaucoup plus enrichissante car plus créative. On retrouve les mêmes techniques qu'au golf mais l'ambiance est moins guindée, c'est moins ennuyeux. L'esprit du street golf, c'est de rester ouvert à tout le monde : golfeurs avertis ou novices* » (Street golfeur, a créé son association).

En Allemagne notamment, lieu de naissance du *street golf*, de grands événements sont organisés pour l'ouverture et la fermeture de la saison du *street golf*. Ainsi, Cologne voit près de cinq cents pratiquants y prendre part chaque année. On distingue plusieurs façons de jouer. Les pratiquants se fixent un embut (arbre, banc, poubelle, etc.) et le principe est identique à celui du golf classique : atteindre l'embut avec le moins de coups possible. Il y a encore le concours de précision : toucher un objet particulier du premier coup, faire passer la balle (de type semi-rigide) entre deux éléments précis, etc. Enfin, l'esthétique est aussi très présente puisqu'une troisième façon de jouer consiste à réaliser le plus beau coup (« swing »).

Le *fly jumping,* ou échasse à ressorts, est une pratique récente. Elle consiste à utiliser la force de gravité créée par la pression de ressorts situés sous les pieds et à s'élancer par-dessus les éléments urbains (bancs, pelouses, etc.). Le pratiquant déambule ainsi à travers la ville avec la simple force verticale qui lui permet de franchir les obstacles naturels et de bondir verticalement et horizontalement à travers la ville. Là encore, la déambulation en groupe est de mise.

Rendu célèbre en France par le film « *Yamakassi* » de L. Besson (2001), le *parkour* ou « l'art du déplacement » est une pratique ludosportive qui consiste à déambuler sans aucun matériel technique sur les espaces urbains et donc à explorer la ville. Aux qualités physiques et mentales des pratiquants, vient s'ajouter la faculté de lire la géométrie urbaine pour la transposer ensuite en mobilité verticale. Cela traduit un terrain de jeu où les objets et surfaces qui composent les architectures nécessitent une importante maîtrise de techniques particulières : *saut de chat, saut de bras, saut de précision, saut de détente, saut de fond, tic tac, passe muraille*, etc. La dimension de verticalité est très forte ici. La progression horizontale (course) permet de chevaucher les éléments verticaux (tours, murs, etc.). La vitesse horizontale se transforme alors en vitesse verticale. Considérée de cette manière, la ville devient un terrain de jeu géant où les groupes déambulent librement. Le seul outil mobilisé ici, à la différence des autres pratiques présentées, est le corps humain. Les références sont multiples à la « méthode naturelle » de George Hébert qui a fait de la marche, de la course, du saut, de la défense, de la natation, de l'équilibrisme, de la technologie du mouvement, du grimper, du lancer et du lever une véritable méthode naturelle d'éducation physique. Une conduite du corps ajoutée à un mental d'acier sont les valeurs mises en forme par les « traceurs ». Certaines municipalités commencent à s'intéresser à la question du *parkour* en proposant notamment certains territoires spécialement adaptés à la pratique de la déambulation comme le montre la ville de Manchester au Royaume-Uni.

Enfin, nous pouvons regrouper sous l'expression « *urban exploration* » ou encore « *urban game* » toutes les formes récentes de pratiques ludosportives urbaines. Aidé par les nouvelles technologies, le jeu se fond dans la cité en usant de certaines expériences (chasse à l'homme, course-poursuite, course d'orientation urbaine, parachutisme urbain, etc.) tant physiques que technologiques. À ce titre, il est intéressant de considérer les formes de jeux qui allient course d'orientation, tourisme et GPS par exemple. Le *geocaching*[159] (gigantesque course d'orientation et « chasse au trésor » urbaine) qui se déroule dans les grandes métropoles américaines débarque en France. Au même titre, la transposition de certains jeux vidéo prenant place dans des décors réels demeure très créative. Le « Pac-Manhattan » crée en 2004 à New York a permis une course-poursuite grandeur nature dans la ville où les uns « chassaient » les autres grâce aux positions renseignées par les téléphones portables en Wi-Fi dans la ville. Les équipes se localisent de cette manière et la déambulation urbaine est alors engagée. Sur le même principe, l'adaptation grandeur nature du jeu vidéo « *Tourality* » permet une course collective avec des objectifs géographiques grâce à la technologie Bluetooth® notamment. Ces jeux essentiellement urbains peuvent prendre plusieurs formes. En général ils consistent à trouver un partenaire ou un objet ou alors à se faire localiser dans le labyrinthe urbain. Les notions de jeu et d'expériences sont ici remarquables ; elles détonnent notamment par l'absence de règles claires et distinctes.

---

[159] Sur ce sujet, voir l'article de Christèle Bolaire, Bernard Cova, « Attiser le feu du jeu » postmoderne : le cas du géocaching et des zones liminoides », in *Sociétés*, n°102 « mode et société », p.69-82, 2008.

La jeunesse des pratiquant(e)s est une caractéristique essentielle de ces pratiques sociales. Elles mobilisent essentiellement une population jeune (adolescent(e)s et jeunes adultes) et urbaine souvent liée aux mondes estudiantins, de la mode, du design, de l'artistique et des nouvelles technologies (voir en annexe pour les profils sociologiques). La recension des différents articles de presse, de sites Internet nationaux et internationaux montre que les acteurs s'engagent dans l'expérimentation et l'attrait pour « l'original » tout en voulant apporter créativité et innovation aux pratiques culturelles urbaines.

À quoi renvoient ces pratiques innovantes ? Comment les définir très simplement tout en respectant les expressions utilisées par les protagonistes ? Que mettent-ils en avant dans cette quête de l'espace urbain ? La notion de terrain de jeu est-elle aujourd'hui à prendre au sérieux pour évoquer les transformations urbaines, sociales, culturelles ? En quoi ces illustrations alimentent en la requalifiant la thèse d'une diversité urbaine ? Quelles transformations anthropologiques peut-on extraire de ces rapports contemporains entre espace, corps et société ?

4. Un ethos ludosportif ?

Notre souci est de définir les principes qui « structurent » les activités ludosportives contemporaines. À la croisée entre la logique du jeu (*play*) et les activités motrices du sport (*game*), le ludo-sport réunit alors des « éléments résiduels »[160] des sports modernes. En revanche, nous pouvons remarquer un engagement individuel et collectif, ritualisé au sein de communautés pratiquantes, qui se différencie du « sport ». Des techniques corporelles et sportives y sont logiquement mobilisées, la course, le saut par exemple, mais sur un tout autre registre. Elles sont mobilisées pour franchir un obstacle « naturel » (banc, escaliers, murs, etc.) et non pas pour se lancer dans la poursuite d'une performance mesurée, comparée, hiérarchisée et compétitive. En opposition à une éthique sportive – « l'éthique étant un système intentionnellement cohérent de principes explicites »[161] – l'ethos ludosportif se comprend à travers les valeurs de coopération, d'inclusion ; de dérision aussi parfois, mais surtout d'aventure. Ainsi, l'ethos ludosportif peut se définir alors comme un « ensemble objectivement systématique de

---

[160] Wheaton , *op., cit.*.
[161] Bourdieu, *op., cit.*.

dispositions à dimension éthique, de principes pratiques »[162] qui garantissent cette forme ludique de déviance.

Pour ce faire, nous avons tenté de dégager trois « principes pratiques » propres aux activités ludosportives et urbaines. En quelque sorte, nous pensons qu"ils illustrent les « processus à l'œuvre dans une société en train de se faire »[163]. Ce paragraphe est pour nous l'occasion de présenter brièvement le vertige anthropologique avec la notion de l'inversion. Elle se comprend dans le retournement des cadres sociaux et spatiaux situés en milieu urbain. Nous émettons ainsi l'hypothèse du « transport » humain, désignant ainsi les émotions intérieures qui conduisent à une « expérience modifiée d'être humain »[164]. Véritable aventure de « tout l'être » ou « envol du dedans »[165] il est au fond ce que recherchent en silence quelques individus qui mettent en scène leurs conduites vertigineuses. Cette notion de « transport émotionnel » appliquée à la lecture des valeurs contemporaines correspond, selon nous, à la profusion de nombreuses pratiques qui facilitent « l'ailleurs » et l'aventure.

Voyons maintenant quels sont les principes pratiques de cet *ethos*. Nous prendrons ainsi des illustrations extraites de pratiques ludosportives et festives contemporaines qui s'accordent à valoriser ce transport émotionnel à travers trois dimensions : ludique, aventure et inversion.

Une dimension ludique

L'esprit ludique avec lequel ces pratiques riment semble être le fil conducteur de notre époque. La recherche d'expériences est ici au cœur du ludisme contemporain ! L'intérêt actuel marqué par la dimension ludique des nouvelles technologies médiatiques notamment (virtuelles ou réelles) témoigne de l'importance accordée au divertissement sous toutes ses formes.

---

[162] Bourdieu, *op., cit..*, 133

[163] David Le Breton, *L'Interactionnisme symbolique.* Paris: PUF, collection « quadrige manuels », p.6, 2004.

[164] Stéphane Héas, *Des pratiques psychocorporelles aux sports outsiders : d'une sociologie à une autre*, Habilitation à diriger des recherches présentée en Décembre 2005, Université Rennes 2, 2002.

[165] Véronique Nahoum-Grappe, « Le transport : une émotion surannée, In *Terrain*, n°22 - Les émotions, [En ligne], mis en ligne le 15 juin 2007, http://terrain.revues.org/document3086.html, 1994.

Le grand boom des jeux vidéos sportifs pose la question notamment de la sportivisation tant les acteurs semblent prôner une forme ludique à cette forme de compétition « virtuelle ». Les dérivés des pratiques sportives institutionnalisées le montrent à leur tour, comme l'émergence du « *street golf* ». Retourner et inverser les codes socioculturels sont les principales motivations. Les mots d'ordre affichés sur les sites Internet sont « liberté » et « créativité ». Ce vocabulaire n'est pas spécifique à cette pratique mais semble correspondre à celles que nous incluons ici dans la définition des pratiques ludosportives. Plutôt que de pratiquer pour une « finalité socialement reconnue »[166], la pratique ludosportive génère un plaisir vécu immédiatement et dans l'instant même de la réalisation, sans réelle finalité sociale ou reconnaissance sociale. Elle est donc vécue pour soi, gratuitement.

Dans un registre plus large, une étude[167] transpose le caractère ludique à une pratique nettement moins alternative que nos terrains mais pourtant tout autant intéressante au regard de ce que nous voudrions soulever ici. Dans un autre contexte, la sociologue a montré le caractère illégitime du « mah-jong ». Ce jeu de carte chinois est analysé dans la société chinoise contemporaine[168]. Dans une Chine maintenant révolue, la notion de loisir était tout simplement synonyme de « mal » car « contrevenant » à une éthique basée sur le labeur et l'abnégation. L'auteure montre comment la réactualisation du « mah-jong » (interdit durant la révolution culturelle) dans une Chine « nouvelle » pose problème aux détenteurs et monopolisateurs de la culture légitime. Ces « entrepreneurs de morale » en quelque sorte voient dans la forme ludique une transgression de l'éthique nationale et des valeurs culturelles. En effet, alors que le « *mah-jong* » serait l'incarnation de l'illégitime, de la dérogation et caractéristique de la culture dionysiaque – certains joueurs en parlent même comme une transe vécue – l'autre forme de jeu appelé « *weiqi* » lui est grandement préférée car il représente l'éthique du travail et du labeur. Bref, on voit comment à travers l'analyse d'une société moderne, les évolutions sociales et culturelles peuvent s'observer sous la lunette du jeu, du ludisme et des formes de transgression qui en résultent parfois.

---

[166] Loret, 1995 p. 212.

[167] Emmanuelle Papineau, *Le jeu dans la Chine contemporaine : mah-jong, jeu de go et autres loisirs,* Paris, L'Harmattan collection Recherches asiatiques, 2000.

[168] Emmanuelle Papineau E., « La culture insolente du mah-jong. Le miroir d'une autre société chinoise », *Perspectives chinoises*, n°57, janvier-février, pp. 30-43, 2000.

La sociologie des imaginaires peut y voir un lien très étroit entre un hédonisme populaire et l'importance accordée aux diverses formes sociales du jeu (G. Durand, R. Caillois). Le ludisme incarne de cette manière un « vouloir vivre » qui s'exprime à travers les sports contemporains, les APS contemporaines et toutes les situations sociales où l' « esprit festif » y est valorisé. Il est d'ailleurs curieux de voir J. Duvignaud préciser à son tour que l'espace urbain, malgré son caractère saturé et uniformisé, peut offrir à ses acteurs un grand nombre de potentialités ludiques et récréatives. L'action ludique peut être interprétée comme un coup de force au milieu du clair-obscur de la vie quotidienne ! Les pratiques ludiques exercent, nous le pensons, une réelle fonction sociale où culmine le goût de vivre dans le « don d'un rien » qui fait toute la valeur de l'existence individuelle et collective.

La dimension de l'aventure

D'une manière générale, l'émergence des pratiques alternatives traduit un goût prononcé pour l' « aventure » dans une acceptation double. Le premier sens qui se dégage révèle l'unité de l'ensemble de la vie contemporaine. L'aventure n'est pas vécue de manière isolée et indépendante des activités de la vie quotidienne mais intégrée et vécue comme temps de distanciation. L'aventure doit être vécue en référence aux pratiques quotidiennes, figurant ainsi comme une « enclave dé-routinisante »[169] et non comme un processus de marginalisation totale. C'est ainsi qu'elle fait ressortir l'état de tension qui caractérise la vie : un antagonisme entre un état de passivité et un état d'activité. Cette signification renvoie aux « allers-retours »[170] entre différentes sphères d'identification qui institue à chaque fois différemment l'individu. Simmel parle alors d'une « aventure mécanique » pour évoquer le « sens caractéristique dont la réalisation [est] renfermée entre un commencement et une fin, et ensuite, il faut que malgré toute sa contingence, malgré le fait qu'il est banni de la continuité de la vie, il fasse partie intégrale de la nature et de la détermination de cet individu qui

---

[169] Elias, Dunning, *op., cit.*.

[170] Voir à cet effet les travaux de Georg Simmel sur le « secret et les sociétés secrètes ».

vit cette vie, et cela en vertu d'une nécessité secrète dont le sens dépasse de beaucoup celui des séries plus rationnelles de la vie »[171].

La seconde signification – celle qui n'est pas en rapport avec notre objet – porte sur l'aventure organique qui est « indépendante d'un avant ou d'un après »[172], celle qui « se détache du cours total d'une destinée »[173] et est donc vécue comme un processus rationnel et de rupture avec la société. Elle est néanmoins présente dans certaines formes de pratiques festives et sportives où les sujets se regroupent sous forme de communautés marginales représentant par exemple une subculture technoïde composée de déviance et de militantisme, entre autres. Les acteurs déclarent vivre leur aventure par l'éloignement important et parfois presque total avec les temps et espaces de la vie sociale normée. Les études ethnologiques sur les communautés sportives aux États-Unis montrent, par exemple, que certains mouvements sportifs alternatifs étaient également retranchés au sein de subcultures sportives comme le skateboard, le surfboard ou le BMX l'ont initialement été[174].

Toutefois, ne nous méprenons pas ! Il est bon de rappeler que nous accordons une préférence à la notion de « *subworld* » étant donné le caractère dynamique de l'aventure mécanique. L'ethos ludosportif fait davantage référence aux concepts de mondes, de sphères et de « *subworld* » et de « sous-culture » ou de contre-culture (*counter-culture*) principalement marginalisée et marginalisante. Comment interpréter cette forme d'aventure ? Est-elle caractéristique de ce que certains décrivent comme les « nouveaux mondes »[175] où « passent les relations de sens (les altérités-identités et symbolisées) dont les entrecroisements, les imbrications et les ruptures font la complexité de la contemporanéité » car ces relations expriment « à la fois la singularité qui les constitue et l'universalité qui les

---

[171] Georg Simmel, *La philosophie de l'aventure* [*Mélanges de philosophie relativiste. Contribution à la culture philosophique*], Paris, L'Arche éditeur, p.73-74, 2002.
[172] *Ibid*, 72.
[173] *Ibidem*, 73.
[174] Becky Beal B. Disqualifying the official : exploring social resistance through the subculture of skateboarding In Sociology of Sport Journal, 8(4), pp.341-360, 1995 ; Kent Pearson Surfing subcultures of Australia and New Zealand, Queensland, Australia: University of Queensland Press, 1979.
[175] George Balandier, *Civilisations et puissance. Changement d'époque.* Paris: L'Aube/Poche essai, 2004, Augé, *op., cit.*.

relativise »[176]. À n'en pas douter, la question des « nouveaux mondes », des sphères d'identification et des multiples appartenances demeure aujourd'hui une réflexion complexe.

La dimension de l'inversion

Cette dimension nous renvoie aux mécanismes « festifs » de transgression et d'inversion décrits notamment par Caillois et Duvignaud. Les pratiquants engagés dans ces pratiques recherchent une forme de trouble composé à la fois d'excitation et d'appréhension – cette « panique voluptueuse »[177]. En effet, ce phénomène d'inversion peut se comprendre si nous analysons à la fois le rôle du pratiquant au sein de la communauté (inversion de rôle) mais également dans l'analyse socio-anthropologique des lieux pratiqués (inversion spatiale).

En premier lieu, l'inversion a trait au statut du sujet engagé dans la pratique et plus spécifiquement à la reconnaissance de ce dernier au sein de la communauté même. En revanche, cette inversion de statut est très rarement communiquée et par là même valorisée dans l'entourage extérieur du pratiquant (professionnel, etc.). Après Foucault ou encore Goffman qui ont fait du corps un support de divers marquages (politique, culturel, etc.), le phénomène d'inversion du statut permet de mieux appréhender les bouillonnements contemporains en matière d'appropriation et d'identification corporelle par le marquage, le tatouage, etc. et l'utilisation de ces derniers pour valoriser son identité. La place ou l'endroit de la marque corporelle est un excellent indice, par exemple, pour comprendre les constructions identitairess. D'autres exemples sont observables dans le monde de la fête également. L'inversion entre les sexes (dragqueens, homme/femme) ou celle entre les âges peuvent être vécues comme de véritables signes distinctifs[178].

En second lieu, l'inscription du corps en mouvement sur les lieux pratiqués nous amène à réfléchir encore sur ce point. L'espace vécu tend à inverser les repères issus de ce même espace lorsqu'il est non pratiqué. Nous avons aussi regardé d'un œil curieux les inversions de temps

[176] Augé, *op., cit.*., 179.
[177] Caillois, *op., cit.*.
[178] Christophe Moreau et André Sauvage *La fête et les jeunes. Espaces publics incertains*, Rennes, Apogée, 2007.

(accéléré/ralenti ; jour/nuit) qui retentissent directement sur les rythmes biologiques des enquêtés. Par exemple, la spéléologie urbaine offre un espace particulier où les repères spatio-temporels usuels sont chamboulés :

> « *La grille de lecture symbolique de l'univers d'en bas n'est pas la même que celle de l'univers d'en haut. Le labyrinthe s'impose, l'imagerie alchimique bondit immédiatement, on est au contact direct des quatre éléments, la lumière n'est pas un droit mais un devoir. Le fait de se plonger...au même endroit...dans un univers d'une autre nature symbolique ...ben c'est fondamentalement différent du fait d'aller ailleurs. On peut faire de la spéléologie dans des grottes bien plus belles que les catacombes, on peut escalader des montagnes, nager dans l'océan, se rouler dans des prairies vertes : cela ne correspond pas au même besoin* » (Spéléologue urbain, explorateur)

Pour élargir le champ anthropologique de l'inversion, il est possible de superposer le lieu pratiqué avec l'inversion identitaire. En effet, la dialectique du haut et du bas nous montre un abandon de soi dans la chute (de l'immeuble ou tour, de la surface urbaine au souterrain urbain) que les pratiquants apprécient tout particulièrement. Ce n'est pas forcément la beauté du lieu qui est recherchée mais plutôt sa situation dans la ville :

> « *Mais le moment du passage d'un univers à l'autre surtout...franchir la palissade, faire glisser la plaque, ramper dans la chatière… marque une réelle rupture, qui répond à une nécessité symbolique. Ce qui est important dans la cataphilie, c'est d'être à la fois ailleurs et au même endroit, en rupture et en prolongement du quotidien. De marcher dans la rue en sachant ce que l'on a sous les pieds, de marcher sous terre en sachant qu'on habite au-dessus. Les catacombes ne sont pas belles, pas agréables, pas intéressantes. Si elles se trouvaient ailleurs, on ne ferait pas l'effort d'y aller. C'est donc bien cette dimension de prolongement avec nos espaces du quotidien qui est importante. C'est plus le changement des codes que le changement de lieu qui leur donne de la valeur.* » (Spéléologue urbain, explorateur)

Bachelard aimait le rappeler dans son œuvre consacrée aux imaginaires de l'espace[179]. La chute est affaire de verticalité, qui elle-même représente

---

[179] Gaston Bachelard, *La terre et les rêveries de la volonté*, Paris : José Corti, 1948 ; *La terre et les rêveries du repos*, Paris : José Corti, 1948 ; *Poétique de l'espace*,

l'affranchissement de pesanteurs et en particulier de pesanteurs sociales[180] aboutissant justement à ce « transport » émotionnel dans la ville.

5. Vers une régulation des sports urbains ?

En raison du développement important de ces pratiques physiques alternatives, la question de leur gouvernance renvoie à une forme de régulation politique. En d'autres termes, elle est une association d'institutions politiques, d'organisations privées et surtout, d'acteurs sociaux. Elle peut être définie comme un processus de mise en œuvre des choix collectifs dans le but de provoquer une adhésion de l'ensemble des acteurs impliqués[181]. Ses mécanismes (de régulations, d'intégration et/ou d'exclusion) renvoient la gouvernance à la question du lien social dans les espaces publics et dans les espaces de vie quotidienne. En ce sens, les pratiques alternatives de la ville sont-elles une contribution à une urbanité ludique et récréative ? Les notions de ludisme, de récréativité et plus largement des loisirs sportifs en ville montrent aujourd'hui un double jeu entrepris par les acteurs de la ville (politiques, économiques, sociaux). D'un côté, on observe une gouvernance des espaces publics par la régulation de bon nombre d'APS dans le but de les intégrer à la cité, et d'un autre côté, une résistance à cette même intégration. Les APS que nous qualifions d'alternatives, le montrent très clairement.

Les cultures urbaines ont fait leur chemin. Elles sont passées d'un étiquetage « sauvage », comme le hip-hop ou le skateboard l'ont initialement été, à une intégration aux politiques culturelles et urbaines. Cette transformation contribue à ce que les cultures urbaines soient reconnues en tant que telles. La création de la fédération nationale des cultures urbaines (FNCU) à la fin des années quatre-vingt-dix l'atteste en partie. À ce titre, il faut noter la particularité des cultures urbaines. Les cultures urbaines sont reconnues mouvantes et polymorphes ; elles prennent leur essor en marge des réseaux culturels officiels, elles sont souvent l'affaire d'autodidactes et se distinguent aussi au travers de manières d'être, de modes, de

---

Paris ; Presses Universitaires de France, 1957.

[180] Florian Lebreton, Stéphane Héas, « La spéléologie urbaine. Une communauté secrète de cataphiles », In *Ethnologie Française,* « Grande-Bretagne : Anthropology at home », Avril-Juin, p. 345-352, 2007.

[181] François Ascher, *Métapolis, ou l'avenir des villes*, Odile Jacob, Paris, 1995.

communications et de règles sociales qui en font une matière à études ethnologiques à part entière. En plus du développement de formes artistiques, se développent des pratiques ludiques et sportives qui entrent aussi dans le cadre des cultures urbaines[182].

En France les cultures urbaines sont apparues durant les années quatre-vingt (principalement avec le hip-hop) dans le cadre de projets socioculturels souvent amorcés par des jeunes situés en zones urbaines ou périurbaines. Les acteurs politiques ont alors trouvé dans les « cultures urbaines » un levier à leurs politiques urbaines et culturelles dans le cadre du lancement d'un Contrat de ville[183] et d'un programme de recherche interministériel « cultures en ville » (début des années 1990). Il est d'ailleurs intéressant de se souvenir que l'« ethnologie urbaine et contemporaine » s'est de plus en plus affirmée au cours de cette même période, sous l'impulsion, entre autre, de Gérard Althabe et Marc Augé. En 1999, la FNCU est créée pour contribuer à la promotion de pratiques émergentes. Cette structure associative a pour objectif de contribuer au développement de différents projets – musicaux, artistiques et sportifs - fondés sur le partenariat avec les institutions publiques mais aussi de promouvoir les expressions identitaires. Là encore, la fédération est constituée des principaux acteurs de chaque discipline qui s'auto-organisent pour promouvoir leurs activités. L'association française se développe progressivement en dehors de nos frontières. La question des cultures urbaines interpelle les pays du Maghreb où les modes de vie urbains se métamorphosent. Le Maroc, par exemple, figure comme un acteur majeur dans la promotion des cultures urbaines (sportives et musicales) par l'intermédiaire de sa fédération marocaine des sports urbains. Pour la deuxième année consécutive a lieu en 2009 la « rencontre des sports urbains » autour de démonstrations de parkour, de BMX et de skateboard.

L'exemple du *skateboard* est criant, d'autant plus que les processus de régulation le concernant ne sont plus à démontrer. Il existe aujourd'hui un grand nombre de *skate parks* censés accueillir les pratiquants dans un espace

---

[182] Mission « Cultures urbaines », Rapport au ministre de la culture et de la communication, Mars 2007.
[183] Circulaire de 1998 qui précise que « le contrat de ville constitue le cadre par lequel l'État, les collectivités locales et leurs partenaires s'engagent à mettre en œuvre, de façon concertée, des politiques territorialisées de développement solidaire et de renouvellement urbain, visant à lutter contre le processus de dévalorisation de certains territoires de nos villes ».

spécialisé, clos et généralement ancrés dans les espaces stratégiques d'une ville (centre, périphérie, etc.). Ici, la gouvernance urbaine a joué son rôle précisément. Plutôt que de laisser les skateurs « transgresser » les mécanismes de régulations imposés sur les espaces urbains[184], la solution du *skate park* s'est imposée. C'est pourquoi la question de la représentation des espaces pratiqués et de l'environnement de pratique est davantage à démontrer. En effet, il faut différencier la pratique dans un espace clos et fermé de celle qui valorise l'environnement « naturel » de la rue[185]. Sous cet angle, il est alors très intéressant de différencier le *skateboard* de contestation de celui qui se conforme au système de gouvernance urbaine. La décision de pratiquer tantôt librement dans la rue, ou tantôt dans un *skate park* s'analyse comme une forme sociale de production de l'espace urbain et, ainsi, d'échapper au contrôle social imposé sur les skateurs[186]. La pratique de contestation – dans la rue – représente donc une pratique qui crée un espace mental, social et corporel visant à résister à la gouvernance urbaine. Il y a peut-être là une « réponse » à prendre en compte pour analyser l'impact du *skate park* en ville et finalement, se demander pourquoi les pratiquant(e)s de *skateboard* persistent dans l'appropriation des espaces publics et « rejettent » les espaces sportifs spécialisés ?

Il ne faut pas se méprendre sur la logique commune aux quatre groupes enquêtés. Les ressemblances culturelles mettant *a priori* les pratiques « alternatives » dans un même chapeau commun restent à nuancer. En effet, des dissemblances culturelles peuvent y être repérées. La question des cultures et des sous-cultures sportives[187] rappelle que les sports participent aux cultures populaires et tendent à perdre leur impact comme alternative à la construction communautaire et personnelle. La ritualité est fortement concurrencée par le business sportif et sa logique marketing. Il est donc nécessaire de nuancer fortement aujourd'hui, les manières avec lesquelles ces pratiques sont réappropriées par les institutions urbaines et sportives. Il y

---

[184] Nicholas Nolan, "The ins and outs of skateboarding and transgression in public sphere in Newcastle", *Australian geographers, 34 (3)* , 311-327, 2003; Elaine Startford, "On the edge: a tale of skaters and urban governance". In *Social and cultural geography,* 3(2) , 193-206, 2002.

[185] David Snow, "Skateboaders, streets, and style", In R. White, *Australian youth subculture: on the margins and in the mainstream*, pp. 17-25, 1999.

[186] Chihsin Chiu, "Contestation and conformity: street and park skateboarding in New York city public space". *Space and culture, 12(1)* , 25-42, 2009.

[187] Rob Rinehart, Synthia Sydnor, *To the extreme : alternative sports, inside and out*, State University of New York, 2003.

a deux dimensions significatives : un refus du conformisme pour la spéléologie urbaine et le base jump urbain d'une part et une progressive « sportification »[188] pour le *street golf* et la parkour d'autre part. Une certaine prudence est donc nécessaire quand il s'agit d'établir la sociologi(qu)e de ces activités physiques contemporaines.

---

188 Allen Guttmann, *Du rituel au record. La nature des sports modernes.* Traduit par T. Terret. L'Harmattan, 2006.

DEUXIÈME PARTIE

Une culture commune : le « *droit à la ville* » pour une urbanité ludique

Présentons maintenant une première description de nos analyses. En effet, les quatre pratiques ethnographiées peuvent être regroupées sous une logique commune : « *faire vivre la ville* » (*dixit* un enquêté). Le principe étant de la rendre agréable à vivre et surtout, apprendre à l'aimer. Le projet qui anime ces pratiques ludo-sportives, l'urbanité ludique, c'est-à-dire une quête hédoniste des espaces urbains qui contribue alors à requalifier sociologiquement la ville. De cette manière, cela ne redonnerait pas à l'espace public son esprit fédérateur ? Les activités de rue analysées ici sont-elles des lieux de socialisation trop souvent sous-estimés des acteurs institutionnels, et pour quelles raisons ?

Nous définissons ce projet commun comme la mise en pratique d'une urbanité ludique, véritable noyau dur de significations. Les « traceurs », les *street* golfeurs, les spéléologues et *base jumpers* urbains entretiennent une relation ludique avec l'environnement urbain. Nous l'avons dit, les escaliers, les rues, les places, jardins et parcs publics deviennent des espaces de représentations où chacun se donne à voir devant l'autre. Soumis à l'appréciation des pairs, chaque pratiquant joue individuellement son rôle pour une appropriation collective du lieu fréquenté, usé, marqué et pratiqué. L'urbanité ludique s'interprète à travers ce jeu d'appropriation. Non seulement le travail d'appropriation est significatif pour chacun des pratiquants, mais aussi le travail de recodification des espaces pratiqués l'est sans doute encore plus. Le schéma suivant précise clairement nos propos :

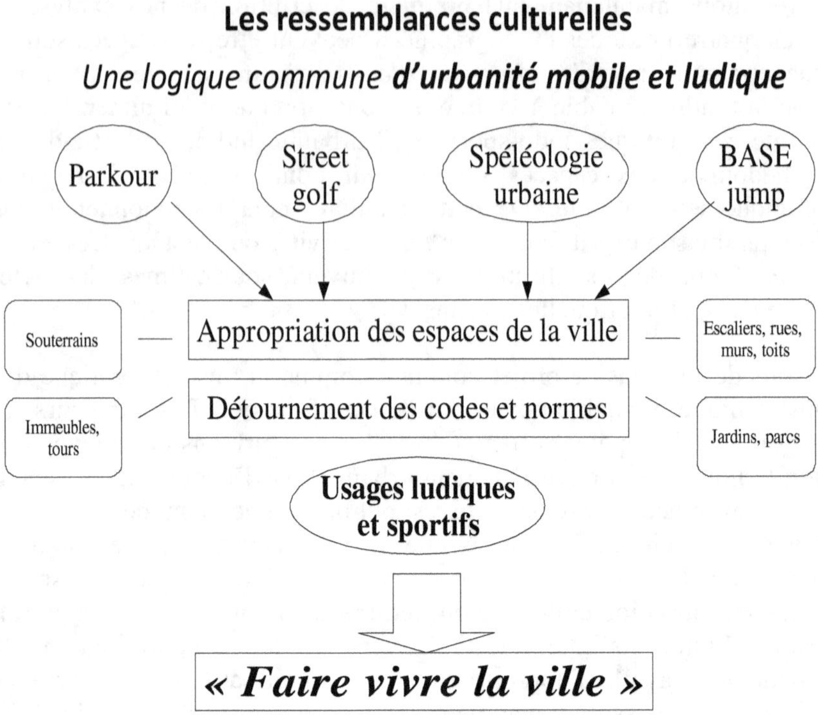

Figure 3 : les ressemblances culturelles

Chacun des points introduits relève alors d'une « dimension » effective à nos terrains. En premier lieu, la dimension socio-environnementale sera examinée à partir de la ville de Paris comme milieu de vie qu'il est possible de détourner. Ce détournement marque la modification d'un sens déjà attribué, nous y reviendrons. Il émerge ensuite de nos terrains une dimension affective et sensitive avec l'image de la ville dionysiaque. Une troisième dimension concerne la démarche collective, par la recodification des espaces pratiqués. Enfin, nous avons regroupé sous la dimension corporelle, toutes les caractéristiques relatives aux corporéités urbaines et aux mouvements engagés dans l'espace.

I. Dimension socio-environnementale

1. L'environnement urbain comme milieu de vie

Point de départ : la représentation de la ville

Comment faire émerger cette dimension si l'on ne définit pas le concept de « ville » ? Comment les pratiquants la perçoivent-ils ? Les discours autour de « la » ville sont prépondérants dans la totalité des entretiens réalisés à la fois *in situ* et distanciés. En prolongeant ici le travail de De Certeau, nous pensons à notre tour que l'étude des pratiques de l'espace permet de laisser parler les « pratiques microbiennes, singulières et plurielles »[189] plutôt que de traiter de l' « unité relevant d'une rationalité urbanistique »[190]. Les pratiques urbaines sont intimement liées à la nature de l'espace sur lequel une action motrice est engagée. De cette relation étroite entre le corps et l'espace se dégage une représentation particulière. Contrairement à ce que l'on pourrait penser, les pratiquants urbains entretiennent une relation intime avec leur ville d'habitat :

> « *J'ai toujours vécu en ville. C'est mon univers naturel, c'est là que je me sens bien, et en particulier dans ma ville. Quand je pars en vacances, c'est avant tout dans des villes ou pour visiter des restes de villes. Pour moi, la ville c'est Paris. Pas la banlieue. La banlieue a un statut à part. Peut-être parce que j'y ai vécu mon adolescence en rêvant de m'en échapper pour aller vivre à Paris. Les villes de province sont des villes mais pas « la ville ». Peu de villes méritent cette appellation. Manhattan, Istanbul, Moscou, Le Caire, par exemple. Il faut un caractère universel, un caractère grouillant, un caractère éternel* » (spéléologue urbain, Paris)

« À la fois machinerie et le héros de la modernité » la ville s'organise sur deux versants : le lieu du « pouvoir panoptique »[191], urbanisation, stratégies socio-économiques et le lieu des « transformations et

---

[189] Michel De Certeau, *L'invention du quotidien, Tome 1, Arts de faire*, Paris, Union générale d'éditions, p.145, 1980.
[190] *Ibid*, 142.
[191] *Ibid*, 145.

appropriations [et de] mouvements contradictoires »[192]. Comment ces deux organisations cohabitent-elles au quotidien ? Ce premier axe a émergé au fur et à mesure des rencontres effectuées sur ces terrains particuliers. Il fait écho aux relations complexes qui existent entre la qualité du cadre de vie, les politiques urbaines, culturelles ou sportives, les pratiques sociales et les cultures urbaines. La relation homme/ville, dans sa dimension sociale, sensible, culturelle ou même sanitaire demeure centrale à cette caractéristique socio-environnementale. Cet enquêté nous livre sa version concernant la double organisation urbaine : elle est – « *un lieu sans vie* » - et ce qu'elle permet de faire – « *un bon délire entre potes* » :

> « *J'aime déjà le cadre...la ville...la nuit, c'est tranquille. C'est pas comme en journée il n'y a pas de bruit de fond ni de foule...Il y a aussi les rencontres avec les passants, qui sont le plus souvent cool...Mais c'est surtout un bon délire entre potes, l'occasion de passer une soirée autrement que enfermés dans un bar...Sans oublier que c'est une autre forme de grimpe avec des mouvements athlétiques et souvent déroutants, ce type de grimpe se rapproche plus du site naturel que de la salle et en soi...c'est un plus pour tous ceux qui habitent loin des falaises ! Et puis la ville...oui ben c'est ça en fait (rires) Les villes sont devenues des pièges qui assignent les corps à des postures rigides, qui canalisent les déplacements pour accélérer les flux de la périphérie-dortoir au centre-bureau (rires). Les villes ce sont de multiples territoires et de multiples frontières visibles ou invisibles. La ville n'est pas habitée, elle est subie par ceux qui y habitent : des lieux sans vie, des vies sans lieux.* » (Explorateur, randonneur et grimpeur urbain, Paris)

La ville permet encore de pratiquer chez soi, « *at home* », en dehors des équipements sportifs aménagés en zones urbaines et périurbaines[193]. Prenons l'exemple du *street golf*. La présence de parcours de golf en zone périurbaine et l'éloignement géographique, avec les contraintes que cela suppose, restreignent la localisation de la pratique. La pratique du *street golf* illustre une délocalisation de ces équipements traditionnels : « *c'est simple et pratique, pas besoin de se taper des heures de caisse pour taper des balles ! Et puis tu n'es pas limité à 18 trous, puisque le parcours urbain est infini !* »

---

[192] *Ibidem*, 144.

[193] Jean-Pierre Augustin, « La diversification territorial des activités sportives », in *L'Année Sociologique*, Vol. 52, p. 417-435, 2002.

(*street* golfeur). Dans ce cas de figure, la « dialectique ici ailleurs »[194] incarne pleinement la recrudescence des activités récréatives urbaines où l'« ailleurs » réside dans une construction sociale de sens, élaborée de manière compensatoire en réaction à la ville « rigide ». Dès lors, la configuration spatiale du terrain de jeu urbain procure des sensations différentes pour ce pratiquant :

> « *Le plaisir que tu éprouves quand tu es sur un parcours n'est pas le même que celui que tu éprouves dans la rue. Le terrain est différent, le parcours aussi...Quand je suis dehors, c'est l'éclate, la déchéance ! Dans la rue, on a la sensation d'être borderline. Tu dois prendre en compte les gens, faire attention aux voitures...Ca te permet de casser les barrières du golf classique* ».

La personnalisation de la ville vient donc s'opposer aux espaces conçus. Des producteurs aux planificateurs de la ville, tous participent à la production d'une culture. À l'échelle globale, la ville peut alors devenir un « état d'esprit » qu'il est possible de modeler selon sa propre représentation de l'espace. C'est ainsi que le grimpeur interviewé définit son rapport à la ville : une relation « piégée » nous dit-il par un ensemble d'usages fonctionnels : y habiter, y circuler, y travailler. À travers ce discours, le pratiquant illustre la représentation apollinienne des grandes villes. En d'autres termes, l'« habitant du monde apollinien doit être transparent, distant »[195]. De la sorte, il y a peu d'espaces propices aux liens interpersonnels et aux rencontres entre citadins, précise le pratiquant, elle « *n'est pas habitée* » mais plutôt occupée de manière rationnelle. La sociabilité est-elle coupée pour autant ? La question de l'expérience spatiale est alors primordiale ici. Ainsi, des usages différenciés viennent contrecarrer cette vision « rigide » de la ville.

Car, la ville peut aussi être « molle » et « souple[196] », c'est-à-dire modelable et négociable en fonction de la diversité des pratiques individuelles et collectives : « la ville est souple, elle attend de l'empreinte d'une identité. Pour le meilleur ou le pire, elle vous invite à la renouveler, à

---

[194] Xavier Piolle, « Pratique de la montagne et société urbaine », in *Dossiers de la revue de Géographie Alpine,* 7, 1992.

[195] Christophe Moreau, André Sauvage, *La fête et les jeunes. Espaces publics incertains*, Rennes, Apogée, p.70, 2007.

[196] Jonathan Raban, J. *The soft city*. The Harvil Press, 1974.

la consolider dans une forme que vous pouvez vivre, vous aussi. Déterminez qui vous êtes, et la ville assumera de nouveau une forme autour de vous. Décidez de ce qu'elle est, et votre propre identité sera révélée[197]». De cet « état d'esprit[198] » surgissent des espaces de sociabilités[199], de pratiques, et de représentations, bref, des lieux qui font lien !

> « *C'est la ville qui nous motive avant toute chose...on y habite donc bon...on a un regard sur elle que d'autres n'ont pas forcément ! Quand l'urbanisme sert un agencement savant de la ville à des strictes fins d'utilité sociale, des résistances se déploient, certaines concernent de nouveaux modes de penser l'architecture et l'urbanisme, d'autres la manière même d'y habiter et de s'y déplacer ! Et puis...j'aime les défis, les rencontres inattendues...et puis il y a plusieurs points (rires) D'abord...l'homme a envahi la nature par le béton...il n'y a plus rien à explorer qui a déjà été fait. Nous, on découvre notre monde sous un regard différent. Ensuite, le grimpeur est un être solitaire, s'enfermant dans des salles, s'isolant au milieu des parois... La grimpe urbaine permet d'amener et de faire découvrir ce noble sport aux néophytes ! L'ambiance de la nuit aussi...c'est tellement différent des rues commerçantes bondées de l'après-midi, les gens sont paisibles et nous aussi...Les rencontres sont inattendues et réservent toujours de surprises !* » (Explorateur, randonneur et grimpeur urbain, Paris)

Par opposition aux non-lieux urbains, ces espaces de pratiques deviennent des « lieux anthropologiques ». Situé au centre d'une dynamique identitaire qui mêle l'individuel et le collectif, le lieu pratiqué physiquement, directement, par corps donc, acquiert du sens dans cet espace approprié et transformé. Les lieux sont « ouverts » et propices aux rencontres hasardeuses : rues, parcs, places, etc. A contrario, dans le cas où le lieu est principalement fermé (spéléologie urbaine), la dynamique identitaire est également centrale car les frontières du lieu sont nettement plus distinctes. Les groupes de base jumpers attribuent à certains « spots » connus, des caractéristiques

---

[197] "the city goes soft; it awaits the imprint of an identity. For better or worse, it invites you to remake it, to consolidate it into a shape you can live in. You, too. Decide who you are, and the city will again assume a fixed form around you. Decide what it is, and your own identity will be revealed, like a position on a map fixed by triangulation" (p.11).

[198] Comme représentation de l'espace urbain.

[199] Par sociabilité, nous nous référons aux travaux de Simmel sur le lien interpersonnel qui marque la relation basée sur le contact de proximité

identitaires, relationnelles et historiques. Ils constituent en quelque sorte le langage de ces « lieux anthropologiques ». De cette manière, la ville permet une autre issue : le détournement des espaces. Pour les enquêtés, les architectures urbaines incarnent une série d'obstacles qu'il est bon d'apprendre à franchir. Cet apprentissage mobilise à la fois des qualités mentales et physiques. Par exemple, comme espace de corporéité, le parkour illustre très bien la catégorie analytique de l'« outil-corps » et du « corps-signe »[200]. En tant qu'analyseur du social et du caractère sensible qui fait du corps une marque à la fois individuelle et collective, le parkour marque alors la réappropriation des corps urbains et les usages que les « traceurs » en font pour chevaucher les architectures urbaines. Le corps y figure comme un instrument avec lequel ils aménagent leur milieu de vie.

« Une bonne façon d'entraîner son esprit à refuser les limites imposées par la société est simplement de chercher de nouvelles façons d'utiliser les obstacles et de les essayer. Si vous pouvez utiliser un obstacle d'une façon complètement opposée à celle pour laquelle la société l'a conçu, c'est un signe pour votre esprit qu'il y a des choses que la société oublie et cela vous force à considérer les erreurs dans les coutumes sociales (...) Quand votre esprit sera libre de l'influence de la société, vous noterez qu'il y a beaucoup de choses qui reposent sur l'acceptation des règles sociales par les gens (…) Lorsqu'on pratique le parkour, il est aisé d'oublier combien de limitations les autres placent sur le mouvement. Penser par soi-même plutôt que d'accepter ce que quelqu'un d'autre vous a dit nécessite plus d'effort mental. Le parkour a pour but d'entraîner votre esprit à fonctionner à travers l'action du mouvement à chaque fois que vous aurez besoin de vous déplacer au lieu de tomber perpétuellement dans la même routine. Chaque fois que vous vous déplacez, vous devez évaluer ce qui vous entoure pour déterminer la meilleure route pour aller à un endroit. » (Récit de pratique, parkour).

Peut-on alors logiquement postuler que la ville, comme milieu de vie, agit sur les comportements individuels, mais qu'en retour, les pratiques de ces acteurs urbains permettent une auto-construction et auto-organisation du milieu de vie ?

---

[200] Jean-Michel Berthelot, « Corps et Société. Problèmes méthodologiques posés par une approche sociologique du corps », *Cahiers Internationaux de Sociologie*, LXXIV, p. 119-131, 1983.

Intersection théorique : l'effet du milieu de vie sur les comportements, une construction socio-historique

Il est intéressant de s'arrêter un instant sur la construction socio-historique des styles de vie urbains. La question posée ici concerne la production de la culture urbaine et de ses déclinaisons sous-culturelles. Qu'ont-elles à nous dire ? Il est possible d'envisager une ligne de force qui s'intéresse aux interdépendances entre l'environnement urbain et les manières de vivre. Brièvement, il est possible de dégager quatre processus sociologiques pour une meilleure compréhension du phénomène : l'urbanisation, la rationalisation, l'individualisation et enfin, la différenciation sociale.

Les manières de vivre en ville résultent de l'organisation spatiale, sociale et économique des espaces urbains. Déjà, à la fin du 19ème siècle, F. Tönnies décrit l'urbanisation comme le passage d'une communauté fondée sur les liens du sang (*gemeinschaft*) à une société organisée sur la base du contrat (*gesellschaft*). La morale communautaire, ciment de la communauté, va progressivement être remplacée par le développement de la pensée – ce que Simmel définit comme le développement de l'intellectualité de la vie en ville[201]. Chaque individu développe sa pensée et rentre donc en conflit avec autrui. De ce fait, on assiste à un développement de l'individualisme. Pour Tönnies toujours, les progrès en matière d'urbanisation et d'architectures urbaines font évoluer le modèle communautaire vers la société. Néanmoins, ce modèle binaire nous semble aujourd'hui obsolète. La modernité et ses processus ont transformé ce modèle binaire en un modèle dynamique, largement représentatif de relations sociales qui se croisent. À nos yeux, la solution simmelienne, l'entrecroisement de cercles sociaux, apparaît ainsi stimulante pour analyser les formes contemporaines de socialisation. Simmel, quant à lui, relève dans l'urbanisation un mouvement de désocialisation des individus. Il est utile de tenir compte de ce processus pour comprendre les pratiques ludosportives analysées ici. Simmel a notamment développé la notion de « Métropole » comme une forme qui « assume le procès de rationalisation des rapports sociaux »[202]. D'après lui, elle incarne le « siège de l'économie monétaire », ce qui contribue à une

---

[201] Georg Simmel, *Philosophie de la modernité.* Paris, Payot (2éme édition), 2004.

[202] Stéphan Jonas, Patrick Schweitzer, « Georg Simmel et la ville », in *Georg Simmel, la sociologie et l'expérience du monde moderne*, P. Watier (Dir.). Paris : Méridiens Klincksieck. PP. 177-188, p.165, 1986.

dépersonnalisation des rapports humains. Selon des facteurs démographiques et géographiques, Paris est ainsi considérée comme Métropole. Les révolutions industrielles ont contribué à un exode massif et à une migration de la population vers les villes. Pour exemple, le taux d'urbanisation[203] de la ville de Paris est de près de 50% en un siècle sur la période 1800-1900. L'urbanisation a ainsi contribué, entre autres, au rassemblement de centaines de milliers de personnes dans quelques centres urbains. L'espace de la ville est alors à envisager selon une combinaison de trois ordres[204] qui agissent, de près ou de loin, sur les pratiques sociales quotidiennes :

- Territorial (les rapports sociaux qui se jouent selon une logique spatiale où les distances physiques et matérielles « décident » de la nature des relations humaines).

- Économique et concurrentiel (un échange de biens et de services se met en place afin de répondre au mieux à l'émergence des grands mouvements financiers et commerciaux).

- Culturel (comme ordre moral, la ville obéit à un ensemble de règles et d'usages qui font qu'un ensemble d'individus vivant ensemble doit faire l'épreuve d'un contrôle social)

Par conséquent, le processus d'urbanisation et les fragmentations sociales qu'il a induites sont des aspects socialement déterminants pour penser la ville aujourd'hui et les stratégies vécues par les acteurs pour recourir à une fragmentation du sens[205].

En second lieu, le processus de rationalisation est sans doute l'élément le plus dynamique et général affilié au processus historique de la modernité. Processus civilisationnel et principe organisationnel du monde moderne, il désigne un rapport au monde issu du développement de la technique et de la

---

[203] C'est le pourcentage de la population vivant dans les zones urbaines (définie selon les critères nationaux
appliqués lors du dernier recensement de la population). Cet indicateur montre la concentration des populations dans les villes. Indirectement, il décrit les modes de vie, l'équilibre des populations dans le territoire et le pouvoir attractif des villes.

[204] Robert Ezra, « La communauté urbaine. Un modèle spatial et un ordre moral », in Y. Grafmeyer, & I. Joseph, *L'Ecole de Chicago. Naissance de l'écologie urbaine* (pp. 197-211). Paris: Flammarion, 2004.

[205] Ostrowetsky, *op., cit.*.

science au détriment de l'observation des « fils délicats et invisibles qui se tissent d'homme à homme »[206]. Weber, quant à lui, constate le « désenchantement » du monde lié au processus de rationalisation croissante qui débouche sur une fragmentation du tissu social[207]. Éthique protestante, capitalisme et organisations bureaucratiques sont les éléments clés de son analyse (1904-1905). Sur le plan sociologique, ce processus acquiert une fonction déterminante pour dresser une analyse « compréhensive » des rapports sociaux en société. L'auteur le définit comme le principe d'organisation du monde dans la modernité. Une rationalisation de la vie sociale devient alors significative d'activités sociales déterminées de façon rationnelle en finalité, le désenchantement du monde[208]. Une activité humaine résulte alors de trois types d'actions. *Traditionnelle* pour désigner les actions coutumières (manger, rencontre, etc.), *affective* celles qui sont guidées par la passion et enfin, *rationnelle*, qu'il distingue selon que l'action se tourne vers une finalité (comme action instrumentale) ou bien vers l'accomplissement d'une valeur (peu importe les risques encourus).

Ensuite, l'individualisation et l'individuation sont présentées comme le résultat d'une concentration de la population (urbanisation) et d'une singularisation du social. Bien qu'il existe dans la littérature sociologique une différenciation opérée entre l'individualisation et l'individuation[209], il est important de comprendre comment ces deux notions peuvent être très complémentaires. L'individualisation reflète l'appropriation qu'un individu fait de sa vie dans l'unique but de dépendre uniquement de ce qui lui semble juste et bon. Il cherche ainsi à s'émanciper des institutions et autres organisations bureaucratiques. Dans le même temps, l'individuation reflète le parcours qui permet à un individu de se réaliser par soi-même (*self*) et de développer une individualité singulière. Il cherche ainsi à se distinguer parmi la masse des individus émancipés. Ces deux processus se sont façonnés avec la société industrielle ; il est néanmoins incontestable que les deux sont largement visibles aujourd'hui[210]. On parlera alors d'individualisation des espaces urbains par l'émergence des expositions de soi par exemple, contre une individuation des pratiques corporelles en milieu urbain qui permettent à

---

[206] Georg Simmel, *Sociologie et Épistémologie*, Paris, PUF, p.238, 1991.
[207] Max Weber, *Économie et société*, Paris, Pocket, 1922.
[208] Danilo Martucelli, *Sociologies de la modernité. L'itinéraire du XXe siècle*, Paris, Gallimard, « Folio-Essais », 1999.
[209] Gilbert Simondon, *L'individu et sa genèse physico-biologique*, Paris : PUF, 1964.
[210] Michel Bassand, *Cités, villes, métropoles. Le changement irréversible de la ville.* Lausanne: Presses polytechniques et universitaires romandes, 2007.

un individu de s'approprier l'espace pour lui accorder une signification toute particulière. L'opposition communauté/société devenue obsolète, nous l'avons dis, l'individu est à replacer au centre de la distinction pour rendre compte du projet de socialisation. Dès lors, il est important d'insister sur la polysémie de l'individualisation. Après l'individu rationnel dépourvu d'éthique (individualisme autocentré), il existe pourtant une autre forme d'individualité qui consiste à dessiner un monde idéal, en « desserrant le plus possible les contraintes sociales imposées »[211] et à jouer sur ses propres appartenances. La Métropole serait d'ailleurs, aujourd'hui, un espace clé dans la construction, l'entretien et la valorisation de l'être individuel. La liberté de mouvement pour disposer de son corps librement (la mode et le devoir être, paraître, urbain en est une illustration) est caractéristique des associations urbaines. Depuis les années quatre-vingt, le contexte socio-économique est marqué par une métamorphose des mouvements collectifs, un essor du libéralisme, économique celui-ci, un essor des loisirs et des APS et un culte du corps grandissant. Un horizon sans signification – si ce n'est une affirmation gratuite de soi, une indépendance vide de tout projet – produit alors certaines *tyrannies de l'intimité*, une *culture du narcissisme* et enfin une forme d'*ère du vide*[212] pour reprendre certaines thèses. Comme l'a souligné De Singly, une autre perspective attachée à l'individualisme consiste à y repérer les formes créatrices[213] qui guident le projet personnel et culturel. L'autonomie recherchée est alors indexée à une indépendance et à la capacité de produire son propre « monde personnel » avec ses propres règles. Comment l'individu fait-il le choix de se détacher des « prisons sociales »[214] et de devenir acteur de sa propre définition de soi ? Simmel fait de l'individualisation et de l'urbanité une forme de recomposition de la corporéité. C'est-à-dire un lieu où s'exprime l'individualité et qui se traduit par l'éclatement d'un mode de vie et d'une mentalité urbaine. Notamment à travers les thèmes liés aux réappropriations/réinvestissements esthétiques de l'espace urbain.

---

[211] François De Singly, *L'individualisme est un humanisme*. Paris: éditions de l'Aube, la Tour d'Aigues, p.10, 2005.

[212] Richard Sennet *Les tyrannies de l'intimité*, Le Seuil, Paris, 1974 ; Christopher Lasch, *La culture du Narcissisme*, Climats, Castelnau-le-lez, 1979 ; Gilles Lipovetsky, *L'ère du vide. Essais sur l'individualisme contemporain*, Gallimard, Paris, 1983.

[213] De Singly, *op., cit.*.

[214] *Ibid*, 15.

E. Durkheim voit dans la différenciation sociale, une nouvelle forme de faire société par un réagencement en profondeur du social et de ses composantes. C'est ainsi qu'à travers la *Division du travail social*, Durkheim est le premier à repérer la division du travail en lui accordant une dimension sociale et non plus seulement économique. Ce réagencement conduit le sociologue à parler de « solidarité organique » pour montrer que ce nouveau type de solidarité sociale est en réalité un des nombreux effets issus de cette division du travail, car « l'unité cohérente de la collectivité résulte de, ou s'exprime [alors] par la différenciation[215] ». Les individus sont différents, c'est ce qui fait la « forme extrême » de cette organisation sociale basée sur la division du travail. C'est ce qui fait penser aux individus qu'ils sont libres de croire, de vouloir et d'agir selon leurs propres préférences. De là découle la constatation de Durkheim qui est de penser qu'« une marge plus grande d'interprétation individuelle des impératifs sociaux » est alors accessible dans les choix des individus. Seules les sociétés à faible division du travail conservent dès lors l'autre solidarité, mécanique, qui fait que les êtres humains demeurent étroitement liés. Le cheminement de la pensée de Durkheim l'a logiquement conduit à distinguer les faits sociaux qualifiés de normaux de ceux qu'il qualifie de « pathologiques ». Cette distinction permet de comprendre comment s'est rapidement mise en place une organisation sociale qui reconnaît le bien du mal ou bien encore le normal de l'anormal. De Durkheim, nous retiendrons alors que le principe de la différenciation sociale est caractéristique de nos sociétés modernes car il contribue à créer une forme de liberté individuelle. Les travaux de Simmel[216] sur les effets de la différenciation sociale et de la division du travail montrent que cette division a comme conséquence de multiplier les « cercles sociaux » distribuant encore davantage les cercles d'activité et de pratiques. Au regard « d'en haut » pratiqué par Durkheim, nous voyons en Simmel, et son intérêt pour la microsociologie, la possibilité d'accorder une importance aux relations humaines qui créent des « contextes sociaux, des cadres de la vie quotidienne »[217]. Décentré du regard holiste, le processus de différenciation sociale est alors envisagé comme une « circulation socioculturelle »[218] bien plus qu'une situation anormale *stricto sensu*. Ainsi, Simmel montre que les

---

[215] Cf. Raymond Aron, *Les étapes de la pensée sociologique*, Paris, Gallimard, pp. 319-320, 1967.
[216] Simmel, *op., cit.*.
[217] Christian Papilloud, *Le don de relation. Georg Simmel - Marcel Mauss.* Paris: L'Harmattan, p.127, 2002.
[218] *Ibid*, 128.

échanges engagés ou cours des interactions sociales ont pour effet de modifier des arts de vivre d'une société ou d'une culture[219]. Processus dynamique, la différenciation sociale est en perpétuel mouvement car elle se réalise au quotidien, dans le croisement et la combinaison des cercles sociaux. Le croisement des cercles se justifie ici comme une forme d'*être* en société au gré des cadres sociaux et des rapports entretenus entre collègues, partenaires, famille, amis, forces de l'ordre, citadins, etc. Pour reprendre les propos de Simmel, la différenciation sociale engendre alors une forme particulière de socialisation qui repose, entre autres, sur une socialisation communautaire – illustration de ce que peut être un « cercle social ». Et en particulier pour ce qui concerne les « communautés d'intérêts idéels » propres au cas urbain[220], interprétation la plus aboutie pour aborder notre objet de recherche.

Ces processus socio-historiques font état d'une chose : les modes de vie urbains se sont organisés autour des notions de compromis et de coordination d'intérêts rationnels. Cette vision « technocratique » de la ville doit aujourd'hui être nuancée par une vision davantage culturaliste qui accorde une place aux cultures urbaines dans leurs ressemblances et dissemblances. La revendication d'une ville ouverte, mobile, malléable et sensible nous amène à postuler que l'effet du milieu de vie sur les comportements est à double sens. D'une part, le milieu de vie influence la constitution d'espaces de corporéités légitimes alors que d'autre part, la construction d'espaces de corporéités illégitimes (comportements récréatifs, ludiques, déviants, etc.) participe à leur tour, dans la « fabrication » d'un milieu de vie. Ainsi, il apparaît que les regroupements récréatifs en ville – les groupes de loisirs – résultent de la période d'urbanisation et d'industrialisation[221]. Ce moment cérémoniel (temps ludique) marque le vertige recherché par la mobilisation du corps ludique et festif[222] mais marque aussi une importance accordée aux liens plus personnels et électifs.

---

[219] Georg Simmel, *Sociologies. Etude sur les formes de la socialisation.* Paris: PUF, Sociologies, p.642, 1999.
[220] *Ibid*, 407.
[221] André Fortin, A. « Notes sur la dynamique communautaire ». *Nouvelles pratiques sociales, Volume 7, issue 1*, pp. 23-32, 1994.
[222] Véronique Nahoum-Grappe, « Sortir ! L'imaginaire social des conduites festives », in *Agora*, n°7, 1997.

Point d'arrivée : la ville pratiquée, appropriée

La combinaison de ces quatre processus fait que le milieu de vie urbain peut s'apparenter à une forme de « mélancolie sociale » que la sociologie urbaine et dans une moindre mesure, la sociologie des imaginaires, s'attachent à nuancer. Cette donnée anthropologique nous renseigne sur les procédés sociaux, dispositifs rituels, qui mettent en avant des conduites de corps expérientielles et vertigineuses. L'expérience urbaine est ainsi faite, dans la contestation silencieuse des architectures et des espaces sociaux urbains[223]. C'est une conduite qui a pour principe de retourner les principes structurant de la réalité sociale et quotidienne. Aux yeux des pratiquants, cette conduite se formalise avant toute chose par une pratique délibérée des espaces urbains. Qu'est-ce que cela signifie concrètement ?

Les espaces de l'ombre

Dans un premier temps, se dégage une pratique ludosportive des espaces urbains où des « praticiens jouent des espaces qui ne se voient pas »[224]. C'est le cas plus particulièrement de la spéléologie urbaine et du *base jump* urbain. Par exemple, voilà comment une spéléologue urbaine présente son terrain de jeu, les souterrains :

> « *il y avait un peu...une petite part d'inconnu...un petit côté magique dans le fait de progresser dans les galeries comme ça...dans...un grand labyrinthe...puis y a un petit côté confiné...un petit côté....petit côté...hmm...enfin...c'est mon avis à moi...mais un petit côté protecteur...on se sent bien...dans ces galeries...avancer de salle en salle...* » (Femme spéléologue).

Quel est le but recherché par ces pratiquant(e)s ? Les spéléologues urbains valorisent le glissement de tout le corps vers le « *monde du dessous* » (expression indigène) ; ils visent à se démarquer du « *monde du dessus* », royaume de l'organisation observatrice et des structures du pouvoir[225].

---

[223] Iain Borden, *Skateboarding, space and the city : architecture and the body*, Oxfordf, 2001.
[224] De Certeau, *op., cit.*., 141.
[225] Michel Foucault, *Surveiller et punir. Naissance de la prison.* Paris, Gallimard, 1975.

« *Pour nous, tout cela représente surtout un moyen de s 'exprimer sur un territoire de non-droits, où la loi ne s'applique pas. Et là ça change toute la donne... Crois-moi* (...) *Je t'ai dit que c'est un territoire de non-droits, maintenant rien ne dit que nous faisons nos propres lois... c'est justement ce que nous ne voulons pas... c'est ce que l'on cherche dans ces dessous...Mais bon, la présence symbolique de la brigade policière nous rappelle que nous sommes là uniquement car rien n'est fait pour nous foutre dehors...ils nous tolèrent comme ils disent. L'amende s'élève à 25 euros maintenant pour les amendes piétonnes. C'est leur façon de nous montrer que nous ne sommes pas les seuls maîtres à bord...mais ça c'est une autre histoire...(rires)* » (Spéléologue urbain).

Pour autant, le retour dans le « *monde du dessus* » n'est pas non plus déprécié comme on peut se l'imaginer *ex ante*. Les résultats sont unanimes : la valorisation des souterrains et de leurs caractéristiques austères est vécue comme un complément spatial, un opérateur qui permet à ces ruses urbaines d'être l'élément qui valorise un aller-retour entre les espaces du *dessus* et ceux du *dessous*. Ce double trajet descente/remontée permet d'accorder une signification aux souterrains pratiqués. Pour preuve, les spéléologues urbains savent reconnaître les bienfaits de la lumière et ainsi, redevenir visibles devant les foules urbaines. Pour justifier de cet état de conscience, certaines sensations sont alors valorisées ce qui souligne l'importance du seuil à franchir entre l'espace de leur pratique et l'espace public :

« *Quand tu ressors de là, t'es content de voir la lumière...et t'es content d'entendre tous les petits bruits de l'extérieur en fait (rire)* »

« *Quand on sort du tunnel et qu'on découvre...le...(pause)..qu'on redécouvre le...ben...la nature...la lumière...le chant des oiseaux (rire)...autre chose que le clapotis des bottes dans l'eau et...des couloirs à perte de vue...ou de non-vue...Ce moment où on sort du tunnel...lui il est vraiment magique...* »

La « ruse » consiste aussi à pratiquer les espaces qui ne se voient pas, nous l'avons dis, mais de manière discrète, souple et légère. Les pratiquants espèrent défendre le caractère fondé de leur démarche et de leurs randonnées illégales. Ils les légitiment en quelque sorte :

« *Dans la plupart des cas, c'est à l'abandon total qu'on se faufile discrètement (rires)...pour accéder à l'intérieur...Cela ne signifie pas qu'il faut opérer le plus souvent en toute illégalité ou légalité vis-à-vis des institutions...mais bon...moins y a de traces de notre passage et plus le site sera conservé en l'état...Et puis aussi...on ne vole pas... On ne tague pas on ne dégrade pas...Il ne faut surtout pas oublier que d'autres visiteront ce site après toi et voudront aussi en profiter...Tes explorations doivent être faites sur la pointe des pieds (rires)...Les photos prises pendant les explorations servent aussi à pérenniser l'image de chaque site et non à attirer le plus possible de casseurs...Si tu respectes ces règles alors tu fais partie de la communauté des explorateurs (rires)...* »

En quoi consiste la pratique d'un espace qui ne se voit pas ? Elle est à la fois une recherche d'inédit, une « *exploration* » comme le déclare un spéléologue urbain ; elle est aussi une mise en retrait des pratiques légitimes, une manière de se « *protéger* » contre autrui ou encore, de se représenter secrètement sur des territoires de « clandestinités urbaines »[226] :

« *Je ne me retrouve pas dans une structure sociale prédéterminée. Je revendique une certaine liberté qui ne me semble accessible que dans quelque chose de non réguler.* » (Base jumper urbain)

Ces deux communautés pratiquantes (spéléologie urbaine et *base jump*), mettent en forme une culture du secret[227] où l' « esprit de groupe » est très prégnant :

« Ce qui m'a marqué c'est qu'en bas les gens sont (pause)... pas tous les mêmes a priori. Mais ils ont tous le même uniforme... on a un peu le même langage... on est tous à peu près pareil quoi...bon...mis à part des histoires de caractère ou des choses comme ça...mais on se ressemble tous des fois...on est très surpris de voir qu'on aime bien discuter, fréquenter quelqu'un en dessous... quand on l'aperçoit en surface, on s'aperçoit qu'on aurait pas eu l'idée de lui dire bonjour ou d'être ami avec » (Femme, spéléologue urbaine).

---

[226] Sylvie Aprile, Emmanuelle Retaillaud-Bajac, *Les clandestinités urbaines.* Rennes: PUR, 2008.

[227] Georg Simmel, *Secret et sociétés secrètes.* Paris: Circé, 1996 ; Florian Lebreton, Stéphane Héas, « La spéléologie urbaine. Une communauté secrète de cataphiles », in *Ethnologie Française,* « Grande-Bretagne : Anthropology at home », Avril-Juin, p. 345-352, 2007.

Cet « esprit de groupe » traduit alors un entre-soi qui délimite des frontières distinctes. La pratique de l' « espace qui ne se voit pas » se comprend comme des niches sociales où la créativité et le ludisme sont sans cesse recherchés.

> « *Quand on descend en sous-sol...c'est quand même un peu aussi...pour fuir le monde...on n'est pas particulièrement ravi de voir des foules de gens qui débarquent...des groupes de vingt, vingt-cinq personnes...* » (Spéléologue urbain).
>
> « *Un espace de liberté gagné sur l'enfermement urbain* (car) *l'immeuble devient un immense promontoire offrant aux uniques base jumpers des parties inexploitées de cette ville constamment étriquée. Le fait de pouvoir sauter d'immeuble nous fait découvrir la troisième dimension de cet espace qui nous entoure, cet espace qu'avant notre premier saut que nous considérions que comme plat* », (Base jumper urbain).

Le cadre de l'expérience corporelle, la solidarité et la convivialité sont recherchés ici. Cette pratique particulière de l'espace se rapproche aussi plus largement des « hétérotopies » de Foucault, ces « espaces autres » :

« des lieux qui ont dessinés dans l'institution même de la société, et qui sont des sortes de contre-emplacements, sortes d'utopies effectivement réalisées dans lesquelles les emplacements réels, tous les autres emplacements réels que l'on peut trouver à l'intérieur de la culture sont à la fois représentés, contestés et inversés, des sortes de lieux qui sont hors de tous les lieux, bien que pourtant ils soient effectivement localisables. Ces lieux, parce qu'ils sont absolument autres que tous les emplacements qu'ils reflètent et dont ils parlent, je les appellerai, par opposition aux utopies, les hétérotopies »[228].

Sous cet angle, le « droit à la ville » est donc bien plus qu'une simple utopie puisque qu'il s'inscrit matériellement sur un « lieu », transforme alors la vie urbaine caractérisée par une absence de « lieux » identitaires et sensitifs, en une urbanité ludique et sensationnelle :

---

[228] Michel Foucault, « Des espaces autres », in *Dits et Ecrits, tome 1 : 1954-1975.* Gallimard, 1984.

« *On marche beaucoup... euh... on se pose... très souvent... et... euh... quand on se pose... ben... on pique-nique... c'est vraiment ça... le pique-nique... on sort ses bières... euh... ses biscuits... C'est plutôt le règne de l'austérité... le... dans les cata c'est le dénuement complet. Y a rien... y a des pierres... y a de l'eau... et des murs... ce n'est pas une prison parce que... on est libre... dedans... c'est la liberté... mais c'est le dénuement total* » (Randonneur, explorateur et grimpeur urbain)

« *Nous vivons dans la ville et la subissons...coincés dans les chemins tracés par les architectes bâtisseurs. L'exploration urbaine consiste à franchir ces limites dessinées par d'autres...enjamber une barrière, franchir une porte, ramper dans un tunnel, ouvrir une trappe...En fait, toutes ces approches et les recherches qui conduisent à la partie utilitaire de la ville...souvent très esthétique...Des endroits où vous n'êtes pas supposés aller et où vous quittez la partie toute tracée pour explorer un nouveau monde, celui de l'abandon et du merveilleux... Après...libre à vous de choisir le lieu le plus propice à vos excursions urbaines. Le choix est immense, cela va du tourisme industriel aux toitures zinguées en passant par le petit théâtre de quartier oublié ou les immeubles décrépis et pourrissant au milieu de la ville...à l'abri des regards, isolés du monde normal je dirais...C'est le dernier pas qui vous fait basculer d'un monde à l'autre...* » (Spéléologue urbain).

Enfin, logiquement cette pratique de l'« espace qui ne se voit pas » nécessite de la part des acteurs une organisation de « contre-pouvoirs » où le secret, la discrétion et la négociation avec les forces de l'ordre sont très présents. Deux déclarations de pratiquants illustrent ce point. La première nous précise comment une communication souterraine prend effet entre les pratiquants. Elle a été mise en place par et pour les randonneurs souterrains :

« *Il existe des coutumes propres aux habitués qui se sont développées avec le temps : des boîtes aux lettres particulières*[229]*, des salles où l'on est sûr de rencontrer des gens si l'on descend seul. Où on peut passer la nuit à refaire le monde en partageant une boisson* », (Spéléologue urbain).

---

[229] Référence à la présence de nombreux tracts au sein des galeries souterraines illustrant des sujets divers et variés.

Ces pratiques mobilisent des réseaux de sociabilités très actifs. La communauté regroupe des « êtres qui souhaitent établir exclusivement entre eux des actions réciproques entièrement pures »[230]. La caractéristique majeure de ces cultures de rue est que le mode de socialisation est exclusivement communautaire.

> « *Si on est prêt à être base jumper, c'est la communauté qui s'ouvre à nous (...) On ne se déclare pas base jumper du jour au lendemain, on vient nous chercher et on dit : toi, tu as les compétences pour le devenir, on va te former, on va t'encadrer. Ca ne se fait qu'à cette condition* », (Base jumper).

Pour rendre compte du trajet effectué dans la ville, de haut en bas, les *base jumpers* et les spéléologues urbains pourraient comparer leurs activités à la mythique « chute d'Icare » et s'interroger sur les « retombées » : « faudra-t-il ensuite retomber dans le sombre espace où circulent des foules qui, visibles d'en haut, en bas ne voient pas ? » (De Certeau, 1990, 140). Être invisible, momentanément, que ce soit sur le haut ou le bas, dans le « *monde du dessus* » ou le « *monde du dessous* », les pratiquants interrogés peuvent être décrits comme des « *êtres [qui] errent dans la nature surnaturelle, dans ce no man's land du temps [...] en attendant le retour vers le monde de la société et ses obligations* »[231].

Pour conclure sur ce premier point, il est intéressant de s'arrêter un instant sur la définition d'un *ethos* ou tout au moins, de principes et de codes de conduite généraux aux communautés pratiquantes. Nous faisons alors référence à un ensemble de « principes pratiques »[232] qui soient générateurs de sens pour un groupe social. Il va s'établir alors comme une référence qui va réguler la pratique de chacun des membres concernés. En couplant nos observations participantes aux observations de sites Internet spécialisés, nous pouvons en relever quatre :

- Le respect des lieux
- La protection plutôt que la publicisation
- La liberté d'accès et l'illégalité de l'intrusion
- L'acceptation de l'anonymat

---

230 Simmel, 1981, 128.
231 Bernard Jeu, *Le sport, l'émotion, l'espace*, Vigot, p.37, 1977.
232 Pierre Bourdieu, *Questions de sociologie*, Les Editions de Minuit, 2002.

Cet *ethos* va donc structurer essentiellement la démarche d'appropriation pour les espaces qui ne se voient pas. Ils vont permettre à chacun des pratiquants concernés de se justifier auprès des autres usagers. Respecter ces codes les différencie des « autres » : les vandales, les taggers ou graffeurs ou ces « *descendeurs du samedi soir* » (expression indigène) qui peuvent détériorer toutes « traces » de l'histoire. Cela est surtout vrai pour la fréquentation des souterrains où l'esprit de corps est significatif (voir *supra*).

Pour la seconde forme de pratique d'espace, il faut également repérer ici ou là, quelques principes structurants, en particulier pour ce qui concerne le respect des lieux et la liberté d'accès, nous y reviendrons.

Les espaces qui se donnent à voir !

À la question initiale, que signifie pratiquer la ville ?, les justifications données par les pratiquants renvoient « à une forme spécifique d'opérations (des « *manières de faire* »), à « *une autre spatialité* »[233] ponctuée par une expérience anthropologique significative du « droit à la ville ». Nous avons pourtant distingué deux opérations, l'une qui échappe à la visibilité, nous venons de le voir, et une autre qui se confond avec les pratiques ordinaires de la ville : marcher, courir, flâner, etc. Il faut comprendre que le « droit à la ville » est toujours commun à ces pratiquants :

« Les signalisations et les panneaux nous dictent inconsciemment ou consciemment notre chemin. L'urbanisme sert un agencement savant de la ville à des strictes fins d'utilité sociale. De ce fait des résistances se déploient, certaines concernent de nouveaux modes de penser l'architecture et l'urbanisme, d'autres la manière même d'y habiter et de s'y déplacer. Qui n'a pas eu envie à un moment ou l'autre de braver ces interdits et d'aller là où bon lui semble. Peu de gens prennent l'initiative de redécouvrir ou d'utiliser la ville autrement » (Récit de pratique, Parkour).

Ce droit est mis en application de manière visible, là où d'autres auraient eu tendance à oublier l'effet de l'action des sociétés sur les données sensibles :

« *Le parkour nous fait utiliser l'instinct, les sens, des notions primaires du corps, des aptitudes que le corps n'a plus besoin d'utiliser dans*

---

[233] De Certeau, *op., cit.*., 142.

notre société actuelle et encore moins dans les grandes villes comme ici... C'est pour ça que l'on cherche à savoir, à exprimer ces choses que l'homme a oubliées, voire effacées. » (Parkour)

En revanche, la stratégie adoptée pour s'approprier la ville et ses espaces est quelque peu différente. En effet, la visibilité des espaces pratiqués montre que la « clandestinité » n'est pas de mise ici. Bien au contraire, dans la pratique du *street golf* et du parkour, des opérations de mixité culturelle pointent. Dès lors, la pratique s'affiche aux yeux de tous car l'espace de jeu est visible :

« *C'est simple et pratique. Pas besoin de se taper des heures de caisse pour taper des balles ! Et puis tu n'es pas limité à 18 trous, puisque le parcours est infini* » (Street golfeur).

Les pratiques se déroulent alors sur des architectures et des mobiliers urbains qui se donnent à voir. Plutôt que de parler d'une requalification de ces mêmes espaces, nous lui préférons la première expression. En effet, cela sous-entend que le mobilier pratiqué et fréquenté est rendu visible par le jeu qui s'y déroule d'une part, puis contribue à exposer les corps en action d'autre part.

« *Pour moi le Parkour c'est un art qui permet de mieux se connaître, d'échapper à cette prison, les murs. Pouvoir être libre. Il n'y a pas forcement de règle précise, mais la règle je pense que c'est nos limites, ne pas faire n'importe quoi. Les obstacles qu'on peut rencontrer quand on trace sont d'une manière ou d'une autre nos ennemis...il faut les battre, les défier, et surtout réussir, du moins pour les obstacles qu'on peut rencontrer dans les rues...Pour moi les obstacles « vivants »...les arbres...les pierres...ne sont pas nos ennemis, mais plus des alliés, des personnes qu'on respecte...des chefs en quelque sorte, des chefs qui nous aident à avancer, à nous surpasser...Le Parkour pour moi n'est pas forcément un effort physique. On peut très bien pratiquer le Parkour sans courir, ni sauter...Le Parkour est plutôt une manière de faire face à toutes les situations, de la vie de tous les jours. Tout le monde pratique le Parkour sans même le savoir, pas forcément physiquement, mais tout le monde le pratique* » (Parkour).

La pratique n'est pas illégale cette fois-ci. Elle n'a pas besoin d'être cachée ni dissimulée, bien au contraire, elle est communiquée :

Enquêteur : « *comment vous qualifieriez votre pratique ? Une tendance ? Une activité alternative...underground ?* » (Enquêteur)

Enquêté 1 : « *oui et non...Oui car c'est une pratique tout juste tolérée et car on grimpe la nuit sans trop vouloir se faire remarquer...et non car on communique beaucoup par l'intermédiaire de sites internet...d'associations...* » (Grimpeur urbain, parkour).

Enquêté 2 : « *je dirais oui moi...mais qui sort de l'ombre pour se démarginaliser ! En effet, on ne se cache plus, on va à la rencontre des passants...On discute et on s'affiche à travers tous les supports modernes...* » (Grimpeur urbain)

Conscient de l'évolution grandissante des cultures de rue, ces pratiquants reconnaissent avoir le désir de se faire « voir » encore davantage :

« *Quand j'ai commencé l'urbain, je faisais ça pour le délire...Grâce aux sites internet j'ai pris conscience que ça branchait pas mal de monde. En plus la pratique a déjà énormément évolué maintenant toutes les sorties sont organisées à l'avance...il y a des repérages...les gens ont un bon niveau aussi et les blocs sont de plus en plus intéressants...Dans l'avenir, on va continuer dans cette voie-là, en essayant de prendre le moins de risque possible et en s'éclatant le plus possible. Je compte aussi beaucoup sur les associations pour sensibiliser le grand public...* » (Grimpeur urbain)

À la différence des espaces sportifs, les lieux pratiqués ne sont pas destinés à cet usage. Les pratiquants détournent les architectures à leur profit mais pas seulement. Ce « droit à la ville » doit être accessible à toute la population urbaine. C'est la raison pour laquelle les espaces qui se donnent à voir ne sont pas seulement pratiqués par la communauté pratiquante. Il y a dans cette démarche un projet commun proche de la démarche citoyenne qui vise à rendre visible ce qu'il est possible de faire :

« *moi...j'en ai marre du boucan des salles pleines de poussière, marre de travailler jusqu'à point d'heure, ne pouvant plus aller grimper le soir...ou de me taper des heures de route le week-end pour aller toucher du caillou...Quel plaisir de mettre ses doigts la toute première fois sur un mur qui n'est pas prévu à cet effet. Prendre du plaisir à lire l'architecture, sous un œil de sportif...Les gens regardent mais savent rien de la richesse des ruelles. L'appel de l'inédit, ouvrir des premières voies m'est venu naturellement après avoir fait la découverte des berges de la Seine où des ponts et murs subsistent tant bien que mal... J'ai donc eu envie d'aller voir toujours plus loin...* » (Grimpeur et randonneur urbain)

Pour autant, une « sportification » progressive concerne les pratiques d'espaces visibles. Elles sont donc vouées à être sans cesse redéfinies par les institutions sportives, économiques et politiques qui ont la possibilité de les réorganiser.

De la sorte, la ville « apparaît de nouveau comme *lieu* pratiqué »[234] et est investie d'un esprit dionysiaque[235] où la marche, la déambulation, la course, les sauts, la découverte de lieux, la légèreté, la dérision et l'ivresse des corps transportés dans la ville transforment le parcours ludosportif (la déambulation) en un jeu codé et normé plutôt qu'en situation marginale à proprement parler.

« *Pour ma part je cherchais à me réapproprier mon environnement...je t'ai dit je suis de la ville moi...donc si je veux m'amuser, il faut partir à la découverte de mon environnement quotidien. Avec le street golf je ne le subis plus je le détourne. Du coup, j'ai juste adapté mon sport principal à la rue ! Les principes sont les mêmes que pour le golf classique sauf que les trous sont remplacés par des cibles urbaines...* » (Street golfeur).

« *Finis les parcours imposés, on choisit ses cibles, en tenant compte de l'urbanisme, des règles de sécurité, de l'imprévu qui peut surgir, tout en gardant le goût du défi. Bref, s'adapter à l'environnement extérieur demande un peu plus de concentration. Si on veut atteindre ses objectifs, il faut développer la patience, la maîtrise de soi et garder tous ses sens en alerte. Le street golf n'est pas seulement une activité physique, c'est aussi un véritable training mental. Et puis, là où trouver un partenaire pour s'entraîner sur le green peut relever du casse-tête, la version urbaine réintroduit un souffle de convivialité. Le street golf fonctionne essentiellement en communauté.* » (Street golfeur)

---

[234] *Ibid*, 190.
[235] Friedrich Nietzche, *Naissance de la tragédie*. Paris: Éditions Gallimard, 1949.

À l'image d'une « inscription du corps dans le texte de l'ordre »[236] urbain, ces conduites renouent avec un aménagement du milieu de vie par la construction collective de « lieux anthropologiques ».

« Il y a pas beaucoup de falaises ici...et j'avais envie de faire autre chose que de grimper en salle et j'avais remarqué des structures assez intéressantes à côté dans des lieux en centre ville ou en périphérie...Un week-end on a donc franchi le cap et essayé de grimper ces bâtiments... » (Grimpeur urbain et parkour).

2. Les jeux en milieu urbain, une « pratique de l'espace » ?

Les cultures sportives nous montrent aujourd'hui que la pratique ne s'inscrit pas seulement au sein de structures et de terrains de jeux spécifiques (gymnases, stades, etc.). Nous avons commencé à entrevoir comment la ville peut être conquise puis appropriée par ses acteurs. Par conséquent, il est primordial de distinguer deux formes de sociabilités inhérentes à la pratique d'une activité physique et/ou sportive. D'une part, on parlera de sociabilité sportive pour rendre compte des APS formelles et reconnues de tous, d'autre part, il ne faut pas négliger l'importance des sociabilités informelles qui se développent au sein des autres pratiques. La construction du lien social est éminemment présente dans cette problématique. Ainsi, il apparaît que la notion de pratique de l'espace est surtout vraie pour ce qui concerne les appropriations d'espaces non-sportifs.

Les espaces sportifs de la ville

Cette première distinction est connue de tous. Le sport, en devenant un élément majeur de la culture a d'abord conquis sa place dans les espaces urbains où des équipements spécifiques ont été construits pour accueillir les populations pratiquantes. Sans retracer l'historique de cette période nous retenons néanmoins que la sociabilité sportive[237] est caractéristique des

---

[236] De Certeau, *op., cit..*,191.
[237] Pierre Arnaud, La sociabilité sportive. Jalons pour une histoire du mouvement sportif associatif. In P. Arnaud (dir.). *Les athlètes de la République, gymnastique, sport et idéologie républicaine, 1870-1914*, Toulouse: Privat, p.359-385, 1987.

associations sportives et des clubs sportifs[238]. Elle peut être définie comme étant un « espace public de communication et d'échange »[239] où l'organisation interne, hiérarchisée, est clairement identifiable. Les actions politiques en matière de projets sportifs ont facilité les premières constructions de grands équipements sportifs (« lois programmes ») pour accueillir les foules et les masses sportives. L'intégration à la vie de la cité par le sport est devenue un cheval de bataille pour les acteurs politiques. Au cœur de zones urbaines et périurbaines, la construction à tout va de grands et petits ensembles sportifs montre aujourd'hui une inadéquation entre l'offre, contrainte par des facteurs politico-économiques, et la demande sportive de plus en plus diversifiée. Même si ce constat est à nuancer, la pratique sur les espaces sportifs en ville n'est donc pas la seule manière de faire du « sport ». Bien au contraire, la conquête des espaces publics est fondamentalement différente.

Les espaces non-sportifs de la ville

Nous l'avons vu, la ville est aujourd'hui pratiquée différemment. Elle n'offre plus seulement des espaces sportifs facilement identifiables ; elle est traversée par des groupes auto-organisés à la recherche de mobiliers urbains adéquats. En ce sens, nous posons la question des sociabilités sportives informelles car elles ne sont plus entretenues au sein d'associations sportives mais de microgroupes qui s'auto-organisent pour pratiquer. Peut-on encore parler de sociabilité sportive ou plus encore, de sociabilité urbaine dans ce cas précis ? Les relations sociales et les échanges entre pratiquants sont de natures différentes. En marge des institutions, se développent des micro-cultures urbaines où se négocient des identités sociales d'une autre nature. C'est pourquoi la sociologie simmelienne est pertinente pour analyser les formes plurielles de la sociabilité humaine, essentiellement à travers la figure de l'étranger et la nature de l'aventure. Bien que négligée par les sociologues du sport, elle peut être mobilisée pour comprendre les stratifications sociales à l'œuvre dans les cultures sportives contemporaines[240]. La proximité spatiale n'est plus de mise dans ce cas-là. La valorisation d'une identité de

---

[238] Jean-Paul Callède, *La sociologie française et la pratique sportive (1875-2005)*, Maison des sciences de l'Homme d'Aquitaine, 2007.
[239] *Ibid*, 431.
[240] Richard Giulianotti, "The sociability of sport. Scotland football supporters as interpreted through the sociology of Georg Simmel". In *International review for the sociology of sport*. Vol. 40/3. PP.289-306, 2005.

quartier l'est encore moins. L'identité urbaine et l'appartenance à la ville de Paris, dans sa globalité, le sont davantage. C'est ce qui motive la pratique où des individus se rencontrent de manière non programmée. Le « droit à la ville » est donc une justification qu'il faut réserver aux pratiques informelles et aux conquêtes en tout genre car l'urbanité ludique ne se construit qu'à cette condition. À l'encontre des non-lieux qui pullulent dans les grands centres urbains, les espaces pratiqués par ces groupes d'individus contribuent à mettre en forme une « territorialité interactionnelle »[241], c'est-à-dire « vécue, émotionnelle »[242]. Les espaces urbains sont alors corporéisés par ces pratiquants auto-organisés. Ils peuvent l'être aussi par une adaptation de certains outils technologiques à l'environnement urbain, contribuant encore un plus à rendre le corps humain comme médiateur de la relation qui l'unit à l'espace.

TIC et territoires urbains

L'analyse du lien qui unit TIC et jeux urbains dans le cadre du développement des « *urban games* » permet de prolonger notre problématique. Le développement et la diffusion importante des TIC ainsi que des produits et des contenus qui les accompagnent tendent à modifier un nombre toujours plus important de pratiques sociales innovantes. Nous l'avons vu notamment avec l'exemple des « courses d'orientation urbaines » qui mêlent GPS et jeux de course auto-organisés. Cette combinaison de la technique et de l'humain, donc du corporel, permet de regrouper dans une construction réciproque, la ville et l'acteur sportif sous une forme d' « urbanité numérique[243] ». Cette forme d'urbanité s'intègre à la « ville créatrice »[244] car elle caractérise l'émergence de certaines « œuvres » qui sont transformées par la technique[245]. La technique, alors complémentaire de la notion de jeu, transforme le rapport de chacun à la ville car elle transforme

---

[241] Bourdeau *et al.*, 2004.

[242] Guy Di Méo, *Géographie sociale et territoires.* Paris: Nathan, 1998.

[243] Dominique Boullier, *L'urbanité numérique. Essai sur la troisième ville en 2100.* Paris: L'Harmattan, 1998.

[244] Notons à ce sujet que l'un de nos enquêtés en spéléologie évoque son appropriation du souterrain urbain en la comparant à une « *dimension démiurgique* ». Il intègre, dans un même schéma de pensée, son action à cette ville comme une forme d'intelligence créatrice de ville « moderne ».

[245] Dominique Boullier, *op., cit.*., p.12.

les pratiques sociales qui sont ni plus ni moins des mises en jeu corporelles. La place accrue des technologies numériques au sein de territoires et leur intrusion dans nos actes quotidiens imposent de profonds bouleversements dans les pratiques des acteurs, en infiltrant à la fois les sociabilités, les mobilités, ou bien encore les représentations du monde. L'enjeu de ce type de jeu urbain est l'occasion de nous interroger sur la manière dont les TIC, constituent non seulement des catalyseurs de ces phénomènes touchant la société urbaine, mais contribuent aussi à l'émergence de nouvelles pratiques au sein de ces territoires contemporains.

Dans son analyse de la relation du pratiquant à son environnement urbain, C. Guinchard souligne la nécessité de repères sensibles, pour polariser l'espace urbain et lui donner ses axes essentiels[246]. C'est en effet par les usages qu'il en fait, mais aussi par la perception qu'il en a, que l'acteur urbain donne une substance et une consistance à la ville. Cette question de la lecture du territoire urbain par ceux qui l'habitent et le traversent occupe une place centrale dans l'analyse urbaine, car « pratiquer » et « explorer » la ville c'est peut-être avant tout se la représenter autrement. Une des hypothèses aujourd'hui défendue par les observateurs d'un hyperurbain numérique est que les TIC peuvent façonner l'expérience et les représentations que les usagers ont de leur ville[247]. Cette hypothèse pose alors la question d'une certaine influence des TIC sur le développement des territoires urbains et contemporains notamment. Les technologies embarquées participent, en effet, à insuffler une nouvelle dimension à la ville vécue, en intégrant et en mettant en perspective les images et imaginaires du citadin. Au sein de ces dispositifs de création numérique, le paysage urbain devient matériau d'expérimentation pour de nouvelles pratiques qui mettent en relation un support technique couplé aux usages corporels que certains citadins peuvent mettre en forme.

Par là même, le phénomène de métropolisation entraîne de profonds changements au sein des territoires, de leurs représentations et dans leurs usages quotidiens. Les nouvelles technologies constituent des analyseurs de ces mutations, dont ces territoires sont à la fois des produits et des producteurs. Leur pénétration dans le quotidien des territoires et des acteurs impose de profonds bouleversements dans l'organisation des territoires et

---

[246] Christian Guinchard, Inter/visibilité en milieu urbain, in *Cultures en ville, ou de l'art et du citadin*. Metral, J. (Sous la dir.). Paris: l'Aube. P. 279-298, 2000.
[247] Alain Bourdin, *La métropole des individus*. Paris: éditions de l'Aube, 2005.

des espaces vécus. Les parcs, les immeubles, les souterrains, les grands ensembles ou encore les rues sont considérés comme des « espaces expérientiels »[248] qui sont propices aux jeux et à la pratique physique ludique.

3. De l'« ici » à l'« ailleurs » urbain

Nous avons souligné la revendication commune aux quatre pratiques enquêtées. La relation que chacun des pratiquants entretient avec leur ville d'habitat s'effectue sous la forme d'une personnification de cette dernière. Les données sociologiques du type « genre », « classe sociale » et « lieu de résidence » laissent place ici aux formes sensibles de l'expérience : la relation à l'espace urbain est physique, affective et esthétique. Ces relations particulières avec les espaces pratiqués participent à encourager les expressions individuelles et collectives de toutes sortes : ludiques et sportives (pratiques « sauvages »), artistiques (expressions musicales par exemple), ou même communicatives (*freezing*, un attroupement éclair de citadins anonymes effectuant une action dans l'*espace* public).

Proposée par H. Lefebvre, l'expression du « droit à la ville »[249] est le droit d'accéder à ce qui existe déjà mais aussi, le droit de changer la ville selon ses désirs et ses besoins. En d'autres termes, l'idée selon laquelle les espaces publics (au sens spatial du terme) seraient accessibles et praticables à tous n'est pas nouvelle. Ce sont plus les usages que les citadins en font qui le sont. Pour notre exemple, le « *droit à la ville* » revendiqué par nos enquêtés s'oppose alors aux principes de gouvernance urbaine. Même si, nous le verrons au chapitre suivant, il faut distinguer différent moyens pour conquérir ce « droit à la ville ».

Les discours recueillis sur l'urbain indiquent l'importance que les enquêtés attachent à « *faire vivre la ville*[250] » avec laquelle ils composent et évoluent au quotidien. En effet, la motivation première lorsque nous questionnons les pratiquants est d'utiliser « *l'environnement urbain comme*

---

[248] Jean Griffet, Le sport commun. In G. Férréol, & G. Vieille Marchiset, *Loisirs, sports et sociétés : regards croisés.* Besançon: Presses Universitaires de Franche-Comté, p.76, 2008.
[249] Henri Lefebvre, *Le droit à la ville,* Paris, Anthropos, 1968.
[250] Expression d'un enquêté.

autant d'obstacles à franchir[251]». Dans un autre registre, les spéléologues urbains justifient leur pratique par une relation, presque fusionnelle, avec les carrières urbaines et souterraines.

> « *Le cataphile qui se promène a le sentiment d'habiter la carrière (...) de lui donner une continuité.* », *c'est un* « *lieu de vie* » (spéléologue urbain).

La précision opérée par cet enquêté expérimenté en spéléologie urbaine renseigne sur le lien, cette « *continuité* » que les pratiquants exercent sur l'environnement urbain, le « *monde du dessus* » et les souterrains, le « *monde du dessous* ». Cette dialectique du haut et du bas est mise en lumière par la différenciation ou distanciation effectuée entre une corporéité du « haut » et du « bas » :

> « *la découverte du sentiment de liberté au travers de l'exercice du corps dans l'espace contraint* » (spéléologue urbain).

Le réinvestissement d'espaces et de mobiliers urbains par ces pratiquants témoigne effectivement de la volonté de créer une continuité entre un espace de vie (l'urbain) où un nombre conséquent d'individus se croise pour diverses raisons (travail, habitat, loisirs, etc.) et un espace vécu approprié sur un mode secret :

> « *Doit-on parler de « rupture » avec le quotidien ? Je n'en suis pas sûr, car cela se passe dans nos villes, chez nous. Il s'agit plutôt d'un enrichissement, d'un prolongement des espaces d'en haut, voire dans les périodes de pratique intense et régulière, d'appropriation d'un nouvel espace* » (spéléologue urbain).

L'appartenance urbaine est revendiquée avant toute chose. Lorsque nous nous interrogions dans le chapitre précédent sur une pratique ludosportive dans la ville ou de la ville, nous avons observé une récurrence de témoignages qui insistent sur le contexte urbain avant tout : « *cela se passe dans nos villes, chez nous* ». Ces propos illustrent, dans une certaine mesure, l'hypothèse d'une pratique de la ville. C'est une activité qui se nourrit du contexte urbain dans le but de s'en émanciper et d'y créer alors un

---

[251] Expression d'un enquêté.

« *lieu de vie urbain alternatif* » (*dixit*). La compréhension de ces appropriations urbaines exige de prendre en compte les imaginaires corporels induits :

> « *Le saut d'immeuble, même s'il n'a pas l'aspect merveilleux du saut de falaise est une échappatoire formidable à la griserie urbaine* » (Base jumper urbain).

C'est un moyen, pour ces pratiquants, de donner du sens, par le risque, à un quotidien qui s'en trouve, parfois et pour certains, totalement dépourvu. L'espace urbain est ici appréhendé comme une source d'imaginaire(s), car en allant défier les lois de l'urbanité classique (espace social réglementé), les pratiquants se disent satisfaits de penser, d'agir et de ressentir d'une « *autre manière* » une ville uniformisée. Car la ville, avec ses contraintes mais aussi ses potentialités, conduit les hommes à agir sous la tutelle d'un « nous » représentant un espace clos. Ces pratiques se présentent, notamment, comme la recherche d'un espace à soi pour quitter momentanément l'espace réglementé. Ils tentent alors de créer un espace au cours du saut ou de la randonnée souterraine.

Ces pratiques apportent de la profondeur à l'espace urbain au sens propre comme au sens figuré. Ces actions contrebalancent le formatage spatial et proposent de véritables chemins de traverse :

> « *C'est trop facile, tout va bien droit sur deux rails, je pense qu'il est préférable de temps en temps de perdre l'aiguillage* » (Spéléologue urbain).

D'une certaine manière, nous avons organisé l'analyse de contenus autour de l'item « environnement urbain » selon quatre dimensions dominantes. Ce choix méthodologique permet de débuter l'étude du terrain par l'analyse des représentations de quelques-uns des enquêtés sous la forme d'une histoire de vie. Cette dernière devient un procédé de reconstruction de l'expérience vécue. Il y a certes quelques limites qui sont liées aux risques de fabulation notamment, mais le regroupement des analyses avec les observations participantes et les entretiens réalisés *in situ* permettent de dépasser cela. Là encore, ce procédé conduit à mettre en forme une anthropologie réciproque comme procédé de co-construction du « savoir » entre l'enquêteur et l'enquêté avec, chacun, des attitudes réflexives. À l'image de ce que Becker construit dans sa célèbre étude sur les fumeurs de marijuana[252] où le chercheur « interprète », « organise », « met en forme », « élabore une intrigue pertinente à son utilisation sociologique », et enfin, « vérifie » les informations[253].

Avant de poursuivre plus en avant la description des « espaces expérientiels »[254], arrêtons-nous un instant sur les représentations qui émanent de la pratique. Nous avons ainsi regroupé sous quatre thèmes le contenu de ces histoires de vie en rapport :

- Avec l'espace : la ville et le territoire ludosportif

- Le temps : les rythmes urbains et le rythme personnalisé

- Le corps : la présentation de soi

- Avec autrui : individualisation et communautés urbaines

Sur la définition de la ville et le rapport que les enquêtés entretiennent avec cette dernière, un enquêté qui pratique l' « exploration urbaine » depuis de nombreuses années, parle en premier lieu de sa ville, Paris.

> « *C'est mon univers naturel, c'est là que je me sens bien, et en particulier dans ma ville* » (spéléologue urbain).

Pour ce dernier, « *Paris, c'est la ville », « pas la banlieue (...) elle a un statut à part ». Elle doit avoir « un caractère universel, un caractère grouillant, un caractère éternel* ». (Spéléologue urbain). L'enquêté se représente alors comme un personnage principal à la définition qu'il se fait de « sa ville ». L'environnement urbain fonctionne comme une partie indissociable de sa pratique souterraine. Pour cette raison, ce pratiquant parle ensuite de « *prolongement* », et non de rupture, entre l'environnement urbain et l'espace de pratique ainsi mis en forme, l'espace vécu. Il nous informe enfin sur sa propre représentation des grands espaces urbains :

> « *Il faut bien reconnaître que le milieu urbain coupe l'homme de la nature* » (spéléologue urbain).

---

252 Howard Becker, *Outsiders*, Paris, Métaillé, 1985.
253 David Le Breton, *L'Interactionnisme symbolique*. Paris: PUF, collection "quadrige manuels", 2004.
254 Griffet, *op., cit.*.

Dès lors, le prolongement entre les deux espaces (urbain et vécu par la pratique) se caractérise par « *le passage d'un univers à un autre* » (spéléologue urbain) avec tout ce que cela comporte comme prouesses physiques :

> « *Franchir la palissade, faire glisser la plaque, ramper dans la chatière, etc.* » (spéléologue urbain)

Ou encore :

> « *franchir un contrôle de sécurité, ne pas montrer trace de son hésitation, franchir les marches une à une, ne pas traîner en route vers le sommet de la tour...Une fois arrivé au dernier [étage], courir vite vers le premier accès qui me favorisera une extraction... Enfin, ne pas se retourner et chuter* » (Base jumper urbain)

Et, le répertoire des « prouesses urbaines » que cultivent nos pratiquants ne s'achève pas là :

> « *Bien évidemment, notre saut ne s'achève pas là....Une dernière course à la montre nous attend au moment de l'atterrissage avant de ne voir débarquer n'importe quelle force de l'ordre ou agent de sécurité de la tour en question...* » (base jumper urbain).

Ces modalités de pratique forment alors une sorte de « monde social » facilitant l'expression de leurs corporéités. L'espace de la pratique ludosportive devient espace d'identification dans le sens où la transition d'un « univers » de signification à un autre permet justement cette distance au rôle et un engagement corporel qui recouvre une autre signification :

> « *Dans la vie urbaine, le contact physique est d'une autre nature : on s'assoit sur des marches ou des bancs, on s'appuie aux murs, on manipule le mobilier urbain. Il y a plus d'intimité dans les catacombes, où l'on se cogne, trébuche, rampe, se salit, se mouille, etc. Cela fait partie des différences importantes entre le dessus et le dessous* » (spéléologue urbain)

Ce que le base jumper verbalise avec son propre répertoire de significations mais d'une manière pourtant semblable :

« Je m'approche du vide. Mon cœur se serre, je ne suis rien au milieu de tout. Les quelques centaines de mètres verticales, sous mes pieds, m'appellent, me narguent. Elles m'oppressent également, je sais que le salut ne viendra que par elles. Derrière moi se dresse un mur invisible et malgré tout infranchissable. Ne pas reculer, combattre cette sensation de malaise, cette ennemie qui voudrait que l'on renonce. Bientôt, quelques secondes de chute, bienfaitrices, anéantiront une ascension toujours risquée » (Extrait de récit de pratique, base jumper).

Soit, un engagement corporel comme espace d'identification d'une autre nature, notamment si l'on observe de plus près l'aspect vestimentaire. Cet engagement et cette transformation ne sont pas sans rappeler, par exemple, l'ambiance qui règne dans un vestiaire sportif :

« *Je pense que chaque activité a ses codes, que le vêtement fait partie du rôle que l'on joue* » (spéléologue urbain)

L'espace ludosportif reste néanmoins autant codifié que les autres espaces publics par exemple. Car, des règles, implicites et explicites, « visent à produire une commodité d'usage de comportements »[255] sur le terrain de jeu. Et, même si les règles de présentation sont de natures différentes, elles restent néanmoins très présentes :

« *Il y a de nombreux explorateurs urbains qui portent des bottes, voire des cuissardes, des combinaisons, des casques, et tout un tas de matériel annexe : acéto [lampe à acétylène], mousquetons, gants, foulard...Il n'y a pas de relâchement, il n'y a que l'application d'un code vestimentaire tout aussi riche et contraignant que ceux du dessus* » (spéléologue urbain).

D'une manière générale, la production de ces territoires semble déterminante pour comprendre l'intérêt que suscite l'appartenance à un territoire.. Il est frappant de constater que la principale ressemblance entre les espaces ludosportifs innovants réside dans leur implantation au sein de ce que l'on pourrait appeler des périphéries, des marges ou des espaces interstitiels, laissés à l'abandon . Dès lors, un certain nombre de conditions inhérentes à la production du territoire se trouvent réunies. Un processus d'appropriation interne et externe du lieu permet une délimitation et une

---

[255] Le Breton, *op., cit..*, 115.

nomination de l'entité territoriale. Pour reprendre l'expression d'un de nos enquêtés, nous pourrions préciser le contenu du territoire comme un moyen d' « *être à la fois ailleurs et au même endroit, en rupture et en prolongement du quotidien urbain* » (spéléologue urbain). Bref, de circuler librement entre un « ici » urbain qui est constitué d'espaces d'identifications assignées et un « ailleurs » urbain composé cette fois d'espaces d'identifications désirées[256]. Une valorisation identitaire et désirée composée du « *frisson de l'aventure, la bravade, l'esprit de clan, la conquête d'un territoire* » (spéléologue urbain).

4. Des pratiques de pleine nature urbaine ?

Une anthropologisation de l'urbain

Alors que certains plaident pour une anthropologie de l'air appliquée aux pratiques liées aux « aérations ordinaires »[257], il est bon de pratiquer une anthropologie urbaine qui décrypte les caractéristiques d'une « naturalisation urbaine ». L'espace urbain devient ainsi le lieu où les hommes s'organisent selon diverses modalités d'actions pour rendre l'environnement social et spatial « vivant ». « *Faire vivre la ville* », comme nous l'ont fait remarquer quelques enquêtés, est alors au cœur de cette démarche. La naturalisation de la ville est dans un certain sens, une anthropologisation de l'urbain. Dans cette démarche, nous ne pensons plus les pratiques sociales indépendamment des représentations qui émanent des acteurs sociaux. Pour ce faire, en s'intéressant aux espaces sportifs, A. Haumont nous fait remarquer que « la pratique urbaine vise la naturalisation par le corps sportif d'un milieu artificialisé »[258]. Or, ce processus de naturalisation des espaces urbains prend la forme d'une « expérience sensible » vécue à travers l'activité physique et partagée au sein du groupe pratiquant[259]. Les odeurs, les perceptions et les

---

[256] Guy Bajoit, *Le changement social. Approche sociologique des sociétés occidentales contemporaines*, Paris: Armand Collin, 2003.

[257] Olivier Sirost, « L'aération ordinaire : nature et expériences vécues », in *Sociétés*, n°64, pp. 51-60, 1999.

[258] Antoine Haumont, « Les espaces sportifs », in R. Thomas(dir.), *Sociologie du sport*, Paris, PUF, p. 65-150, 1987.

[259] Jean Griffet, « Le partage de l'expérience », *Sociétés*, n°45, PP.69-82, 1994 ; « La formation du sacré dans les usages ludiques du corps » in *Religiologiques, "corps et*

touchers constituent le cœur de cette anthropologisation urbaine pour ce qu'ils évoquent chez les pratiquants.

Pour comprendre cette idée, nous pouvons partir de la déclaration de spéléologues urbains qui nous font remarquer le lien étroit qui existe aujourd'hui entre la ville et la nature :

> « *Ca marque au même titre...enfin en ce qui me concerne...que pour aller en forêt...ou aller se balader...c'est....(pause)...y a un coté découverte, y a un coté sauvage...* » (Spéléologue urbain, 34 ans)

> « *C'est comme si tu faisais une randonnée dans une ville...ou...oui...dans une forêt...ou dans des montagnes...peu importe...sauf que c'est un tout petit endroit où tu te retrouves essentiellement seul...seul avec toi-même...où tu retrouves absolument pas les repères que tu as habituellement...comme le soleil...le ciel...un arbre...un feu rouge...n'importe quoi...* » (Femme spéléologue, 29 ans).

Ce qu'ils nous disent correspond à une recherche d'aération, pratiquée sur un espace qui les relie directement à la matière : roche, eau, boue. Les références au « végétal » sont encore représentatives des justifications affichées. Cette naturalisation est très forte pour la spéléologie urbaine et ses référents systématiques à la matière (roche, terre, eau) et aux risques liés à certaines bactéries environnantes (leptospirose entre autres).

Une naturalisation de l'urbain

Largement présente dans nos villes, la tendance consiste à véhiculer un souffle « naturel ». Cette image mobilise une symbolique de l'aération portant sur l' « air libre ». Après l'urbanisation de la montagne, la ville a vu, au contraire, un retour « massif » de référents « naturels ». L'accès aux sites d'escalade urbains témoigne de l'artificialisation progressive des sites dédiés à la pratique (*via* le club ou les associations universitaires). L'escalade est « descendue » des sites montagnards pour se greffer aux côtés de tours, buildings ou autres espaces fonctionnels de la ville. Il en est de même si l'on regarde le développement progressif des bassins d'eaux-vives en milieu

---

sacré", n°12, pp. 139-148, 1995.

urbain[260]. Ne s'agit-il pas là d'une pratique de pleine nature ancrée dans la ville ? Ne nous fournit-elle pas là un exemple de naturalisation urbaine ?

Une représentation urbaine utopiste ?

Pour une large part, les pratiques s'inscrivent dans un discours réformiste sur la ville et sur la vie sociale en milieu urbain d'une manière générale. Le simple fait de croire en la possibilité d'une nouvelle manière de pratiquer et d'explorer la ville apparaît comme une alternative ludique pour « réanimer » et « ré-enchanter »[261] les espaces de vie urbains. L'expérience faite des espaces publics urbains est à envisager alors comme le « lieu d'expression du changement »[262] qui accorde une large place aux idéologies en tous genres. Ainsi, les tendances aux politiques urbaines de développement durable, d'écologie citoyenne ou encore celles consacrant une ville écologique illustrent la volonté affichée de rompre avec un passé peu impliqué dans la valorisation d'une « nature urbaine ».

La naturalisation de l'urbain consiste en réalité à réintroduire la nature dans la culture et à ne plus les penser en opposition mais davantage comme complexes et reliées[263]. C'est-à-dire une démarche de pensée qui réintroduit l'homme dans le vivant, ou en d'autres termes, il s'agit de repenser le citadin comme un élément d'un milieu urbain vivant. Dès lors, les espaces de la ville ainsi explorés deviennent des espaces sociaux significatifs que chaque communauté pratiquante s'approprie selon des modalités auto-organisées[264].

---

260 Antoine Marsac, *Canoë-Kayak, des torrents au stade d'eau-vive. Sociologie des pratiques et ethnologie des apprentissages*. Thèse en STAPS, Université Paris-Ouest Nanterre. Sous la direction de J. Defrance et G. Raveneau. Décembre 2008.

261 Yves Pedrazzini, *Rollers et skateurs : sociologie du hors-piste urbain*, Paris, L'Harmattan, coll. « Changement », 2001.

262 Alain Loret, Anne-Marie Waser, *Glisse urbaine. Liberté, apesanteur, tolérance*. Paris, Autrement, 2001.

263 Edgar Morin, *Le paradigme perdu : la nature humaine*. Paris: Le Seuil, 1973 ; *La vie de la vie* (t.2). Paris : Le seuil, 1980.

264 Christophe Gibout, "Derrière le *fun* ou l'idéologie rampante des sports de glisse urbaine (l'exemple du roller)", dans J.-F. Loudcher *et al.* (dir.) *Sport et idéologie. Actes du VII Congrès international du CESH*, Besançon : P.U. franc-comtoises, novembre 2004, tome 2, pp. 319-328, 2004.

Montrer que les pratiques sur lesquelles nous travaillons illustrent, après d'autres, la « construction d'une authentique utopie urbaine »[265], non pas gérée de l'extérieur cette fois-ci (par les institutions en place), mais bien inventée par les acteurs urbains eux-mêmes. Cette utopie urbaine prend tout son sens dans la définition d'une « cité-fiction-idéale »[266] vécue par les acteurs pour participer à fonder l'urbanité.

Le vivant dans le social urbain

Les historiens du sport rappellent déjà que l'émergence de nouvelles formes de pratiques aéronautiques en ville, à la fin du XIXème siècle, valorisait une approche « régénérante » (la nature comme source de vie) et une approche « ludique » (la nature comme champ d'aventures).De cette manière, il est possible d'envisager les pratiques de pleine nature urbaine comme une source de régénération individuelle.

L'introduction du *vivant* se comprend dans l'analyse des récits de pratiques effectués avec quelques-uns de nos enquêtés. Un des enquêtés en *base jump* parle ainsi des caractéristiques corporelles et émotionnelles (le *vivant*) qui précèdent le saut urbain :

> « Bientôt, quelques secondes de chute, bienfaitrices, anéantiront une montée difficile. Mon esprit se verrouille avec la sangle de mon casque. Plus aucune pensée néfaste ne viendra troubler ma préparation. L'objet culte apparaît alors, sortant délicatement de son sac, naissance indolore qui lui permettra de réaliser ce pourquoi il est programmé. Il s'installe mollement sur mon dos, désormais, nous ne faisons plus qu'un, la communion s'opère. Je ne ressens plus la pression du vide. Au contraire, une certaine euphorie m'envahit, provoquant un sentiment de surpuissance et d'invincibilité. Un cri sort de ma gorge sans en avoir été prié auparavant. Mon cœur bat, vite. Il faut y aller maintenant. Je décompte les paroles sont froides, l'esprit bouillant. Je commence à courir pour chuter dans la ville (...) L'action est trop forte pour se laisser décrire » (Récit de pratique, base jumper urbain)

---

[265] *Ibid*, 325.
[266] *Ibidem*, 325.

Suivant le même procédé méthodologique, nous avons demandé à un spéléologue urbain de nous décrire sommairement la vie en souterrain et l'univers symbolique qui en résulte :

> « *Il faut bien reconnaître que le milieu urbain coupe l'homme de la nature. De la boue, du vent, de l'eau qui court. Et aussi d'une certaine forme de liberté, plus physique. La spéléologie urbaine offre des réponses aux deux besoins : transgression des règles et recherche d'un monde plus juste – même s'il est tout aussi artificiel que celui de la surface. Au moins, sous terre, la boue tache, on se cogne au plafond, on se cogne les genoux en rampant, le niveau d'eau varie parfois dans le même couloir du genou à la poitrine : les règles qui s'appliquent (il y a toujours des règles, partout) ne sont pas les mêmes. La grille de lecture symbolique de l'univers d'en bas n'est pas la même que celle de l'univers d'en haut. Le labyrinthe s'impose, l'imagerie alchimique bondit immédiatement, on est au contact direct des quatre éléments, la lumière n'est pas un droit mais un devoir. Le fait de se plonger - au même endroit - dans un univers d'une autre nature symbolique - est fondamentalement appréciable. On peut faire de la spéléologie dans des grottes bien plus belles que les catacombes, on peut escalader des montagnes, nager dans l'océan, se rouler dans des prairies vertes : cela ne correspond pas au même besoin. Ainsi, la spéléologie urbaine n'est pas une recherche de nature. Elle est une recherche de la nature humaine.* » (Spéléologue urbain)

Cet enquêté précise comment la matière (boue, eau, etc.) présente sous Paris structure, en quelque sorte, son imaginaire et guide ses comportements ludiques. Le rapport entre l'urbain et la « nature » nous montre en quelque sorte une créativité urbaine dans la ville. La ville suggère ainsi une construction sociale et culturelle de la « nature ».

Par l'expression (d'une) PPNU, il ne s'agit pas uniquement de proposer un référent largement inspiré par les pratiques de pleine nature (mer, montagne, campagne, etc.) mais d'introduire, en plus et d'une manière très fraîche, la notion du *vivant*, comme référent naturel dans la définition de la PPNU.

Pour conclure sur ce point, nous voudrions souligner l'importance que revêt le contexte urbain dans l'appréciation d'un *ailleurs* urbain, largement retravaillé par les pratiquants et réinterprété à l'aide de référents naturels (« *espace de liberté* »), sensibles (« *le rêve* ») et surtout sociaux (« *espace de liberté gagné sur l'enfermement urbain* ») :

« *C'est sûr que c'est un espace de liberté. Pour moi les grandes tours n'évoquent que les sauts possibles et donc le rêve. Peut-être un espace de liberté gagné sur l'enfermement urbain.* » (Base-jumper urbain)

Ainsi, la naturalisation de l'urbain constitue une piste anthropologique à ne pas négliger. Notre propos concerne l'espace vécu par des petits groupes qui symbolisent, travaillent et se représentent leur espace pour y vivre de la meilleure façon qui soit. L'objet d'analyse ne prend alors son sens que dans le contexte où il s'inscrit. L'expérience sociologique se situe ainsi sur le mouvement corporel engagé vers un « état de nature », une recherche de « bien-être » et d'« être ». Une recherche qui se comprend dans le rapport à soi et dans le rapport à l'espace ainsi construit par le joueur.

D'ailleurs, il est intéressant de se pencher sur les rapports ministériels qui s'y intéressent. Pour illustration, un rapport interministériel[267], « Cultures, villes et dynamiques sociales » intitulé « Apprentissages, transmissions et créativité de et dans la ville » (Bilan de la consultation 2000-2001) porte un regard similaire sur des « nouvelles formes et esthétiques urbaines » avec, entre autres, des rapports nouveaux entre nature et ville :

« Comme si c'était la ville désormais sauvage qui était à organiser, apprivoiser, maîtriser, qui aspirait au désir de nature et qui regardait du côté de celle-ci » (p.9).

Pour terminer, nous évoquerons un lieu très apprécié des spéléologues urbains. Il s'agit d'un site aquatique présent sous un arrondissement de Paris, à quelques mètres de la surface et maintenant difficile d'accès. Le site a d'ailleurs été rebaptisé sous le nom de la « plage corse » en référence à une symbolique naturelle. Ce site rappelle les décors somptueux et idylliques de certains sites naturels :

« *La plage corse, c'est particulièrement intéressant parce qu'on a de splendides piliers à bras...c'est des...euh...c'est des empilements de pierres...euh...qui soutiennent le plafond...le plafond est très uni...on a des petites stalactites...très petites...mais des centaines...(pause) sur*

---

[267] Ministère de la culture et de la communication, Ministère de l'équipement, des transports et du logement, Ministère de la jeunesse et des sports, Délégation interministérielle à la ville et la caisse des dépôts et consignations. Consultable sur http://www.culture.gouv.fr/culture/mrt/cmr/culture_ville.htm

certains endroits....qui tombent du plafond, très très fragile, plein de concrétions...et..euh...et une eau sublime ».

D'autres auteurs ont déjà montré la progressive montée des cultures sportives pratiquées en « *out-door* »[268]. Une sémantique ciblée autour des thèmes du « régénérant » et de la liberté est largement présente quand l'« air » est évoqué dans la justification de ces APS. Bachelard, dans ses réflexions sur la poétique de l'espace, a d'ailleurs réalisé de nombreux ouvrages sur l'air, la terre ou encore l'eau comme autant de lieux propices à la rêverie[269]. L'urbain entreprend ainsi un mouvement de « naturalisation » qu'il est intéressant de prendre en compte si l'on désire porter un regard sur les formes actuelles de jeux sportifs en ville. La « nervosité » ambiante de la ville conduit ses habitants à rechercher un *ailleurs* qui sorte des sentiers tout tracés. L'expatriation des urbains à la campagne que connaît la région parisienne témoigne encore de cette même pensée. Une sociologie portée sur les relations entre « dominants » et « dominés » en ville, c'est-à-dire une analyse soucieuse des disparités socio-économiques montrerait à quel point le « dominant » possède les ressources, économiques et culturelles pour s'expatrier géographiquement, mais que le « dominé » aussi, par la pratique de la « ruse » comme nous venons de voir, possède autant de ressources pour « s'échapper » momentanément.

II. Dimension affective : le « transport » urbain des affects

La description de la première dimension nous conduit logiquement vers l'introduction d'une seconde. La dimension affective et ce qu'elle entraîne en « transports émotionnels » ne sont pas anecdotiques. Pour comprendre une telle problématique, il est préférable de procéder à une lecture historique dans un premier temps où la différenciation entre une ville apollinienne et dionysiaque est envisageable[270]. En effet, il est utile d'introduire l'opposition « apollinien vs dionysiaque »[271] dans notre analyse. Ces communautés ne cherchent-elles pas à introduire « l'excès » dans la ville moderne ?

---

[268] Pierre Bourdeau, Jean Corneloup, Pascal Mao, & Eric Boutroy, « Les interactions entre cultures sportives de montagne et territoires : un état des lieux de la recherche française depuis 1990 ». *Cahiers de géographie du Québec* , Avril, volume 48 numéro 133, pp. 33-46, 2004.
[269] Gaston Bachelard, *op., cit.*.
[270] Moreau, Sauvage, *op., cit.*.
[271] Nietzsche, *op., cit.*.

1. Les usages apolliniens de la ville

De manière générale, il est possible de lire la ville sous un angle apollinien, symbole de la mesure et de la maîtrise rationnelle. Elle répond à un besoin de sécurité essentiellement. Elle est, en cela, garante d'un ordre social et moral où les individus n'ont pas *a priori* de « lieux » pour le contourner. Pour ce faire, des règles existent pour réguler les interactions sociales sur la base d'une régulation collective[272]. Elles fournissent les « bases » de l'organisation de la vie urbaine où des espaces comme la rue et le logement individuel fonctionnent l'un avec l'autre. La rue est « inutile » sous cet angle car elle est propice au désordre alors que dans le même temps le logement individuel remplit une fonction économique et spatiale[273]. Ainsi, plutôt que d'errer dans les artères du centre-ville, le logement doit être fonctionnel pour l'individu qui l'habite. Nous pouvons résumer ce point à partir de la coupure existante entre un mode de vie extérieur, public et un mode de vie intérieur, privé. Il y règne un ordre urbain où le souci de sécurité, d'efficacité et de productivité est très présent. Celui-là même qui contribue à réduire tout processus de cohésion sociale où la mixité, la rencontre et le jeu ne sont pas favorisés. La rue et ses espaces visibles sont à double tranchant. En même temps qu'ils facilitent la navigation des individus dans l'espace urbain, ils facilitent aussi le contrôle de l'espace dans la ville. La circulation des hommes est alors pilotée et canalisée par un certain nombre de fonctions, de normalisations et de disciplines qui participent à uniformiser l'espace urbain. Les quatre pratiques enquêtées tiennent le même discours : l'espace urbain écrase de tout son poids leur imaginaire. Ils se représentent la ville de telle manière que les « bonnes manières de faire » doivent être détournées. La présence de mots comme « *feu rouge* », « *bancs publics* », « *panneaux directifs...* » ou « *règle* » dans les entretiens et récits de pratique nous interpellent.

Dans le champ sportif, nous pouvons envisager la pratique sportive compétitive comme une illustration différente des usages apolliniens en ville car elle met en scène une forme de compétition interurbaine. En accueillant des compétitions sportives, les équipements sportifs traditionnels alimentent les oppositions de natures sociales, culturelles, géographiques, territoriales, ethniques, raciales, etc. Sans oublier l'éternelle course aux investissements

---

[272] Jean-Daniel Reynaud, *Les règles du jeu, L'action collective et la régulation sociale*, Armand Colin, 1997
[273] Moreau, Sauvage, *op., cit.*.

qui font de ces espaces sportifs des lieux fortifiés et privatisés certaines fois. Les espaces sportifs en ville accueillent, pour une large part, des loisirs et des compétitions sportives traditionnelles : football, volley-ball, basket-ball, natation, danse, sports de combat, gymnastique, musculation, etc. La relation sensible à l'environnement urbain est de toute autre nature. On pourrait dire que ces pratiques « ont simplement lieu » dans la ville.

2. *Les usages dionysiaques de la ville*

À l'inverse, regardons les pratiques quotidiennes sous l'angle du ludisme cette fois. Il est possible de repérer des pratiques de contournement aux conceptions apolliniennes de la ville. La conception normative des espaces urbains est ici dépassée par l'analyse des usages et pratiques qui défient cet ordre. C'est en ce sens que Dionysos représente alors un esprit du temps ludique et festif. Médiateurs entre le corps et l'espace, les ivresses corporelles procurent ici la sensation d'habiter le monde et encore plus d'habiter la/sa ville. La joie, l'extase, le ludisme composent alors un « esprit dionysiaque »[274] qu'il ne faut pas occulter aujourd'hui. Que l'on s'intéresse aux pratiques sportives, musicales ou artistiques, ces formes culturelles révèlent un appétit grandissant pour le jeu : jeux artistiques, jeux sportifs, danses musicales, etc. Les usages dionysiaques de la ville visent à transformer les règles du jeu urbain. De ce point de vue, l'autonomie des acteurs vis-à-vis des règles collectives demeure essentielle pour comprendre nos propos. Profitant des « vides du pouvoir »[275], les usages qui en découlent nous montrent des pratiques de détournements de ce même ordre urbain. Un rapport au corps festif et jouissif illustre ici l'accentuation de valeurs sensibles, corporelles et ludiques.

Il est évident que l'interprétation sociologique qui découle de ces propos requalifie la ville. Outre la représentation négative des grandes villes et des grands centres urbanisés, la manière dont nos enquêtés s'approprient les espaces parisiens relève aussi d'une urbaphilie où le désir d'habiter la ville coïncide avec l'idée de vivre la ville et surtout, de la « *faire vivre* » !

---

[274] Nietzsche, *op., cit.*.
[275] De Certeau, *op., cit.*.

Elle est donc stimulée à coups de pratiques « nouvelles », innovantes et subversives. Les « sports » analysés dans ce travail actualisent cette réflexion. L'effervescence des pratiques physiques et corporelles en milieu urbain alimente à elle seule notre thèse.

L'espace urbain est devenu le support de la multiplicité : des cultures, des styles de vie, des œuvres mais aussi des enjeux politiques de diverses natures. Une critique de la vie quotidienne intervient dès lors que la critique des différentes formes de pouvoir et des diverses formes de puissance est observable sur les espaces publics. Si l'on accepte la présence de l'esprit dionysiaque dont nous parlions précédemment, alors l'espace urbain prend vie, l'antilogos, avec les diverses pratiques humaines qui détournent à leur usage l'espace homogène, celui du logos[276]. Le glissement qui s'opère entre la norme (où l'espace est contrôlé) et l'usage (où l'espace est approprié) produit des formes culturelles où l'auto-organisation, la territorialisation et la dimension communautaire sont des indices précieux pour nous autres, observateurs. Les productions contemporaines des espaces communautaires, des hétérotopies, des « entre-soi » et même plus encore, des marginalités et des déviances doivent nous aider à penser les mutations urbaines et les usages pluriels de la ville. Dans un autre registre, il faut aussi se souvenir du travail sociologique de Chombart de Lauwe et en particulier ses ethnographies sociales[277]. Pionnier de la sociologie urbaine, l'auteur aide à penser aujourd'hui la ville sous cet angle dionysiaque. En effet, avec des études micro-locales, il a montré que les hommes ont aussi la possibilité d'imaginer les villes qu'ils désirent en fonction de leurs aspirations. La vision restrictive qui fait de la ville un espace où l'homme doit s'adapter en permanence à l'évolution des techniques doit être dépassée grâce aux lectures compréhensives des sociologues, géographes, anthropologues, etc.

Pour illustrer ces propos, il faut regarder *in fine* ce que l'usage dionysiaque de la ville signifie. Le parkour, par exemple, consiste à transformer le paysage urbain en un terrain de jeu. Son usage disqualifie alors les règles « officielles ». Les traceurs insistent sur l'approche ludique de leurs déplacements. Ils jouent avec les architectures qu'ils comparent à des « *obstacles* » à franchir. Le « droit à la ville » peut aussi être compris de

---

[276] Nietzsche, *op., cit.*.

[277] Pierre-Henri Chombart de Lauwe, *Des hommes et des villes*. Paris: Payot, 1965 ; *La culture et le pouvoir*. Stock, 1975 ; *La fin des villes. Mythes ou réalités ?* Paris: Calmann-Lévy, 1982.

cette manière. Les pratiques culturelles viennent épouser l'espace politique public en mettant en scène des espaces d'échanges et de circulation[278], ouverts aux nouvelles formes d'expressions[279]. De cette manière, une relation sensible s'installe entre l'environnement urbain et les corps en mouvements. Ici, les pratiques « font lieu » dans la ville.

3. Le « transport émotionnel » : une fuite de l' « enfer » urbain ?

Comment interpréter les pratiques ludosportives et auto-organisées en ville sous l'angle socio-anthropologique des corps et des corporéités ? Soit, explorer concrètement comment le corps est pris comme objet de recherche selon une approche plurielle de l'être humain et de ses identités[280] ? Le vertige social est occasionné par ce va-et-vient entre des cadres sociaux et spatiaux. Nous avons tenté de l'illustrer à partir des inversions identitaires et spatiales notamment. La pratique de loisir sportif est ici prise au sérieux, en tout cas comme un producteur de signes identitaires prononcés. Lorsque nous avons débuté notre travail d'enquête, cette donnée n'apparaissait pas à première vue. Le déclic fut la première rencontre avec un *base-jumper* urbain quelques jours après la réalisation d'un saut à la Défense. Les dimensions du vertige et du retournement des cadres spatiaux de la ville sont alors apparues essentielles à ce type de pratique. C'est-à-dire un engagement vertigineux dans une stimulation de sensations particulières : déambuler pendant des heures entières sous la surface de la ville, sorte d' « *exploration urbaine* » ; se jeter du haut de la tour Montparnasse ou de la Défense ou encore « *se tailler un green sur le macadam* » ! À ce titre, V. Nahoum-Grappe propose dans son travail anthropologique sur les mondes contemporains, une entrée par les sens pour contrer l'ennui. Ces pratiques sociales rompent avec une routine ordinaire et/ou quotidienne. L'auteure cherche ainsi à comprendre les pratiques qui montrent que le quotidien s'analyse sur deux versants : celui de l'ennui et celui du vertige comme expérience ordinaire. L'activité de spéléologie le montre plus particulièrement. Surtout si on tient compte de ce que Bachelard écrit sur l'imaginaire que procurent les rapports homme/espace. Cela traduit encore

---

[278] Henri Lefebvre, *La production de l'espace*, Paris, Anthropos, 1974.
[279] Habermas, 1978.
[280] Jean-Claude Koffman, « Le corps dans tous ses états : corps visible, corps sensible, corps secret », in *Un corps pour soi* (collectif). Paris: PUF/pratiques physiques et sociétés. PP.67-88, 2005.

l'illustration selon laquelle la vie souterraine (à la fois imagée et propre) serait l'image d'un repos du corps, à la fois enveloppe charnelle et support identitaire s'inscrivant au sein d'un style de vie propre à une culture particulière, riche en significations et autoproduites.

Entre vertige, altérité et régulation sociale : des territorialités cloisonnées ?

Dans un premier temps, la question du vertige urbain se comprend dans l'inscription du corps humain à travers des espaces de médiations identitaires dont les territorialités ludosportives sont une des illustrations possibles. Notre problématique a pour origine la question plus centrale portant sur les rapports contemporains entre espace et identité. Au centre de la médiation espace/identité, il y a la notion de culture et ses divers champs de pratiques. En effet, les quatre pratiques étudiées ici sont des illustrations parmi d'autres de ce que la ville offre en termes de territorialités. Nous l'avons défini auparavant, mais elles désignent encore davantage les arrangements matériels et symboliques qui résultent du vécu des groupes humains sur leur milieu de vie. Les territorialités ludosportives que nous décrivons confirment cette recherche permanente du vertige urbain.

Territorialité et altérité, une manière de se mélanger ?

Pour le *street golf* et le *parkour*, les conduites corporelles sont plutôt ouvertes aux profanes. Ce n'est pas tant la caractéristique communautaire qui prime ici, mais bien la réalisation collective de modalités de pratique ludiques. L'appropriation des espaces figure encore au centre de ces deux territorialités activées par l'APS. Pour ces deux logiques de pratiques, la mixité est recherchée. Non pas une mixité sexuelle comme nos observations l'attestent, mais un mélange des « genres » entre non pratiquants et pratiquants. La visibilité de ces deux pratiques apparaît primordiale pour comprendre le vertige recherché à travers l'exposition de soi au public et l'épreuve corporelle engagée aux yeux de tous. Les réactions extérieures au groupe participent encore un peu plus à un niveau d'engagement parfois démesuré. Provoqué sous l'excitation du regard de l'autre, le pratiquant s'abandonne à sa confiance pour s'élancer dans un « *run* » parfois déroutant pour nous autres, mais pourtant jubilatoire pour ce dernier. Une première distinction peut être opérée dans les territorialités ludosportives et urbaines dès lors qu'on se soucie de la véritable nature de la conduite corporelle engagée. Est-elle source de vertige au sens d'un « éclatement » de soi visible aux yeux de tous, ou bien au contraire, d'un transport émotionnel très largement intime et invisible ou presque aux yeux du profane ?

Territorialité et régulation sociale, une manière de se préserver ?

Pour la spéléologie urbaine, la singularité de la pratique tient dans le caractère négocié de l'espace de jeu. Dès lors, les conduites corporelles y sont contrôlées, observées puis reconnues ou non comme authentiques. L'espace souterrain n'est donc pas partagé avec les autres si ce n'est temporairement. Parvenir à y entrer pour le pratiquer n'est pas accessible à tout un chacun. Nous avons repéré cette tendance à partir des premières prises de contact, nous l'avons dit, mais aussi lors d'observations *in situ*, sur les lieux de pratique. L'identité des groupes se préserve de cette manière de toute déformation des sensations recherchées. Elle se compose d'une relation particulière avec la matière : la boue, plus ou moins liquide, ou encore la roche par exemple. La régulation sociale s'exécute de telle sorte que le pratiquant profane ne viole pas l'authenticité du lieu. En recoupant les récits de pratique, c'est avant tout l'authenticité du lieu qui conduit au vertige. Authenticité au sens d'un respect mutuel et profond entre le pratiquant et son espace de pratique. Les éléments naturels participent encore au vertige urbain. Par opposition avec les matières dures et rigides de la ville (béton, asphalte, etc.) c'est la malléabilité du terrain de jeu qu'il s'agit de préserver, notamment vis-à-vis des descendeurs profanes. Une négociation avec les forces de l'ordre que les « purs » ne voudraient pas voir réduite à néant aujourd'hui à cause de citadins qui se plaisent à collectionner les expériences extraordinaires. Or, ici l'extraordinaire n'a pas sa place. On remarque ainsi que l'aménagement de l'espace et la mise en forme du jeu participent grandement au transport émotionnel à travers la ville.

Il faut encore remarquer la verbalisation des conduites au sein du labyrinthe souterrain. En effet, les discours pointent la sécurité (du matériel et de l'espace) comme un critère qui permet d'apprécier le jeu et de se laisser aller aux aléas de la topographie pour se laisser transporter dans le labyrinthe. L'absence de matériels qui assurent une sécurité (technique : lampes, cordes... et biologique : eau, nourriture...) et de carte topographique sont autant d'indices pour justifier du niveau d'engagement particulièrement contrôlé. Nous comprenons mieux ainsi la méfiance à l'égard de tous les nouveaux pratiquants et aux tests et autres rites initiatiques qui permettent alors d'accéder aux significations profondes qui sont entretenues par le groupe, entre soi.

Cette démonstration vaut également pour la pratique du *base-jump*. À la différence près que le rapport à l'Autre est exclusivement fermé de l'extérieur. Les territoires du base-jump (tours et immeubles urbains) sont des « trophées[281] » pour qui réussit à s'en approcher d'assez près. Là encore, les discours sur les symboliques aériennes et urbaines témoignent d'une « expérience modifiée d'être humain »[282] qui n'est et ne doit pas être réalisable par n'importe qui. Les aspects sécuritaires et réglementaires sont bien entendu parmi les justifications le plus souvent avancées par nos enquêtés. Mais cela nous montre bien plus. Le caractère évidemment fermé de cette communauté indique que les conduites corporelles qui y sont engagées sont donc organisées, pensées et respectueuses, là encore, des espaces pratiqués :

> « *Les Base-Jumpers sont assez fermés sur eux-mêmes, c'est une communauté fermée, confidentielle, pour plusieurs raisons. La première c'est que dans de nombreux endroits et de nombreux pays c'est un sport illégal, car s'élancer d'une tour nous met dans une situation inconfortable vis-à-vis de la loi, on risque de se faire saisir le matériel, d'avoir des amendes. Ce n'est pas par défi de la justice, c'est plutôt par manque de choix et d'alternatives qu'on procède de cette manière-là. On préférerait nettement avoir des spots qui soient légaux, cela poserait moins de problèmes. Pour cette raison, déjà, c'est une communauté fermée. Ensuite, c'est un sport d'élite, qui n'est pas ouvert au grand public, très loin de là. Les gens qui le pratiquent sont des sportifs accomplis. Ce sont des gens qui ont soit une expérience très importante de la montagne, soit une expérience très importante du parachutisme, soit les deux. Ca nécessite beaucoup de maîtrise de soi, aussi un très grand dépassement de soi, une très profonde connaissance du matériel, de l'aérologie, des conditions de saut, de l'appréciation directe d'un saut d'un endroit. C'est une réelle science compliquée, élitiste, et les Base-Jumpers n'ont pas envie d'ouvrir ce sport au grand public. On en voit des images parce que c'est impressionnant. On doit toujours se rappeler que les gens qui le pratiquent sont des sportifs de très haut niveau qu'ils ont l'appréciation de le faire, et c'est aussi pour cette raison que la communauté reste très fermée. Si on est prêt à être Base-Jumper, c'est la communauté qui s'ouvre à nous, et quelqu'un vient nous chercher en nous disant : « voilà, aujourd'hui tu es peut-être*

---

[281] Expression indigène.
[282] Héas, *op., cit.*.

prêt à devenir un Base-Jumper », et c'est un réel engagement pour quelqu'un de former un nouveau Base-Jumper. On ne se déclare pas Base-Jumper du jour au lendemain, on vient nous chercher et on dit : « toi tu as les compétences pour le devenir, on va te former, on va t'encadrer », et ça ne se fait qu'à cette condition. » (Base jumper)

Sur une autre échelle, ce caractère « exceptionnel » contribue à façonner le *base-jump* urbain en une conduite corporelle éminemment vertigineuse. Car, au *base-jump*, la territorialité se comprend avant tout par une identification à l'espace vide dans lequel le sauteur se jette. Ce sont donc les identités personnelles et collectives qui priment ici.

Ces deux territorialités ludosportives (terre et ciel) figurent comme une manière de se préserver de l'Autre (le pratiquant touriste, occasionnel), pour qui l'accès aux logiques et modalités de pratique n'est pas aisé. Au final, la signification accordée aux arrangements matériels et symboliques participe de très près aux conduites corporelles vertigineuses analysées ici.

Les conduites corporelles vertigineuses : un objet socio-anthropologique ?

Or, une conduite corporelle vertigineuse engagée sur les espaces de la ville concerne non seulement le monde des A.P.S. mais concerne d'autres cadres sociaux : ceux de la fête urbaine, des festivals urbains ou ceux de la musicalité urbaine par exemple. La fonction première de cette conduite est d'appuyer encore davantage le processus de différenciation et distanciation avec les cadres normés de la vie urbaine. Ainsi, le vertige et plus précisément l'*ilinx*, élément participant à la classification des jeux de Caillois, est utile aujourd'hui pour interpréter certaines pratiques dans lesquelles l'engagement du corps dans le jeu et la pratique est un élément central de la mise en situation. Caillois a ainsi insisté sur une classification fondée sur l'esprit du jeu considéré en lui-même et sur l'énergie qui l'anime. D'autres auteurs l'ont repéré pour les conduites d'ivresse par exemple[283] ou dans le cas de certaines pratiques sportives extrêmes[284]. Dans ce cadre, il s'agit de comprendre comment un groupe social peut atteindre un état psycho-actif proche de ce

[283] Véonique Nahoum-Grappe, « Sortir ! L'imaginaire social des conduites festives », in *Agora*, n°7, 1997.

[284] Eric Boutroy, « Une technique du vertige ? Les usages du corps dans une pratique ascensionniste : la *via ferrata* », Paris, CNRS, *Techniques et Culture*, n°39, p. 121-138. [En ligne], URL : http://tc.revues.org/document167.html, 2002.

que nous appelons couramment l'ivresse. En réalité, il est plus opportun d'évoquer une modification du corps qui est un effet de vertige contrôlé et occasionnel. Dans ce registre, le fait d'entrer au sein d'un groupe de pratiquants sportifs et de partager avec eux des modalités ludiques et festives confère alors aux membres un goût d'aventure. Maintenant réinterprété au cœur de notre définition du vertige urbain, cette aventure est l'expérience « d'un monde hallucinant de différences, une autre manière d'habiter son corps [comme] une aventure en soi »[285]. Elle se démarque aussi du « sérieux » et des habitudes du quotidien.

Le couple sensation/intégrité physique

Il est essentiel pour les pratiquants engagés de légitimer eux-mêmes leurs ressentis, sensations et expressions. La légitimité de leurs actions renforce davantage l'appartenance à la communauté, entre eux et entre-soi ! Même si le phénomène intrigue et questionne une partie de la presse nationale et internationale, la légitimation de leurs modes d'expressions urbaines ne figure pas parmi ces curiosités médiatiques... Enfin, cette libération des sensations se poursuit par une troisième forme d'activité qui consiste à les canaliser. Nous le remarquons tout particulièrement dans le cadre de gestes corporels qui mettent leur intégrité physique en jeu. Les gestes de sécurité concernant le *base-jump* et la spéléologie sont bien entendu des manières de canaliser ces sensations débordantes. Composée à la fois de « *tensions, de vigilance, de fébrilité, de concentration* » où la pensée du pratiquant se focalise sur le programme à venir : « *visualisation et répétition mentale des gestes* ». À ce titre, nous citerons par exemple un de nos enquêtés *base jumper* décrivant avec pertinence ses sensations durant la chute :

e : « *Béatitude, fusion dans l'élément, adaptabilité relative à une scène qui se déroule inexorablement et qu'on a pourtant choisie. Je crois qu'il y a un paradoxe des émotions entre le sentiment de maîtrise et d'engagement, par le fait de sauter (ce qui n'est pas naturel) et en même temps le sentiment d'être spectateur du spectacle que la gravité impose. J'adore cette ambivalence pendant les 1ères secondes : Il y a un laisser-aller imposé par la situation.* »

---

[285] Véronique Nahoum-Grappe, « La sieste ou l'aventure », in *Communications*. N°61. PP.69-78, p.76, 1996.

E : « *et la fin de ta chute...comment...* (Coupé)

e : « *2ème phase : avec les appuis, la dérive procure des sensations liées au vol et aux déplacements dans l'espace : euphorie, fort sentiment de maîtrise (ou non) du vol. Tout se fait instinctivement et le moment de l'ouverture s'impose presque de lui-même, sauf quand je souhaite avancer encore un peu plus, ce qui n'est pas une bonne idée* ».

Et un second pour qui la gestion du risque dépend d'une multitude de facteurs laissant toujours le doute planer :

E : « *quand tu parles de risque contrôlé, tu fais allusion au matériel qui t'apporte cette sensation de contrôle, ou alors, tu y ajoutes le contrôle humain (ton propre contrôle de l'action) ?* »

e : « *Le contrôle du risque passe par tout un tas de paramètres : le matériel, le choix du site, le type de saut, la météo... Là-dedans il y a bien sûr du contrôle humain (ne pas sauter si la météo est mauvaise, ouvrir le parachute un peu plus haut, avoir un niveau technique adapté au type de saut, etc...)* »

Le couple contrôle/décontrôle des sensations évoque le processus de civilisation[286] par le développement progressif de l'autocontrôle de soi. Elias nous apporte une grille de lecture, sur le très long terme des activités humaines, applicable aux différentes échelles de la vie quotidienne dans la mesure où les pratiquants doivent apprendre les usages corporels légitimes au sein de leur nouvelle communauté d'appartenance. Ce processus laisse entrevoir une « alternative » aux espaces sociaux construits autour d'un autocontrôle de soi. Les parcours ludosportifs qui s'inscrivent sur ces mêmes espaces publics de la ville développent ainsi une exposition vertigineuse de soi devant – ou parmi – les autres (le passant ou les forces de l'ordre). Très souvent, c'est ce qui amène à l'incompréhension de ces passants qui n'hésitent pas à s'arrêter quelques instants et se renseigner auprès des pratiquants sur la finalité de leur activité. « *Pour le plaisir* » aiment-ils répondre ! Finalement, ce ressenti par le corps ludique renvoie encore une fois à l'expression d'une conduite de corps qu'il n'est pas coutume de

[286] Norbert Elias, *La société de cour.* Paris: Pocket, 1973.

pratiquer au quotidien : déambuler à travers l'urbain pour y exercer son activité physique favorite.

Ce moment de la pratique partagé au sein de la communauté permet aux acteurs concernés de s'engager dans un cadre spatio-temporel propice au relâchement du corps – physique et social – et des états affectifs et autocontrôlés inscrits dans la vie quotidienne. Ce cadre d'actions s'inscrit dès lors dans une forme de séquence sociale[287] qui participe à la construction des identités individuelles et collectives lorsqu'elles sont vécues et partagées à l'intérieur de la communauté pratiquante.

Pour cela, il faut comprendre l'existence de ce cadre de relâchement et de décontrôle de soi. À l'image de ce que font les sociologues travaillant sur la fête contemporaine, nous voulons comprendre les bases de cet événement collectif et de cet ensemble corporel. Vécues à l'intérieur de communautés plus ou moins fermées[288], ces poches de résistance sociale insistent sur le caractère « clandestin » de leurs activités.

Des sensations qui relient le corps à la ville

Bien plus qu'un simple thème de travail, la question du vertige était d'abord envisagée sous la bannière du saut dans le vide et de la chute du corps dans les espaces de la ville. Bien évidemment, la posture du corps en bordure de terrasse « urbaine » est une source énorme de vacillement des membres du corps humain, des sensations. Mais, elle évoque bien plus que de la simple attirance ou répulsion pour les mètres de vide en dessous... Elle peut aussi être source d'excitation :

> « *Quand c'est la reprise : tension, vigilance, fébrilité, concentration, focalisation de la pensée sur le programme (visualisation et répétition mentale des gestes). 2-3s avant l'impulsion c'est l'euphorie, l'excitation est à son comble, mais tout est sous contrôle. Quand les sauts s'enchaînent jours après jours, il y a moins de tension nerveuse et d'euphorie. Je suis impatient de me retrouver en l'air pour me faire plaisir.* » (Base jumper)

---

[287] Véronique Nahoum-Grappe, « La Nuit », in *Sociétés et représentations,* Sous la dir. N° 4.

[288] Des différences existent entre les communautés de *base jumpers*, de spéléologues urbains et les autres évoquées dans ce travail par exemple. La différence réside dans le caractère légal ou illégal de l'activité.

Ou encore, avant de conclure son récit de pratique, le sauteur évoque un bien-être corporel qui se mêle à un état d'angoisse, caractéristique prépondérante chez tous les sauteurs urbains du fait de l'illégalité de la pratique :

> « *Bien-être, sentiment de compétence et de maîtrise (...) Mêmes sensations en urbain, mais un stress extérieur, dû à une infraction possible, est ajouté au départ.* » (Base jumper)

Il illustre *in fine* l'hypothèse du vertige urbain entendu comme une conduite ludique de corps fuyant, momentanément, le quotidien urbain :

> « *C'est sûr que c'est un espace de liberté. Pour moi les grandes tours n'évoquent que les sauts possibles et donc le rêve. Peut-être un espace de liberté gagné sur l'enfermement urbain.* » (Base jumper)

Dès lors, à travers l'analyse de contenus de quelques entretiens en particulier, la notion de « *renversement* », du « *retournement* » ou de ce que Nahoum-Grappe nomme le « transport » intérieur, figure de manière très imagée mais pourtant évoquée dans nos analyses. À l'image de ce que Nahoum-Grappe précise lorsqu'elle relate de vieilles histoires littéraires nourries par les pratiques quotidiennes. Par exemple, elle précise les définitions historiques de ce « transport » comme étant très souvent arrêtées sur le sens littéral premier : « action par laquelle on transporte quelque chose ou quelqu'un d'un lieu à un autre »[289]. En revanche, la signification envisagée ici désigne une « vive émotion, [un] sentiment passionné (qui émeut, entraîne) ; état de celui qui l'éprouve »[290] et remplit ainsi toute sa portée anthropologique dans le sens où notre ambition est d'inscrire la pratique du vertige urbain au cœur des pratiques quotidiennes et urbaines. Par opposition aux pratiques « routinières », ce genre de pratiques ludosportives peut rapidement devenir, après d'autres, un véritable champ d'exercice du corps. Il en est de même pour les manières diversifiées de « boire » aujourd'hui. La fête urbaine et nocturne interroge à sa manière les pratiques de vertige des corps inscrits, cette fois, dans une culture de l'ivresse.

---

[289] Véronique Nahoum-Grappe « Les conduites de vertige », in *Communications*, vol.56/1, p.155-173, Le transport : une émotion surannée. In *Terrain*, Numéro 22 - Les émotions (mars 1994), [En ligne], http://terrain.revues.org/document3086.html, 1994.
[290] *Ibid*

Pour notre part, nous analysons ici les tenants d'une culture du vertige, même si ceux qui aboutissent à étudier la culture de l'ivresse et du boire à partir de conduites corporelles, sportives et festives nous interpellent de la même manière[291]. Ici, des expressions similaires sont très souvent audibles lorsque vous déambulez en compagnie de ces pratiquants. Par exemple, les vocables « *éclate* » ou encore « *déchéance* » sont très souvent employés en dehors de champs sémantiques qui sont propres à la culture de l'ivresse. Pourtant, nous ne travaillons que sur des conduites de corps ludiques et sportives. Un *street golfeur* nous fait partager son état du moment :

> « *Quand je suis dehors, c'est l'éclate, la déchéance ! Dans la rue, on a la sensation d'être borderline. Tu dois prendre en compte les gens, faire attention aux voitures...* » (Street golfeur)

Alors en déambulation nocturne, ce pratiquant doit faire face à une multitude d'informations sur son environnement. Greffées à l'ambiance qui règne alors au sein du groupe déambulant, le jeune homme nous fait part d'un moment de « panique voluptueuse ». L'absence de contrôle de soi est frappante : cris en pleine nuit, exécution de grands gestes avec son fer, etc.

Un autre enquêté, pratiquant de spéléologie urbaine, évoque, quant à lui, différemment ce vertige urbain. Selon lui, il est un moyen par lequel son engagement dans la communauté pratiquante lui permet une meilleure maîtrise de ses temps sociaux. Cela lui permet de se consacrer à une activité pleinement ludique et récréative.

Enfin, il est important de répertorier les moments privilégiés pour ces types de pratiques. La ville de Rennes montre la compatibilité entre une pratique nocturne et une ouverture des équipements culturels de la ville à ces populations. Nous l'avons déjà évoqué au sujet de la « nuit du sport », entre autres. En revanche, saisir au plus près les rythmes de pratiques sur l'ensemble des activités « sous-culturelles » et urbaines peut nous aider à mieux comprendre le « sens » général qui émerge de ces modalités de pratique. Par exemple, un enquêté nous a montré que l'activité de loisir, qu'est la spéléologie urbaine, lui facilite cette variation de ryhme entre deux modes de vie urbain :

---

[291] Recherches en cours sous contrat avec l'Institut de Recherches et d'Etudes sur les Boissons.

E : « *Peux-tu me parler de ton rapport au temps, dans ton activité de spéléologie et en dehors par exemple ?* »

e : « *Bon...déjà...je suis un hyper-actif. Dans une journée je fais toujours dix choses à la fois, toujours en courant. Le temps est une des valeurs importantes de la vie parce qu'il y a tant à voir, tant à faire !!* »

E : « *et alors, que t'apporte la spéléologie justement ?* »

e : « *Ben...ça me permet une modification du rapport au temps comme tu dis...On ne descend pas en vitesse. J'ai horreur des contraintes horaires. C'est l'un des rares lieux, moments, états, où je laisse glisser le temps sans le surveiller. Mon état de fatigue me permet de savoir assez précisément quelle heure il est (je ne porte jamais de montre, ni en surface, ni en bas). Mais c'est quelque chose que je sais sans que ça ait la moindre importance, comme la faim dans le monde où l'assèchement de la mer d'Aral. Si l'on entend, si je sais que quelqu'un est angoissé à l'idée que je sois en bas, et sera soulagé dès que je sortirai, cela gâche ma descente parce que cela fait rentrer en ligne de compte le temps, la durée de l'attente. C'est une des raisons de l'espacement de mes descentes : ma femme est inquiète. Je ne dirais pas qu'il y ait ralentissement ou accélération. Il y a juste l'oubli. Parfois, par le regard d'une plaque, à trente mètres au-dessus de soi, on aperçoit l'obscurité ou la lumière, qui donne des indications sur le moment de la journée. Mais c'est une info sur un autre monde, lointain, comme de lire un fait divers dans un journal étranger vieux de plusieurs années.* » (Spéléologue)

Les catégories analytiques du vertige

Qu'ils soient de nature politique, sociale ou encore corporelle, les mondes du vertige nous intéressent tout particulièrement dans la compréhension finale des conduites corporelles spécifiquement en milieu urbain. Le vertige est sensation et inscription du corps dans un rapport particulier à l'environnement physique, olfactif, visuel, etc. Comment le définir plus avant si ce n'est en l'inscrivant au sein des pratiques quotidiennes ? À la fois comme pratique de la cité – la recherche de sensations par le mouvement et la motricité dans un environnement urbain – comme champ d'exercices corporels particuliers. Les espaces et les corps se rejoignent le temps du vertige. Sans doute s'agit-il plus précisément d'une imagination ludique, d'une innovation créatrice ou encore de détournement symbolique des espaces publics et de leurs représentations en images – symboliques – que les communautés décrites ici se réapproprient. D'une manière générale, il existe plusieurs catégories de vertiges, toutes inscrites dans des actions parfois banales du quotidien. Prenons l'exemple des jeunes enfants pour qui la succession de jeux, de postures et de gestes – l'exemple de la balançoire est frappant – s'inscrit dans une recherche de sensations indéfinissables. S'agit-il pour autant d'une poursuite compulsive dont le but premier serait de réduire, là encore, une souffrance quelconque ? Ou bien, beaucoup plus simplement, l'épreuve de la balançoire serait-elle vécue comme un jeu à la fois terrifiant et troublant ? Or, l'exercice de jeux vertigineux n'est pas le propre d'une unique catégorie sociale (l'enfance-adolescence) mais bien un état psycho-actif présent à tous les âges de la vie. Cette remarque suppose alors de différencier principalement deux catégories dans les conduites de corps vertigineuses. Il faut cependant remarquer que toutes les deux peuvent être appliquées à la compréhension des justifications individuelles pour la pratique des APS. Ces justifications sont alors principalement de deux ordres : psychique et environnementale (sociale).

- L'angoisse

Cette première catégorie concerne le vertige d'origine psychique. Cela a trait aux caractéristiques physiologiques et psychiques de l'être humain. Ce sera les phobies d'origine physiologique et/ou psychosomatique ou encore les innombrables cas d'angoisse liée à la peur du vide ou au contraire, du vide qui attire ! Les expressions sont nombreuses pour qualifier ces comportements : « planer », « voler », « renversement », « déséquilibrage », etc.

D'autres auteurs ont analysé la question du vertige des corps à travers une sociologie des espaces potentiels[292]. Un vertige vécu comme une « prothèse existentielle ». En d'autres mots, l'auteur porte ses analyses sur des styles de vie passant par la prise de risque et la circulation identitaire au sein d'une transformation des frontières du « dedans » et du « dehors »[293]. Le concept de prothèse développé chez cet auteur est intéressant à bien des égards. Reprenant les travaux de Dubet et d'Ehrenberg, E. Belin démontre, par exemple, que le processus de dépersonnalisation de l'individu débute

---

[292] Emmanuel Belin, *Une sociologie des espaces potentiels*. Louvain-la-Neuve, Ed. De Boeck Université, coll. "ouvertures sociologiques", 2002.
[293] *Ibid*, 147.

dans les stages de recherche active d'emploi chez les chômeurs, dans la course aux diplômes chez les cadres supérieurs et dans le prolongement du cadre de vie estudiantin ou encore dans la course aux psychotropes sont des « prothèses existentielles » d'ordre identitaire. L'image de la prothèse est entendue comme une démultiplication de l'individu, une sorte de « réseau d'états mentaux » « modulables à souhait [et] à l'intérieur duquel des parcours pourront être accomplis »[294]. L'auteur propose ainsi sa propre théorie critique entre ce qui aliène et ce qui est aliéné, soit l'existence d'une « prothèse » créée par et pour le système social nous dit encore l'auteur. L'angoisse est ici présente au terme de ses analyses car l'auteur fait un détour par la psychologie sociale dans le but d'expliciter l'anxiété avec laquelle les individus modernes se sentent dépossédés de leurs corporéités pour en être réduit à fréquenter ce que l'auteur appelle des « aires de l'expérience »[295]. À la croisée entre un monde extérieur et un monde intérieur, ces sphères d'identifications correspondent ainsi aux « espaces potentiels » et aux activités existentielles de réenchantement comme le détour par l'ennui ou encore l'ivresse du corps humain. Une ivresse qu'il faut comprendre comme une situation de « suspension du principe de réalité » (*le flow*) qui ne prend effet, au sens de l'expérience vécue par le pratiquant, que par « le cadre de l'espace ludique »[296] ainsi créé par l'activité mise en scène. Cette idée de suspension est intéressante dans le sens où elle est présente dans les activités de transformation des corps humains. Les modifications corporelles illustrent à elles seules la piste du « transport intérieur » vécu comme une forme de « bien-être » intérieur, une bouffée du sentir de son propre corps, et donc, une valorisation de son identité.

Laissant de côté ces pistes d'explorations, la notion de vertige urbain se focalise essentiellement sur la transformation du champ de l'attention que les corps urbains en mouvement. Le vertige est vécu sur le mode de l'angoisse dès lors qu'il est interprété comme un objet médiateur entre deux mondes, celui du « psycho » et celui du « soma ». Dans notre cas, nous cherchons plutôt à comprendre la mise en scène du corps sur le mode de la conduite vertigineuse. Il s'agit d'analyser les points de rupture qui caractérisent les multiples identifications aux espaces urbains. Nous distinguons un contrôle de soi qui s'exerce dans les fréquentations d'espaces normés (les bonnes manières de faire) et un décontrôle de soi (par la mise en mouvement du

---

[294] *Ibidem*.
[295] *Ibidem*, 153.
[296] *Ibidem*, 161.

corps) qui prend sens dans le détournement de codes, règles et pratiques. Dans une certaine mesure, ces pratiques alternatives sont des terrains originaux marqués par la déviance au sens de Becker (théorie interactionniste de la déviance[297]). Notamment les points de frictions qui peuvent exister entre une norme et les usages, produit de l'activité humaine.

- Le plaisir

Cette seconde catégorie illustre, entre autres[298], une donnée « visible » et observable dans les interactions humaines. Le plaisir peut être utile au sociologue. Il peut être centré autour du vécu corporel dans l'action sportive. Cette conduite renvoie alors au plaisir du corps et à celui éprouvé par le corps. Plus simplement, cette catégorie d'analyse est une voie possible pour comprendre la séduction contemporaine des conduites de vertiges. Pouvons-nous inscrire cette catégorie de vertige des corps comme une réponse, une « ruse » individuelle et collective – « aller à contre-courant » – face à une modernité de plus en plus prophylactique ?

Deux illustrations frappantes nous interpellent ici. La première nous fait prendre conscience de cette question anthropologique. Par exemple, les spéléologues urbains se plaisent à différencier les espaces urbains qu'ils pratiquent : la rue et ses espaces situés à la surface d'une part, le « *monde du dessus* », puis le « *monde du dessous* » où l'imaginaire de chacun(e) est mis en scène. Cela apparaît encore dans le *base-jump* et la chute vertigineuse au cœur de la ville. Transition entre deux espaces, la chute du base jumper illustre merveilleusement bien ce jeu de circulation entre les espaces normés de la ville (à la fois la rue mais aussi le point de chute qui se situe très souvent sur des espaces privés) et la très courte chute où le corps s'abandonne au plaisir du vertige contrôlé :

> « *On ne s'improvise pas du tout base jumpers. Ce ne sont pas des trompe la mort, ce sont des gens qui ont développé une acuité à gérer un certain nombre d'événements, notamment se jeter dans le vide, se servir de la vitesse pour se déplacer et s'éloigner de l'objet, et puis ouvrir en sécurité un parachute, apprendre également à le plier d'une*

---

[297] « Ce que je veux dire c'est que les groupes sociaux créent la déviance en instituant les normes dont la transgression constitue la déviance, en appliquant ces normes à certains individus et en les étiquetant comme des déviants » (Becker, 1985, 32).

[298] Le plaisir peut aussi devenir un objet d'étude propre à la médecine. Il est aussi psychique, biochimique, etc.

certaine manière, à configurer la façon dont le parachute est monté, et puis qui savent également le piloter une fois que le parachute est ouvert car ce n'est pas tout d'ouvrir un parachute quand on s'élance d'un immeuble, encore faut-il se poser au bon endroit et en sécurité. » (Base jumper)

Le même sauteur précise sous la forme d'un récit de pratique quelles sont les sensations corporelles éprouvées au moment de la chute, de la transition entre ces deux espaces normés :

« *Donc c'est déjà très impressionnant par le décor et l'environnement. Et puis au moment où on s'élance, on part dans le vide. On a cette sensation de vitesse naissante, puisque l'on part à une vitesse nulle, on s'élance comme d'un plongeoir avec très peu de vitesse. On rétablit son corps à l'horizontale pour être en équilibre et toujours être en sécurité. Et puis on sent cette vitesse naissante, l'air qui caresse le visage, le bruit. On sent également les appuis de la vitesse, un peu comme si on sortait sa main de la voiture à 100 km/h, on sent cet appui sur le corps, on se sert de cet appui pour s'éloigner de l'objet. Et puis, au moment où on l'estime bon, on ouvre le parachute, ce qui est encore un nouveau son, une nouvelle violence, qui va arrêter la chute, et puis on se sert du parachute pour regagner le bon endroit pour l'atterrissage.* » (Base-jumper)

L'illustration de la conduite de corps par la recherche de vertige est assez explicite dans le cas du *base-jump* urbain. La technique est employée ici pour définir les inversions (de rôles et d'espaces) évoquées précédemment, c'est-à-dire une technique qui sert de médiation entre deux catégories anthropologiques que sont le « dedans » et le « dehors » appartenant à la socialité urbaine :

« *On a cette impression de vide qui nous attire, on a une très forte envie de partir, de s'élancer parce qu'on sait qu'à partir du moment où on va s 'élancer, on va rentrer dans une phase très courte mais très intense de plaisir. Le plaisir, ce sont ces quelques secondes qu'on va passer en chute, d'abord avec très peu de vitesse, et puis ensuite avec une vitesse de plus en plus importante avec l'air qui vient, qui souffle, qui nous permet de s'éloigner encore plus et de jouer, de prolonger le temps de la chute parce qu'on réussit à réduire quelque peu, de quelques millièmes de secondes le temps de la chute. Et puis c'est quelque chose de confortable, d'attirant, d'attractif, parce que l'objet défile, on voit les étages qui défilent entre nos pieds, on voit le sol qui monte de plus en plus. C'est quelque chose de très prenant, c'est quelque chose de très fort, mais c'est quelque chose de très dangereux* » (Base jumper).

Enfin, cette recherche de plaisir est encore vraie dans le cadre de la recherche d'ivresse. Cette « tête qui tourne » n'est pas sans évoquer une conduite de corps vertigineuse. À ce titre, il est sans doute intéressant de remarquer le « succès » grandissant des conduites d'ivresse aujourd'hui dans des contextes culturels comme ceux des pays occidentaux, et tout particulièrement en Grande-Bretagne et en France. Ce constat amène d'ailleurs à considérer, après d'autres, la recherche de vertige par une conduite de corps à la recherche de sensations comme une donnée anthropologique de fond dans notre société. À ce titre, nous devons nous inspirer du travail de Nahoum-Grappe lorsqu'elle dresse le portrait moderne des différentes conduites de vertige à partir des conduites corporelles du « boire », de la plus festive à la plus problématique, l'hyper-alcoolisation (« *binge-driniking* »).

Cette remarque s'étend aussi aux APS[299] et aux mondes du sport en général. La conduite de corps se comprend alors comme étant l'application d'un modèle d'inconduite tolérée et contrôlée collectivement[300]. Le vertige recherché est alors provoqué et contrôlé par les mêmes participants. Il est encore observé dans les pratiques carnavalesques du sport par exemple[301].

Pour Nahoum-Grappe, les conduites vertigineuses s'étendent aux formes modernes de « jeux » avec la mort (sports extrêmes par exemple), aux risques joués dans un monde virtuel (les jeux vidéos par exemple) aux sports de glisse (le surf par exemple) et à la « simple » prise de risque sportive (spéléologie, parachutisme...). Deux formes de vertige sont

---

[299] Fabrice Lorente, Marc Souville, Jean Griffet, Ludovic Grélot, « Participation in sports and alcohol consumption among French adolescents »., in *Addictive behaviors*, vol.29, pp.941-946, 2004.

[300] Stéphane Héas, Gaelle Sempé, GFlorian Lebreton, Yannick Le Henaff, Damien Phillippe, Guillaume Routier, Alcools, sports et études universitaires : des relations étroites. In *Les cahiers de l'IREB*, n°19, 2009.

[301] Olivier Bessy, « Le Marathon du Médoc ou le Carnaval de la course à pied. Du sport apollinien au sport dionysiaque », in *Sport, fête et société*. Talence: éditions de la Maison des sciences de l'Homme d'Aquitaine, 1995.

distinguées, horizontal[302] et vertical, que nous essayerons d'expliquer ici. Horizontal car il concerne les pratiques de glisse où la *board* devient l'outil vertigineux. À cela, nous rajouterons nos données de travail car la déambulation entreprise dans la ville suggère une forme de glisse et de « transport émotionnel » dans les espaces intermédiaires de la ville. Et pourtant, la *board* n'intervient pas dans ce cas de figure. Ce sont les appropriations successives des architectures urbaines qui procurent alors la sensation de tourbillonner à travers la ville. Un tourbillonnement vécu à travers les conduites de corps marquées par un ludisme collectif qui est fédérateur.

Une seconde forme de vertige, vertical, se dégage. L'alternance entre un rôle de citadin « ordinaire » et celui vécu dans les pratiques ludiques et récréatives permet de comparer la ville à une forme de « ville molle »[303] où encore une « réalité malléable ». En d'autres termes, la ville offre à ses habitants une pluralité de rôles sociaux avec lesquels il est possible de jouer à tout moment :

> « *J'ai commencé à rechercher ce genre d'activités [l'exploration urbaine] à un moment où je ne pouvais plus encaisser la tournure avec laquelle ma ville se transformait....se défigurait... Avec les potes, on a décidé de commencer à exploiter ces vieux spots pour en faire notre terrain de jeu à nous... Forcément, autour de nous, les gens comprenaient pas trop au début (rires) mais... avec le temps on a commencé à être rejoint par d'autres et petit à petit la bulle s'est ouverte à de nouveaux partenaires...Ils sont tous venus avec quelque chose ; y en avait qui graffait...d'autres qui faisaient de la photo... c'était sympa et puis y avait (rires) aussi de vrais acrobates dans le lot... Je crois que c'est là qu'on a commencé à exploiter la verticale dans notre déambulation sur et en dessous des trottoirs... On était alors devenus des explorateurs de la ville alors que d'autres ne font même plus attention à ce qui change autour d'eux...* » (Spéléologue urbain).

La vie urbaine se compose d'interactions entre individus où chacun joue un rôle approprié au cadre de la situation. Or, les situations ludiques et sportives permettent aux individus, nous l'avons déjà dit, de conduire un rôle

---

302 Véronique Nahoum-Grappe, *L'ennui ordinaire : essaie de phénoménologie sociale*. Paris: éditions Austral, 1995.
303 Jonathan Raban, *Soft city*, Londres, Hamilton, 1974.

différent de celui endossé ou joué dans un autre cadre, une autre situation. C'est au cœur du renversement de cadres sociaux, culturels, etc., que naît le vertige urbain. Il permet alors des combinaisons et des circulations identitaires entre différentes sphères d'identification. Il permet encore le transport vers un état modifié d'être humain.

Cette seconde catégorie d'analyse centrée autour du plaisir se comprend dans la variation des activités humaines autour de la « vraie vie » et de ce qu'elle est, c'est-à-dire une version insignifiante de la réalité quotidienne, ou tout au moins souffrante, rageante et incertaine[304] comme « fait social » contemporain. Le plaisir que procure l'expérience ludosportive telle qu'elle est décrite ici peut être comparé à une « éclate » des corps.

Le vertige urbain, une anthropo-logique ?

La catégorie du vertige urbain se concentre ainsi autour du partage collectif des sensations et de plaisir ludique, sportif. Comment est-il organisé collectivement ?

En premier lieu, il y a une fabrication collective du jeu que nous nommons ici de pleine nature urbaine. Cette fabrication prend effet à partir de modalités de pratiques déjà existantes dont les significations sont détournées et reconstruites par la communauté. La spéléologie urbaine reprend bien évidemment les gestes techniques qui sont propres à une spéléologie légitime et intégrée à la fédération française de spéléologie (FFS) pour en faire une spéléologie aventureuse et ludique que la FFS fait semblant d'ignorer[305]. Le processus de marginalisation de la pratique urbaine en est donc accéléré. Le *base-jump* urbain n'est qu'une transposition de la pratique dite naturelle sur les édifices et espaces urbains. La pratique « naturelle » du saut en parachute, par exemple, a été transposée aux cadres urbains avec, cependant, d'autres exigences techniques et un « esprit » basé sur la transgression urbaine. Le *parkour* est lui aussi une transposition de

---

[304] Luc Boltanski, *La souffrance à distance*. Paris: Métailié, 1993 ; François Dubet, *La galère*. Paris: Fayard, 1987 ; Alain Ehrenberg, *L'individu incertain*, Paris: Calmann-Lévy, 1995.

[305] « Effectivement, s'il y a des gens qui vont dans les égouts en ville, ils ne sont pas connus de la fédération et, de mon point de vue, ils prennent de gros risques (gaz, ennoiement...) pour un intérêt qui me paraît limité, pour le moins. » (Membre de la direction nationale de la FFS)

méthodes corporelles développées en milieu naturel (cf Hébertisme) et transposées, déformées puis adaptées aux terrains de jeux modernes : l'urbain. Néanmoins, il est important de noter la réticence avec laquelle nous avions débuté notre travail d'investigation avec les traceurs. Après quelques échecs, nous nous sommes concentré sur le versant des pratiquants que nous voulions « résistants ». Comme Atkinson l'a analysé à son tour avec les communautés de *Parkour* à Toronto (Atkinson et Young, 2008, 62), nous pouvons remarquer, d'une part, une « *communauté qui voit sa pratique originale se pervertir* »[306] encore davantage avec l'institutionnalisation progressive du parkour[307] et d'autre part, une seconde forme qui résiste aux normes sportives et urbaines. La première se voit donc proposer des espaces spécifiques pour l'entraînement à la pratique qui n'ont plus rien à voir avec l'exploitation des mobiliers urbains. Ce sont des gymnases qui leur sont confiés afin de s'exercer aux exercices gymniques sur des matériaux artificiels (barres, plots, tremplins, etc.) ne représentant pas l'environnement « naturel » de l'urbain et la sensation que procure un *run* à travers les pans de murs, escaliers ou autres toitures –forme résistante du *parkour* original. Le *street golf* fabrique à son tour ses propres modalités de pratique. Il va même jusqu'à développer son matériel technique spécifique aux espaces urbains : fers spécifiques et balles semi-rigides, par exemple. Les caractéristiques propres aux *subcultures* sportives sont de mise dans les analyses proposées ici.

En second point, l'aménagement de l'environnement urbain est un trait spécifique du vertige urbain. Nous entendons par là une mise en scène des matières urbaines : terre, ciel, boue, asphalte, eau, pavés, etc. Nos analyses confortent un peu plus l'hypothèse de travail sur la naturalisation de l'urbain. Des recherches menées en « écologie urbaine » notamment doivent être encouragées davantage pour comprendre les aménagements humains en milieu urbain. En d'autres termes, quelles sont les pratiques humaines qui participent au réenchantement du milieu de vie des urbains, et tout particulièrement des individus « nés en ville ». La question de la naturalisation de la ville par l'aménagement de l'environnement urbain que réalisent les communautés pratiquantes suscite d'autres liens : la qualité de l'environnement et le « bien-être » et la santé des citadins par exemple. Ces liens dépendent principalement des modes de vie et des caractéristiques

---

306 Enquêté

307 Nous l'avons dit avec l'organisation d'une fédération nationale du *parkour*. Cette « sportification » de la pratique n'est pas appréciée par tous les acteurs.

sociales culturelles de ces mêmes pratiquants. La pratique d'APS – peu importe la nature de ces dernières – au cœur de la ville demeure aujourd'hui une question primordiale en terme de santé des individus et par là même, en terme de qualité de vie de la ville. Encore une fois, nous nous retrouvons face aux deux problématiques majeures que nous avons soulevées dans ce travail : une problématique « sportive » liée aux APS et une seconde urbaine qui est liée aux modes de vie et loisirs urbains.

En troisième point, l'organisation des expériences est une caractéristique essentielle du vertige urbain. Ce point constitue la réunion des deux précédents. En d'autres termes, l'expérience telle que nous l'avons appréhendée ici, se comprend à travers l'aménagement de l'environnement urbain – les appropriations d'espaces urbains – et la fabrication collective d'un jeu comme aménagement particulier. L'approche socio-anthropologique avec laquelle nous observons notre objet incite alors à affirmer que l'expérience réalisée ici (suivant notre définition de celle-ci) est dépendante des conditions énoncées précédemment. À savoir une expérience corporelle (par le jeu) de prime abord puis une expérience spatio-temporelle ensuite (par l'aménagement des espaces urbains). En d'autres lieux, nos propos rejoignent les observations de Corneloup, entre autres, pour qui les sports de montagne constituent une fonction sociale où la culture du risque qui y est développée participe à la réalisation d'espaces de fuite[308] propices aux expressions identitaires de toutes sortes (évitement du risque, valorisation du risque, etc.).

Par conséquent, en reprenant ces différentes catégories analytiques du vertige, se dégagent deux tendances repérables à travers la diversité des APS. En premier lieu, il y a les sensations qui se dégagent des formes de plaisir qu'il est possible de repérer dans les pratiques normées et majoritaires. Dans cette optique, on parlera alors de plaisir normé comme étant la sensation éprouvée dans la normalisation de la pratique où l'aménagement de l'espace et l'‘expérience corporelle qui y est vécue illustrent à notre avis, les cadres sociaux et urbains légitimés[309] car ils illustrent l'enculturation sportive[310] et

---

[308] Jean Corneloup, *Les théories sociologiques de la pratique sportive.* Paris: Puf, 2002.
[309]Mark Douglas Lowes, *Mégalomanie urbaine. La spoliation des epsaces publics.* Ecosociétés, 2005.
[310] Jean Corneloup a par ailleurs présenté la question de l'enculturation sportive et de l'apprentissage des plaisirs inhérents aux sports de nature. Jean Corneloup, *Plaisirs et déplaisirs dans les pratiques sportives de nature.* Conférence donnée à la

l'intégration aux institutions culturelles, sportives. En second lieu, il y a ce que nous avons tenté de montrer, la forme de plaisir-fuite où nous pouvons effectivement repérer des indicateurs propres à un aménagement particulier de l'espace et des expériences corporelles qui relèvent de l'activité sous-culturelle. L'ordre territorial y est sans aucun doute défié. Cependant, ne perdons pas de vue que le plaisir recherché à travers toute activité corporelle et ludique demeure partagé au sein de ces deux catégories analytiques. Par contre, la fonction sociale appliquée à la conduite de corps vertigineuse y est différente car elle contribue à se réapproprier les espaces urbains avec des représentations du corps et de l'espace selon ses propres caractéristiques culturelles, valeurs, etc.

Ainsi, les quatre sous-cultures physiques décrites dans ce travail sont toutes centrées autour de la même idée d'un vertige - des corps et des espaces - urbain. Cependant, il faut noter que ce « monde » ludique ne s'appréhende pas comme étant une forme extérieure à celui de la vie quotidienne mais bien partie prenante. La sociologie de l'expérience est ainsi constituée, dans la restitution des organisations collectives qui vont à la rencontre d'univers socioculturels différenciés pour en tirer des bénéfices sociaux et moraux. Des bénéfices qui participent à enrichir l'hypothèse d'une recherche active et quotidienne, de conduites corporelles vertigineuses.

La restitution des traits significatifs appuie l'hypothèse sur le vertige urbain. Comme cadre de l'expérience, ces conduites de corps s'imbriquent dans un contexte plus large, celui de la recherche de « procédures qui permettent le rétablissement (...) de l'identité individuelle dans la société moderne »[311]. Dès lors, les illustrations ludosportives avec lesquelles nous menons notre démonstration, participent à la fabrication – d'après des logiques d'actions auto-organisées – d'une existence urbaine et d'un accès à la ville dans sa diversité. Cette diversité urbaine a recours à des usages des espaces publics qui se veulent différents de ceux qui émanent des rôles urbains traditionnellement univoques. La ville comme espace de fête présente aujourd'hui des facettes qu'on ne lui connaissait pas au temps des lectures monoculturelles sur la ville. Aujourd'hui, la dualité entre les espaces publics et les sphères privées incite à observer minutieusement les espaces

---

3ème rencontre de l'AFRAPS « le plaisir en EPS », 27-30 octobre 2007, Montpellier, 2007.

[311] Belin, *op., cit.*, 146.

de médiations identitaires. À l'heure du multiculturalisme, les débats publics suscitent aujourd'hui de nombreuses questions qui sont liées notamment aux déviances en tous genres : festives, sportives, musicales, artistiques, etc. Par exemple, les conduites de corps liées aux consommations alcooliques figurent parmi les questions de santé publique qu'il n'est pas possible d'ignorer. Et pourtant, lorsqu'on observe les modalités pratiques de ce genre de conduite corporelle[312], elles relèvent en partie de jeux ludiques et de jeux corporels qui sont orientés vers une même signification : celui du « jeu pour boire » où l'ivresse est la finalité reconnue.

III. Une « communauté de projet », la dimension collective

D'origine allemande, la notion de communauté (*Gemeinschaft*) est toujours employée en sociologie. Néanmoins, il faut être prudent avec le sens que l'on peut lui donner et les objets avec lesquels cette notion sera employée. Pour notre part, nous pensons qu'il est primordial de définir la communauté comme un concept opératoire. En effet, la nature des communautés pratiquantes et auto-organisées avec lesquelles nous avons travaillé nous montre une distanciation avec les liens sociaux traditionnels. L'inclusion sociale est ici de mise. Pour comprendre cela, nous allons préciser un peu plus les conditions de son utilisation. Polysémique[313], la communauté désigne à la fois une entité microsociologique, le clan, l'ethnie, la bande, l'association de supporter, etc., mais aussi une autre davantage macrosociologique comme les coopérations intercommunales et la création de « communautés urbaines » l'atteste, par exemple. Cependant, il existe des principes communs aux communautés, peu importe le rayonnement géographique de celles-ci. Ainsi, il est possible de retenir des traits typiques comme un langage commun, une identité commune, des rites communs, des codes communs, des symboles communs, etc. Ces traits contribuent à souder les membres autour d'un même projet et de mêmes intérêts où la solidarité entre membres est primordiale.

---

[312] Recherche menée par le LARES, Université Européenne de Bretagne (Rennes 2) : *Les usages sociaux de l'alcool dans l'univers sportif : entre valorisation et addiction*, sous la direction de Héas S., recherche financée par l'IREB (contrat de recherche).

[313] Déjà, dans les années cinquante, il a été recensée 94 définitions différentes de la communauté (Schrecker, 2007) : Georges Hillery « Definitions of Community: Areas of Agreement », in *Rural Sociology* vol.20, pp.111-122, 1955..

Retenons comme définition de la communauté un « ensemble d'êtres humains assimilés les uns aux autres en raison de leur partage d'un territoire, d'une certaine qualité de liens sociaux, d'une activité, d'une situation structurelle ou d'un héritage culturel, ethnique ou linguistique, assorti souvent de la condition que ces facteurs soient assez significatifs pour devenir un critère d'identification et par conséquent, une base d'activité ou d'action »[314]. À ce titre, il est intéressant de remarquer l'écart entre la littérature sociologique française et la littérature anglo-saxonne. La tradition sociologique française insiste davantage sur les « liens institutionnels » pour désigner un groupe social (communauté religieuse, communauté homosexuelle, etc.), alors que les Anglo-Saxons lui préfèrent la notion d'assimilation, en fonction d'intérêts communs. En retenant la seconde acception, il est possible de distinguer les communautés spatiales (de proximité, du village à la grande ville, du quartier à la banlieue, etc.) des communautés en mouvement (migrations ethniques), des communautés professionnelles (métiers) aux communautés virtuelles (Internet). Le fait d' « être en commun » traverse les illustrations que nous venons de donner. En revanche, la nature des frontières permet de les différencier : des frontières géographiques qui séparent des communautés de quartiers aux frontières comportementales qui différencient une communauté punk d'une communauté hip-hop par exemple.

1. Des communautés urbaines aux « communautés de projets »

La communauté urbaine : définition

La communauté urbaine découle logiquement du sens général donné à la notion de communauté. Elle est propre à l'environnement urbain, à ses particularités géographiques (zones urbaines, périurbaines, centre-ville, etc.) mais aussi à ses particularités comportementales (anonymat, etc.). Elle est donc un « modèle spatial et un ordre moral »[315] qui constitue un « état d'esprit » à part entière. Le cas urbain est important pour notre étude car il

---

[314] Cherry SCRECKER, *La Communauté. Histoire critique d'un concept dans la sociologie anglo-saxonne*. Paris, L'Harmattan, p.250, 2006
[315] Park, *op., cit.*.

crée une distance physique entre les individus[316]. De ce premier constat, la communauté urbaine change donc de forme selon la nature des sous-communautés qui la composent. Simmel nous apprend encore qu'une communauté est alors un « cercle social » et que des espaces d'identifications diversifiés instituent différemment les individus qui les fréquentent. C'est la raison pour laquelle le quartier de la Défense est significatif, à notre avis. Il est identifié par l'activité économique qui marque la Défense de son empreinte. Comment identifier les groupes de sportifs auto-organisés qui pratiquent également cet espace ? On peut y voir des adeptes du skateboard, du roller, du parkour et même du *street golf*. La communauté spatiale de la Défense est ainsi identifiée par son activité économique. Des traits communs y sont repérables, notamment dans la présentation des corps (habillement, langage, etc.). En revanche, le même espace est aussi pratiqué par d'autres communautés aux traits différents : ludisme, jeu, sport, etc.

La communauté urbaine, nous l'avons dit, est donc marquée par un relâchement des liens de solidarité. À l'inverse, des microliens naissent au sein des sous-communautés, ils forment ainsi des « communautés d'intérêts idéels »[317]. Ces sous-communautés sont bien distinctes comme l'exemple de la Défense le souligne. En revanche, elles n'affectent pas la communauté urbaine dans son ensemble ; elles sont interdépendantes d'une certaine manière mais conduisent, pour chacune d'entre elle, au processus de différenciation sociale. Les modes de communication permettent alors à chacune d'entre elles d'être liée à la ville et à la communauté urbaine dans son ensemble. La communication propre aux communautés de pratiquants auto-organisés rend actif la socialisation communautaire. Cette socialisation communautaire possède la capacité de créer de l'entente entre les différents membres reconnus comme tels, du rapprochement mais aussi de la mise à distance.

<u>Communauté urbaine et sociabilités</u>

La ville, comme espace communautarisé (composé de sous-communautés multiples) est alors particulièrement propice à l'éclosion de réseaux de sociabilités sans cesse renouvelés. Les travaux des différentes

---

[316] Simmel, 1999.
[317] *Ibid*, 407.

Écoles de Chicago[318], en particulier avec le renforcement des théories interactionnistes durant les 3èmes et 4èmes écoles à partir des années 1930-1940[319], précisent l'émergence de réseaux informels et auto-organisés.

Que signifie précisément ici la sociabilité ? Pourquoi s'y référer tout particulièrement ? Quel peut être son intérêt pour décrire les récentes associations ludiques et sportives – et auto-organisées – effectives dans nos villes aujourd'hui ?

Le monde de la sociabilité est emprunté, encore une fois, aux travaux de Simmel et son entreprise sociologique axée principalement sur une « sociologie formale », c'est-à-dire irriguée par les distinctions opérées entre *contenus* et *formes* de toute société humaine[320]. Ce monde de la sociabilité est alors « constitué d'êtres qui souhaitent établir exclusivement entre eux des actions réciproques entièrement pures, qui ne soient perturbées par aucune référence matérielle »[321]. Selon Simmel, l'observation des « associations » ou micro-regroupements culturels permet le repérage d'intérêts spécifiques et notamment celui d'une « impulsion de sociabilité »[322] vécue alors comme un processus de socialisation. Ce processus est essentiellement ludique, nous dit l'auteur. La sociabilité est donc définie par les pratiques sociales[323]. Les enquêtes de l'INSEE, sur les loisirs notamment, ont permis de « définir la sociabilité à partir d'un ensemble de pratiques : la pratique du sport, les sorties, la fréquentation des associations, les réceptions chez soi, les réceptions chez autrui, la fréquentation des cafés, le jeu de cartes, la danse »[324]. En quoi ce concept se différencie alors des autres processus de socialisation (primaire, secondaire, etc.) ? En quoi peut-il être utile pour décrire la forme sociable de la communauté ludosportive ? D'une part, il est utile par sa forme ludique. Car l'apprentissage de la vie en société ne réserve pas que des bons côtés : il suppose certains « sacrifices » ou contraintes que l'individu devra négocier avec lui-même et son environnement. L'exemple de l'apprentissage des règles et des normes sociales ou bien encore du langage n'est pas une mince

---

[318] Cette appellation recouvre en fait différentes écoles dans le temps.
[319] Armel Huet, « Ecole (L') de Chicago : une aventure scientifique à redécouvrir », in *Espaces et sociétés*, n°103, p.57-84, 2001.
[320] Simmel, 1991.
[321] *Ibid.*
[322] *Ibidem*, 124.
[323] Alain Degenne, Michel Forsé, *Les réseaux sociaux.* Paris: Armand Collin, 1994.
[324] *Ibid*, 39.

affaire. Or, la sociabilité se définit par son aspect « gratuit » et sans conséquence matérielle ou sociale et elle est choisie par l'individu, « elle est orientée vers la personnalité des autres, sans autre but que la satisfaction de cette instance (qualités personnelles) »[325]. D'autre part, parce qu'elle exclut ce que la personnalité possède en « significations objectives »[326], c'est-à-dire les « constructions historiques » héritées des autres processus de socialisation (la richesse, la situation sociale, la réputation, etc.).

Enfin, I. Joseph et ses travaux sociologiques sur les interactions sociales en ville notamment propose une définition de la sociabilité sur deux versants : l'aptitude et le liant[327]. D'une part, l'aptitude consiste à repérer les principes des relations entre personnes. Il s'agit alors de porter son regard sur les « déterminants » de situations sociales (accueil, rencontre) qui donnent à voir l' « être social ». Ce sont les « principes de liaisons » entre individus qui n'appartiennent pas à une même structure sociale. D'autre part, l'auteur évoque le « liant » comme étant la « facilité de liaison » : spontanée, non-organisée, etc. I. Joseph reprend à son compte la célèbre expression de Simmel pour qui la sociabilité concerne avant toute chose « l'analyse microscopique des processus de socialisation »[328]. Ces petites interactions sociales, qu'elles soient présentes au cœur des associations formelles ou informelles, marquent le degré de sociabilité des individus et des espaces concernés (codes, rites de passage ou d'initiative). Les terrains d'enquête, marqués par une forme de « regroupement fugace », illustrent les sociabilités informelles en jeu dans Paris notamment.

Lier le concept de sociabilité avec celui de communauté peut être utile à la compréhension des sociabilités des cultures sportives émergentes. À partir d'une analyse factorielle centrée autour des pratiquants et des pratiques sportives formelles, une étude récente a illustré[329] que la présence de partenaires ou non, et d'adversaires ou non est très faiblement discriminante en ce qui concerne la sociabilité générale. Mais, il existe néanmoins un aspect discriminant : la différenciation des milieux de pratique. Ainsi, la sociabilité apparaît plus fournie chez les pratiquants

---

[325] Simmel, *op., cit..*, 125.
[326] *Ibidem*, 125.
[327] Isaac Jsopeh, « Résistances et sociabilités », in *L'athlète morale et l'enquêteur modeste* (recueil d'articles). Economica, "Etudes Sociologiques", 2007.
[328] *Ibid*, 115.
[329] Renaud Laporte, « Pratiques sportives et sociabilité », in *Mathématiques et sciences humaines* , pp. 79-94, 2005.

sportifs de pleine nature (partenaires, incertitudes liées au milieu), par rapport aux pratiquants sportifs de milieux standardisés (adversaires). Cette distinction interpelle tout particulièrement notre réflexion sur la pratique de pleine nature urbaine. Ces engagements se situent dans un cadre pourtant artificiel et urbain, mais semblent être pourtant à l'origine de sociabilités importantes.

Les pratiques auto-organisées en milieu urbain fonctionnent sur le modèle de la sociabilité communautaire. Cette remarque suppose deux critères qu'il est essentiel de repérer. Le premier concerne l'appartenance identitaire et la dynamique groupale qui structure alors les activités ludiques entreprises en milieu urbain. Nous pouvons remarquer par exemple que nous n'avons jamais repéré de pratiquant solitaire en pleine déambulation dans la ville de Paris. La déambulation se fait exclusivement en groupe, jamais de manière solitaire comme peuvent l'être d'autres activités sportives associées à la société urbaine (le « jogger » solitaire par exemple). Cette dynamique groupale favorise encore la mise en place de rituels d'intégration renforçant la sensation d'appartenance au groupe lorsqu'ils sont réalisés avec succès. Ils permettent ainsi d'affirmer sa différence vis-à-vis des autres acteurs urbains mais surtout de montrer leurs affinités, entre eux. Nous en détaillerons quelques-unes *infra*. Le second critère concerne cette fois la fin de la confrontation avec l'autre – l'adversaire. Après Vigarello qui repère dans le souci du corps moderne, un effet de « centration individuelle[330] », et même si le souci du corps est aujourd'hui modifié par rapport aux impératifs de santé, de forme ou encore d'esthétique corporelle, néanmoins, le bien-être individuel prime toujours sur l'affrontement d'un adversaire.

2. *Du virtuel au réel, la communauté tisse sa toile !*

Les communautés de pratiquants auto-organisés sont aussi des communautés de projet (Reynaud, 1989). Avant de définir précisément cette notion, nous allons commencer par décrire nos observations. En complément des données récoltées sur les terrains, nous nous sommes penché sur l'aspect virtuel de ces communautés. De cette manière, il est utile de regarder les relations entre le sport et l'Internet pour étudier les traits culturels « *online* » et « *offline* » qui interviennent dans la constitution des *subcultures et des*

---

[330] Georges Vigarello, Les vertiges de l'intime, in Esprit. *Le corps...entre illusions et savoirs*, 2, pp. 39, 1982.

groupcultures[331]. Trop peu de recherches abordent les relations media/vie culturelle dans l'appréhension des cultures sportives. Or, sur ce point, il est toujours intéressant d'analyser comment des résistances[332] peuvent être communiquées dans un premier temps et interprétées ensuite. La question des cultures sportives émergentes et des notions de communauté, d'identité et d'inégalités sociales peuvent être étudiées plus en profondeur. Les interactions entre membres actifs et non-actifs s'étendent sur la toile mondiale, de même que les non-membres peuvent aussi interagir. Tout l'intérêt de ce média de communication réside dans la capacité à constituer un réseau social où la frontière géographique n'est plus un obstacle. La question des « intérêts idéels » figure bien au cœur de cette démarche.

La toile Internet et notamment quelques forums et sites spécialisés permettent aux pratiquants du parkour, du *street golf*, du base jump et de la spéléologie urbaine de se rencontrer et d'échanger au sein d'un même espace de discussion. De manière générale, l'existence parallèle d'une communauté virtuelle remplit à son tour une fonction sociale et très représentative des liens sociaux en milieu urbain. Il ne s'agit pas de poser uniquement un regard sur les communautés virtuelles, la « cyberculture » fait déjà l'objet d'études sociologiques, mais plutôt de comprendre les relations étroites entre une culturelle virtuelle et une culture « réelle ». La communauté de projet à partir de ces allers et venues entre une sphère d'identification virtuelle et une seconde sur les espaces physiques de la ville et la communication qui traverse ces deux sphères répondent à un projet unique : s'approprier la ville.

Une relation asynchrone comme point de départ

L'auto-organisation de ces groupes débute donc par le modèle de la communauté virtuelle. La communauté virtuelle peut être définie à son tour,

---

[331] Brian Wilson, Michael Atkinson, "Rave and straightedge, the virtual and the reel: exploring on-line and off-line experiences in Canadian youth subculture", in *Youth & society*, 36(3), pp. 276-311, 2005 ; Brian Wilson, "Believe the hype ? The impact of the internet on sport-related subcultures", in Young, K. Atkinson, M. *Tribal Play. Subcultural journeys through sport. Research in the sociology of sport*, vol.4. Emerald group publishing limited, pp. 135-152, 2008.

[332] Je pense notamment aux mouvements anti-olympiques (Lenskyj, 2000) mais aussi aux mouvements « anti-jock » et les résistances aux modèles sportifs et de virilité masculine en Université américaine (Wilson, 2002).

comme l'existence d'un « écosystème de sous-groupes »[333], un tout décliné en identités plurielles, relayées par les réseaux Internet et une participation, pour les acteurs concernés, aux différents forums de discussions et d'informations où circulent de très nombreuses « données ». Ainsi, ces personnes aux mêmes affinités se rencontrent dans un premier temps par l'intermédiaire de ces communautés virtuelles. Nous y avons eu recours pour établir nos premiers contacts. On aboutit ainsi à une plus grande cohésion dans une forme de communauté d'intérêts qui demeure relativement simple à décrypter.

Tout d'abord, l'intérêt premier du réseau virtuel réside dans l'abandon des frontières géographiques et permet ainsi à des personnes sensibles aux activités pratiquées de se mettre en contact avec une autre personne forcément engagée et impliquée car elle possède un site Internet d'informations sur la pratique en question. Dès lors, cette personne incarnera le rôle du « formateur » en quelque sorte car c'est au fur et à mesure des échanges engagés que le contact physique pourra s'établir par la suite. Ensuite, une communauté virtuelle, à l'image de ce que nous présentons pour la communauté de terrain, illustre trois grands principes qui ressortent de nos observations : un projet (réalisation technique réintroduite dans la culture), une proximité (en terme de territorialité) et un engagement (toujours en accord avec le projet global de la communauté). Ainsi, les communautés que nous avons ethnographiées dans la première phase de notre recherche peuvent être décrites comme des « regroupements socioculturels qui émergent du réseau lorsqu'un nombre suffisant d'individus participe à ces discussions publiques pendant assez de temps en y mettant suffisamment de cœur pour que des réseaux de relations humaines se tissent au sein du cyberespace »[334]. Une communauté virtuelle est donc asynchrone dans un premier temps car les réseaux Internet contribuent à faire exister la communauté (qu'il s'agisse du *parkour*, de spéléologie urbaine ou encore de *street golf*[335]) à partir du moment où les membres ne sont pas nécessairement connectés au même moment ni au même endroit ou lieu. Les interactions débutent alors toujours de manière interne à un forum

---

[333] Howard Rheingold, *Les communautés virtuelles. Autoroutes de l'information : pour le meilleur et pour le pire*. Paris: Addison-Wesley, 1995.
[334] *Op., cit.*., 6.
[335] www.parkourfrance.com,http://tracer2000.free.fr/us/indexus.html, http://parkour.net/, http://www.urbangolf.fr, www.19mtrou.com,http://www.base-jump.org/,http://paris.catacombes.free.fr/liens.htm, http://www.cyberkata.org/, etc.

créé par quelques membres engagés du groupe. Ces interactions sont principalement de deux ordres.

Une première piste peut être dégagée à partir du contenu informatif et explicatif de la discipline présentée. Par exemple, la totalité des sites répertoriés en exploration urbaine s'observe selon quatre contenus : « qui je suis ? », « ce que je fais ? », « où je pratique ? » et enfin une des caractéristiques majeures à ces pratiques d'explorations, « les mises en garde ». Nous avons regroupé les pratiques de spéléologie, de randonnée et grimpe urbaine dans la catégorie de l'exploration urbaine. La première question, « qui je suis ? » est traitée à partir d'une brève histoire du pratiquant, ses premières descentes, ses premières rencontres, les aspects marquants dans la « carrière » du spéléologue urbain en quelque sorte. Ce dernier nous raconte très souvent quel a été l'élément qui a déclenché son adhésion à la pratique : « *subjugué par la beauté de ces lieux souterrains...jamais je ne m'étais imaginé un endroit pareil sous mes pieds (...) et encore moins d'y rencontrer des personnes qui, comme moi, étaient à la recherche de sensations fortes au pied de nos grands immeubles* » (spéléologue urbain). La seconde question, « ce que je fais », est généralement accompagnée de photographies afin d'illustrer concrètement ce qu'ils font quand ils « explorent » la ville. Des photos qui présentent d'une part, le groupe avec lequel la personne pratique (en mouvement ou au repos) puis d'autre part, des photographies de lieux marquants pour le propriétaire du site Internet. Une troisième catégorie intervient ensuite, celle qui présente une partie des réseaux souterrains. Bien entendu, ce réseau n'est jamais présenté dans sa totalité, ni dans sa complexité. Seuls quelques indices de localisation des « spots » les plus explorés sont présentés ici. Les réseaux sont alors présentés à partir de leurs localisations dans les arrondissements parisiens par exemple. Les cartes reproduites sont très souvent les cartes appartenant à l'IGC, celles qu'ils vendent au public, alors « *hors de prix* » (spéléologue urbain). Pour l'anecdote, nous avons même répertorié un site qui présentait des cartes erronées des souterrains parisiens. La volonté affichée ici est de ne pas offrir le réseau au novice, mais bien de l'inviter à s'y rendre et à découvrir par lui-même par « essais erreurs ». Cela marque les actions de préservation des sites urbains à explorer. Enfin, la dernière catégorie, « les mises en garde », rappelle simplement l'illégalité de ces pratiques par l'affichage de l'arrêté de 1955 qui rend l'exploitation des souterrains parisiens interdite au public. Il y a aussi les mises en garde sur les vieux bâtiments désaffectés qui sont explorés. Quelques sites jouent ainsi sur la peur : un site a répertorié les maladies et infections que l'on peut attraper si l'on ne se méfie pas assez des réseaux souterrains : saleté, humidité, boue, vétusté des sites, etc., peuvent être des vecteurs de développement. On peut voir la présentation des risques et accidents possibles : chute de roches, pierres, inondations, montée des eaux, perte d'orientation, perte de source lumineuse, froid, effondrements de bâtiments, planchers, etc. Ces mises en garde remplissent une fonction très importante dans la régulation de ces espaces. En effet, aucune commission ne remplit le rôle de prévention et de communication interne. C'est donc aux pratiquants les plus expérimentés de remplir cette fonction en assumant leur rôle de « gardien des réseaux ». La communication affichée consiste à informer le pratiquant des risques qu'il encourt à pratiquer seul, en autonomie, une activité qui présente certains risques. C'est une manière de réguler, de contrôler et donc de limiter, les accès aux tout-venant.

Concernant le parkour et le *street golf*, le contenu des sites internet est sensiblement identique. Se dégagent les thématiques suivantes : actualités/calendrier/médias, découvrir par la technique et bien sûr, la communauté. Les actualités traitent des événements passés ou à venir. Cette catégorie de communication est, bien entendu, liée aux actualités médiatiques : articles de presses ou vidéos télévisées, etc. Ensuite, la catégorie « technique » regroupe les performances physiques et mentales : motivation, dépassement de soi, objectifs et imageries mentales. L'internet permet alors de faire un état des lieux des différentes techniques nécessaires à l'apprentissage de la pratique. Elles sont donc accessibles à tous les pratiquants. En quelque sorte, cette catégorie est essentielle pour comprendre les pratiques auto-organisées car elle permet aux pratiquants d'accéder à un apprentissage, de manière autonome, mais encadré par ces documents internet. Enfin, la dernière catégorie « communauté » relève là aussi du forum.

Une seconde thématique se dégage de ces relations asynchrones. Les forums de discussion sont présents dans la totalité des sites ethnographiés, quelle que soit la pratique concernée. Ils mettent en avant trois choses. Les contenus de ces forums varient de la simple question technique à l'annonce d'événements sur une date, dans un lieu et à un horaire précis jusqu'à la présentation de certains pratiquants devant la communauté. Le propriétaire du site, le modérateur, exerce ainsi pleinement sa fonction de « régulateur » : il contrôle le contenu des messages déposés sur les forums tout en se réservant le droit d'en supprimer certains... D'après H. Rheingold[336], le

---

[336] Howard Rheingold, *The Art of Hosting Good Conversations Online,* 1998.

modérateur du site est comme un « hôte », ou l'organisateur d'un événement, et doit en posséder différentes qualités pour assurer son « rôle » : civilité, patience, humour, etc. Le but étant de renforcer l'esprit du groupe pour construire collectivement un lieu où chacun des membres participe à la construction d'une identité commune. Par exemple, les sites du parkour affichent globalement tous la même identité : « *parkour against competition. Keep parkour free and true* ». Toujours pour l'anecdote, nos premières prises de contact effectuées avec certains *base jumpers* avaient été supprimées du forum sur un site consacré à la pratique du *base jump* en France. Le régulateur nous a tout simplement expliqué qu'« ils » en avaient assez des relances journalistiques ou autres recherches en cours. Le propriétaire du site s'est donc exprimé au nom de la communauté formée dans le forum. Dans ce cas-là, l' « hôte » du site agit comme une « autorité » qui fait appliquer certaines règles propres au groupe, comme le refus de collaboration avec une personne « étrangère ». La collaboration de chacun consiste à apporter des connaissances matérielles, géographiques, sur les bons et mauvais « spots » et leurs particularités. L'addition de ces connaissances construit une forme de « capital » commun à la communauté de pratiquants, virtuelle et « réelle ». Il est donc très utile d'observer comment la communication virtuelle évolue ensuite vers une interprétation individuelle de chacun des points communiqués. Par exemple, l'observation des mouvements réalisés sur les espaces physiques de la ville nous montre comment l'individu interprète les données internet. L'exécution des mouvements fondamentaux (course et sauts, sauts sans course) et spécifiques (« saut de chat » par exemple) est réalisée en fonction des informations récupérées sur l'internet notamment. Cependant, il y a aussi une catégorie « prévention » » qui vient compléter la première. Elle présente les différents risques liés à la pratique tout en introduisant certains exercices de prévention (échauffements, cartes, etc.).

Il y a encore une catégorie « rencontre » ou « rendez-vous » présente sur les forums. Les pratiquants informent sur les sessions à venir, cherchent à rencontrer d'autres partenaires situés dans un même rayon géographique, cherchent encore des informations sur un matériel précis. Ainsi, on peut y voir des prises de rendez-vous pour une prochaine sortie (les dates, heures et endroits précis ne sont jamais présentés explicitement, ce sont les messages privés qui vont alors mettre en place la prochaine pratique), des présentations de sorties effectuées avec les points positifs (en terme d'intérêts) mais aussi négatifs (populations présentes, propriétés de l'espace

---

http://www.rheingold.com/texts/artonlinehost.html.

en question, forces de l'ordre ou non, etc.). Un point en particulier nous a marqué. Les forums, regroupés sous la catégorie « communauté » sur la page de présentation générale, possèdent aussi une discussion propre à la pratique concernée (pour le parkour, on peut lire le « *repaire des traceurs* » par exemple) mais aussi une discussion générale où de nombreuses données nous renseignent sur les acteurs et leurs idées, opinions et pratiques quotidiennes. Elle nous fournit des données complémentaires aux présentations individuelles recensées sur les différents forums (« qui je suis ? »). Le forum est donc le lieu « virtuel » où s'exprime une fonction de contrôle de la pratique auto-organisée. Les opérations sont ainsi généralisables aux quatre pratiques urbaines ethnographiées.

Les ethnographies virtuelles[337] ont dégagé l'existence de « liens virtuels ». La première forme relationnelle, de type asynchrone, consiste à acquérir des connaissances, à réguler de l'intérieur et à mettre en commun des savoir-faire qui illustrent cette idée. Cela suppose une certaine dématérialisation des rapports entretenus entre les membres. Cette caractéristique nous a fait prendre conscience des obstacles spécifiques à toute entreprise sociologique qui vise à comprendre le fonctionnement de ces communautés virtuelles. Comment étudier des groupes qui ne sont pas localisés ? Comment étudier des interactions qui se déroulent à distance ? Comment étudier les mécanismes de régulations élaborés par les « hôtes » ? Cela revient plus globalement à se poser la question suivante : comment observer l'inobservable ?

L'étude des relations « significatives » qui peuvent naître sur l'Internet dépasse la simple étude de groupes sociaux auto-organisés qui pratique la ville. Dans les grandes villes, grâce aux nouveaux moyens de communication, de mobilités et de transports, les espaces de loisirs sont fragmentés dans des lieux parfois difficilement approchables. Pour notre objet d'étude, on ne peut plus simplement retenir les relations qui naissent sur les espaces sportifs traditionnels. Pour appréhender les APS émergentes en ville, la route tracée par les pratiquants nous incite à diversifier les outils d'enquête. Le quartier, comme unité d'observation, a été très longtemps décrit comme le lieu où prennent place des formes « alternatives » de

---

[337] Jacques Audran, Cathia Papi, Bernard Coulibaly, *Le chercheur et son forum, un point de méthode*. Actes du congrès international AREF 2007, symposium « processus de socialisation en ligne », 2007 ; Daniel Miller, Don Slater, *The Internet : an ethnographic approach*. New York: Berg, 2000.

pratiques historiquement instituées[338]. Les exemples en matière de basket-ball et football de rue, pour ne citer que ces deux-là, ne sont plus à démontrer. En revanche, les réseaux sociaux qui se créent sur nos terrains de recherche présentent la particularité de ne pas être ancrés territorialement. À ce titre, l'approche de ces publics est difficile. Le caractère dynamique et fluide de nos terrains invite par conséquent à accorder une place prépondérante aux réseaux urbains, aux réseaux virtuels, aux mobilités et aux pratiques en mouvement. La notion de réseau est utile pour comprendre le lien entre les grands espaces d'identifications urbains et les micros-espaces qui relèvent des processus d'appropriation. Nous pensons ainsi appuyer encore un peu plus notre problématique selon laquelle les APS analysées ici mettent en avant une sociabilité communautaire. Cette forme de lien social résume à lui seul l'auto-organisation et l'autonomie dont font preuve ces cultures urbaines et sportives.

Une relation vécue sur le terrain

Du virtuel au réel, l'agir urbain prend naissance dans le prolongement de ce réseau social. La communauté virtuelle s'étend ensuite dans la communauté réelle. Une forme d'appartenance se concrétise dans la transition virtuel-physique (urbain). Cela s'observe à travers les bribes de discours recueillis au moment de la pratique mais aussi les marqueurs ou traces qui sont volontairement laissés sur la ville : existence de « tracts » souterrains qui servent à communiquer entre communautés pratiquantes ou pour annoncer des événements quelconques, marqueurs graphiques laissés sur les sols, murs, murets, bancs, poubelles suspendues, marches d'escaliers, etc., pour les autres pratiques. Ces traces, sont pour un *street golf*eur autant de « *marques visibles de notre passage dans la ville à un endroit précis, un moment précis* ». Ce même enquêté nous raconte qu'une émulation naît ainsi entre les différentes communautés urbaines non pas pour se disputer les territoires urbains, mais bien pour souligner le projet collectif représenté par le slogan « *la rue est à nous !* » – projet qui caractérise les pratiques urbaines

---

338 Gilles Vieille Marchiset, « La construction sociale des espaces sprotifs ouverts dans la ville. Enjeux politiques et liens sociaux en question », in *L'Homme et la société, N°3-4* , pp. 141-159, 2007 ; William Gasparini, *L'institutionnalisation des pratiques sportives et de loisir.* Edition Le Manuscrit, collection Recherche-Université, 2007 ; Christophe Jaccoud, Dominique Malatesta, « Nouvelles pratiques sportives. Une citoyenneté contemporaine », in *Terra cognita,* n°12 , pp. 16-19, 2008.

alternatives. Qu'il s'agisse de surligneurs de la ville[339] ou d'APS informelles qui déambulent de places en places[340], toutes ces actions sont autant d'interactions sur les lieux de vie quotidiens. Ils sont aussi l'illustration d'une « communication souterraine », où une certaine culture du secret existe sur nos terrains.

Les temps de pratique permettent aux acteurs de s'identifier au projet commun initié sur la toile internet et de s'inscrire définitivement sur les espaces physiques de la ville. Le « faire-lieu » urbain s'interprète alors sous cet angle.

Après avoir communiqué sur les « nouveaux » spots ou lieux à essayer, les communautés se retrouvent donc régulièrement. Les pratiquants réguliers se connaissant déjà, il n'y a que les « nouveaux », quand il y en a, à introduire. Le novice est donc très largement au centre du groupe ce jour-là. Les autres membres lui donnent l'occasion de se mettre en valeur, de s'évaluer mais aussi de passer implicitement quelques tests aux yeux des autres. Nous y avons été confrontés dans les souterrains, nous l'avons déjà évoqué, mais aussi dans le cadre des rencontres effectuées plus tard avec un groupe de *street golf* et de *parkour*. Ils sont centrés autour de deux points : l'aptitude à la pratique et l'état d'esprit. L'un ne va pas sans l'autre nous disent-ils ! Par exemple, il faut se prendre au jeu et ne surtout pas reculer devant une action qui vous est demandée. Notre première sortie nocturne pour faire du *street golf* a été l'occasion pour nous de dépasser nos habitudes et de pratiquer « autrement » le quartier du Trocadéro à ce moment-là : jouer la nuit, être en groupe, parler fort, rire, se « méfier » des réactions, taper dans une balle de golf ! Bref, il a fallu se mettre dans une situation embarrassante au premier abord ; bousculer nos habitudes et nos appréhensions ! Le regard des autres qui vous attend au tournant, l'impression flottante de faire quelque chose d' « interdit », le regard tourné vers les passants qui se trouvent là, bref une sensation qui vous pèse la première fois où vous y êtes confronté ! Dans ce jeu d'interactions avec l'environnement physique et humain, vous prenez conscience que vous transgressez un « ordre urbain », pourtant invisible,

---

[339] Alain Milon, « La ville et son lieu à travers la vision de surligneurs de la ville : l'Atlas, Faucheur, Mazout, Tomtom », in N. Hossard, & M. Jarvin, *C'est ma ville ! De l'appropriation et du détournement de l'espace public* (pp. 151-166). Paris: L'Harmattan, 2005.

[340] Marc Dumont, « Le skateboard, de places en places : l'institutionnalisation locale d'une pratique informelle en milieu urbain », in N. Hossard, & M. Jarvin, *op., cit...*

mais que vous avez intériorisé au plus profond de vous. Nous avons eu conscience de cette sensation car finalement, c'est « la collectivité [urbaine] qui attache avec succès cette étiquette »[341] et contribue à rendre ces pratiquants « étrangers » vis-à-vis de la communauté urbaine. C'est pourquoi les premières sorties ont été délicates pour une double raison, nous étions « étranger » à la fois des groupes qui expérimentent les architectures urbaines et « étranger » par rapport à un cadre plus vaste, les normes urbaines. Frapper dans une balle de golf, de nuit et en plein centre-ville et ne pas avoir connaissance des conséquences de son geste ne sont vraiment pas des tâches évidentes ! Les usages et pratiques quotidiennes se différencient nettement des normes que nous pouvons intérioriser. Apprendre à user des espaces urbains et à se les approprier nécessite une capacité réflexive sur soi-même et sur l'environnement urbain. C'est dans ce cadre d'actions que l'expérience prend toute sa dimension. Faire l'expérience de la ville nécessite une fabrication du cadre d'expérience, c'est-à-dire une situation sociale et motrice qui détourne les cadres primaires de vie et devient signifiante pour le groupe de pratiquants.

La multiplication des sous-communautés (sportives, musicales ou artistiques, etc.) illustre la recrudescence du mode de socialisation communautaire en ville. À la suite des sociétés secrètes, les rapports sociaux en milieu urbain recouvrent une dimension affective et sensible qui s'épanouit surtout au sein de petits groupes humains. Ils constituent ainsi des espaces de solidarité où les relations sociales engagées rendent la vie urbaine d'autant plus supportable que l'appropriation de quelques bouts de territoires urbains contribue à en changer le visage. À la lumière des observations recensées ici, la notion de communauté de projet illustre finement les cultures urbaines contemporaines. La fabrication du sens auquel chacun des acteurs participe, fait émerger une autre caractéristique majeure : le collectif. En effet, cette dimension reflète une orientation, une finalité et une intention commune[342]. Si l'orientation et l'intention peuvent être identiques aux quatre pratiques, les finalités sont en revanche différentes. Le « *droit à la ville* » est ce qui caractérise le projet partagé collectivement.

---

[341] Becker, *op., cit..*, 33.
[342] Reynaud, *op., cit..*

IV. La dimension corporelle

1. Des corps urbains en mouvements

En introduisant le thème de la « pratique de l'espace » (voir *infra*), deux formes d'espaces pratiqués se dégagent : visibles *versus* invisibles. La pratique de ces espaces nécessite des déplacements à la fois horizontaux, verticaux, en surface et en profondeur, déstabilisant encore davantage les bonnes manières de faire. Là encore, les corps se meuvent pour échapper à toute forme de contrôle social à l'œuvre dans le milieu urbain et se retrouvent, pour certains d'entre eux, mis en scène à travers une forme de clandestinité urbaine[343]. Des historiens ont montré que la jeunesse estudiantine de Saint Petersburg par exemple, a résisté aux organes de contrôle de la Russie Tsariste (« police des mœurs lycéennes ») par l'appropriation de l'espace urbain et l'occupation clandestine de lieux publics au début du XXe siècle[344]. Les jardins publics, les théâtres, les débits de boisson sont excessivement contrôlés par cette police. La résistance de ces jeunes s'est alors développée dans les cafés concerts, parcs de divertissement, jardins publics, clubs sportifs, hôtels, gares, etc. En l'absence de caractères secrets, ces espaces de transgression (pratiques sexuelles, ivresses alcooliques collectives, etc.) reflètent alors une diversification des loisirs dans la ville mais surtout une appropriation horizontale des espaces de la ville. L'expérience du mouvement se met alors en scène. Pour notre part, il est possible d'analyser le mouvement horizontal à partir du *street golf* et du parkour dans leurs déambulations parisiennes dont le but est la maîtrise de l'architecture. À l'inverse, New York illustre cette fois une occupation verticale des espaces de la ville, l'*underworld*, où le secret et la clandestinité sont largement pratiqués[345]. Ces deux illustrations nous montrent que la marginalité, la transgression et pour certains la clandestinité, peuvent être

---

[343] Benjamin Guichard Des loisirs innocents ? La police des mœurs lycéennes à Saint Petersbourg et dans les villes russes au début du XXème siècle. In *Clandestinités urbaines. Les citadins et les territoires du secret* (XVIème – Xxème). Sylvie. Aprile, Emmanuelle. Retaillaud-Bajac (sous la dir.), PUR, 2008. Yann. Philippe A ville clandestine, police clandestine ? De la dénonciation à la répression des clandestinités urbaines à New York entre 1900 et 1920. In *Clandestinités urbaines. Les citadins et les territoires du secret* (XVIème – Xxème). Sylvie Aprile, Emmanuelle Retaillaud-Bajac (sous la dir.), PUR, 2008.

[344] Guichard, *op., cit...*

[345] Yann Philippe, 2008.

analysées sous la dimension anthropologique du mouvement corporel, vertical et/ou horizontal, dans l'espace urbain[346]. Cette dimension verticale de l'enfouissement serait d'ailleurs le propre de la ville occidentale[347]. Qu'en est-il des pratiques ludiques, sportives et musicales qui sont informelles et transgressives dans les villes asiatiques ou africaines par exemple ?

La dimension corporelle, nous montre que la mise en mouvement sur les plans horizontaux et verticaux participe dans l'expérience de la ville. Les corps individuels et les architectures urbaines sont synchronisés à travers un mouvement actif, une « expérience optimale », le *flow*[348]. Cette expérience rend le pratiquant capable d'oublier les espaces déplaisants et les contraintes de la ville. Elle exige encore une concentration totale de l'attention sur le mouvement en cours. En voici une illustration précise, où un *base jumper* nous parle de son « expérience optimale » :

> Enquêté : « *Béatitude, fusion dans l'élément, adaptabilité relative à une scène qui se déroule inexorablement et qu'on a pourtant choisie. Je crois qu'il y a un paradoxe des émotions entre le sentiment de maîtrise et d'engagement, par le fait de sauter (ce qui n'est pas naturel) et en même temps le sentiment d'être spectateur du spectacle que la gravité impose.*
>
> *J'adore cette ambivalence pendant les 1ères secondes : il y a un laisser aller imposé par la situation.* »
>
> Enquêteur : « *et la fin de ta chute...comment...* (Coupé)
> enquêté : « *2ème phase : avec les appuis, la dérive procure des sensations liées au vol et aux déplacements dans l'espace : euphorie, fort sentiment de maîtrise (ou non) du vol. Tout se fait instinctivement et le moment de l'ouverture s'impose presque de lui-même, sauf quand je souhaite avancer encore un peu plus, ce qui n'est pas une bonne idée* ».

---

346 Sylvie Miaux (ss la dir.), Corps urbains. Mouvements et mise en scène, in *Géographie et culture*, n°70, décembre 2009.
347 Aprile, Retaillaud-Bajac, *op., cit.*.
348 Mihaly Csikszentmihalyi, *Beyond boredum and anxiety*. San Francisco : Jossey-Bass, 1975 ; *Vivre : la psychologie du Bonheur*. Paris: Editions Robert Laffont, 2004.

Le *flow* se repère aussi à travers l'activité de concentration sur l'action engagée, quel que soit la pratique ludosportive :

> « *Quand c'est la reprise : tension, vigilance, fébrilité, concentration, focalisation de la pensée sur le programme (visualisation et répétition mentale des gestes). 2-3s avant l'impulsion c'est l'euphorie, l'excitation est à son comble, mais tout est sous contrôle. Quand les sauts s'enchaînent jours après jours, il y a moins de tension nerveuse et d'euphorie. Je suis impatient de me retrouver en l'air pour me faire plaisir.* » (*base jumper*, Paris)

> *« Puis il faut sortir, en vitesse, extraire son sac, refermer la plaque, et s'éloigner rapidement, encore, comme lors de l'entrée, en rangeant sa lampe dans son sac. La parenthèse est finie, c'est le moment du retour à la vie normale, trépidante, à la ville. On traîne avec soi un peu d'odeur des carrières, de la poussière sur ses vêtements et sa peau. Le temps de prendre sa douche et le rythme différent des pensées, qu'a permis la méditation, aura disparu avec les autres signes extérieurs de cataphilie.* » (spéléologue urbain)

On a pu relever cette thématique, commune aux quatre pratiques. Nous l'avons dit, le flow caractérise l'activité de concentration. Se focaliser sur un geste précis, sur une trajectoire à adopter ou sur un enchaînement de mouvements à réaliser. Les traceurs expriment aussi, avec leurs mots, cet aspect :

> « Lorsqu'on pratique le parkour, il est aisé d'oublier combien de limitations les autres placent sur le mouvement. Penser par soi-même plutôt que d'accepter ce que quelqu'un d'autre vous a dit nécessite plus d'effort mental. Le parkour a pour but d'entraîner votre esprit à fonctionner à travers l'action du mouvement à chaque fois que vous aurez besoin de vous déplacer au lieu de tomber perpétuellement dans la même routine. Chaque fois que vous vous déplacez, vous devez évaluer ce qui vous entoure pour déterminer la meilleure route pour aller à un endroit. Sans ce processus d'évaluation, vous aurez une plus grande variété de mouvements, mais cela signifie aussi que vous opérez sans limites. Le but ultime est de transformer ce processus en un réflexe mais vous devez en être conscient au début. » (Extrait récit de pratique)

En définitive, le *flow* peut être compris comme étant une conduite corporelle vertigineuse car elle fait appel aux sens et aux instincts de la personne. En ce sens, cette « envolée de l'intérieur » sert aussi à véhiculer de l'émotion :

> « *Le parkour nous fait utiliser l'instinct, les sens, des notions primaires du corps, des aptitudes que le corps n'a plus besoin d'utiliser dans notre société actuelle et encore moins dans les grandes villes comme ici...* » (Pratiquant parkour).

L'expérience du « flow » contribue à encourager les activités autotéliques et une meilleure perception de soi-même et de ses capacités et limites physiques ou mentales. Les discours des pratiquants insistent sur la dérision, le ludisme et le *fun* et l'appréciation du temps de pratique. L'attention est donc plus centrée sur l'action que sur ses effets. Le « flow » traverse de cette manière chaque individualité, à l'image d'une « panique voluptueuse », pour rendre ces moments-là parmi les meilleurs de leurs vies ! Le « transport émotionnel », forme d'« aventure de tout l'être » caractérise la recrudescence pour les conduites corporelles vertigineuses. Pour Csikszentmihalyi il s'agit de décrire un état subjectif où l'individu se sent bien, loin de toute reconnaissance sociale ou de gratifications conventionnelles. Il est alors possible de comprendre comment la ville, environnement contraignant, se transforme en un gigantesque terrain de jeu, source de plaisir.

2. *Une motricité mouvementée !*

Le *flow* est donc une caractéristique majeure de ces activités ludosportives et auto-organisées car la finalité est très différente des compétitions sportives. Du « sport » aux différentes activités physiques et sportives, toutes les pratiques physiques engendrent une mobilité spatiale par le corps en mouvement et une motricité engagée. Selon la forme culturelle que revêt la pratique jouée, des mobilités sont à nuancer. Dans la mesure où « les comportements moteurs sont porteurs de significations »[349], il est essentiel de comprendre les mobilités recherchées par ces pratiquant(e)s. Les pratiques corporelles engendrent des mouvements qui se situent sur les

---

[349] Eric Dugas, « Du sport aux activités physiques de loisir : des formes culturelles et sociales bigarrée », in *SociologieS, Théories et recherches.* URL : http://sociologies.revues.org/document284.html, 2007.

quatre axes ou vecteurs de l'espace. Nous pouvons effectuer le parallèle avec les classifications des sports et jeux qui établissent les activités vertigineuses comme une forme de ligne de fuite, de point de suspension qui contribue à les rendre extatiques (*extasis* au sens d'un éclatement de l'être au-delà de ses limites, si on lui ôte la connotation religieuse et sacrée qui peut lui correspondre). Ce moment fort en affects ne s'observe pas uniquement, il se raconte. Ces moments s'observent dans le détournement des mobiliers urbains et les motricités qui y sont mises en jeu par les pratiquants.

Les mouvements dans l'espace consistent à détourner les mobiliers urbains construits sur un plan vertical ou horizontal et à inverser les mobilités. La ville est construite sur deux plans : le plan horizontal et le plan vertical. De ces deux plans naissent un ensemble de mouvements corporels qui relèvent soit de l'horizontal, soit du vertical. Horizontal si l'on prend en illustration la rue comme un espace propice aux déambulations, à la marche, etc., qui s'exécutent d'avant en arrière (axe avant/arrière). Vertical aussi si l'on prend en exemple les architectures qui s'élèvent toutes vers le haut, le ciel pourrait-on dire, ce qui suppose une mobilité verticale cette fois-ci (axe haut/bas). La montée d'escaliers ou d'ascenseurs illustre cet axe très présent dans les grandes villes. Or, ces pratiques investissent à la fois les deux axes de la mobilité en combinant avec virtuosité les axes dans l'espace approprié.

La spéléologie urbaine suppose une marche horizontale pour progresser dans les galeries (marcher, progresser, revenir sur ses pas, etc.) mais aussi une mobilité verticale pour l'ascension de portes, l'intrusion dans une « chatière » située en hauteur, sauter d'une façade à une autre, escalader une échelle, descendre une échelle, etc.

Le *base-jump* suppose aussi une double mobilité : la marche horizontale pour déambuler dans la ville et rejoindre la tour en question. Une marche qui fait partie prenante de la pratique si l'on observe les conditions dans lesquelles se déroulent celles-ci. Pour la pratique « naturelle » ou montagnarde, l'ascension participe pleinement au saut et à la chute (échanges verbaux, échanges non-verbaux, inscriptions de messages sur le sol, etc.). Pour analyser ces pratiques urbaines, nous nous sommes intéressé à l'après chute, moment où le sauteur entame une course à travers les rues pour distancer ses éventuels « poursuivants »... Enfin, le second axe est mobilisé lorsque la chute s'effectue du haut vers le bas, mettant en scène tout un panel de gestes techniques hautement répétés, travaillés et intériorisés par les sauteurs confirmés.

Il en est de même pour les autres pratiques déambulatoires. Par exemple, le *fly-jumping* combine encore les deux axes avec une forte importance accordée à l'axe vertical (les bonds effectués), mais aussi horizontal, les sauts s'approchant qui du tumbling, qui du triple saut. Le *street golf* fonctionne à l'identique si ce n'est que le mouvement vertical du corps se prolonge dans la propulsion de la balle vers le haut.

Les « *urban games* » qui déambulent à l'aide de matériels technologiques fonctionnent encore de cette manière si l'on observe que la déambulation s'effectue à l'horizontal et que la localisation (des participants, des cibles) s'effectue par le haut et le système satellitaire entre autres. À ce titre, les mouvements du haut du corps sont intéressants à observer et en particulier les mouvements de tête vers le haut, pour identifier les architectures rechercher la meilleure réception du réseau. Les mouvements de tête accompagnent bien souvent les mouvements des membres inférieurs ou ceux des bras.

Le *parkour* combine ainsi les deux plans de la mobilité. Le *parkour* est une pratique née dans un environnement urbain mais s'identifie très largement à une « éducation » par le corps et la multiplication des références aux méthodes physiques dites « naturelles ». Cette identification à Georges Hébert se repère dans les discours et les ethnographies virtuelles. Le parkour incarne plus spécifiquement la question du « flow », à l'image d'un mouvement ascétique, athlétique et environnementale[350]. De par sa filiation à l'hébertisme, nous l'avons dit, la pratique cherche à se fondre dans son environnement de pratique. Ici, le triptyque esprit-corps-environnement est primordial pour s'engager correctement dans la pratique et ses différentes communautés. À ce titre, un site internet est spécialement dédié à cette notion de flow dans le parkour[351] où la mise en avant de perspectives « naturelles » est communiquée :

« La plupart des gens sont satisfaits de la marche, un peu de trouver la nécessité de lancer, il y a aussi un nombre croissant d'amateurs dans le monde qui semblent insatisfaits de simplement errer de manière horizontale dans la ville - ils pratiquent le Parkour, un sport quasi acrobatique qui a été décrit comme une aérobie urbaine. L'objectif du traceur (les pratiquants sont ainsi nommés) est de se désinhiber en parcourant les grands et petits

---

[350] Atkinson *op., cit..*, 2009
[351] www.urbanfreeflow.com

obstacles, de trouver une course fluide entre un point A et B, en repoussant les limites de la fonctionnalité de l'architecture urbaine ».

L'ensemble de ces motricités révèle un mouvement du corps adapté aux particularités des mobiliers urbains. Tout comme le surfeur utilise la vitesse de propulsion émise par la vague pour la transformer en mobilité horizontale (glisser) et verticale (*aerials*), le joueur urbain combine à sa guise les dimensions spatiales de la ville pour en faire un terrain de jeu. En ce sens, ces pratiques urbaines ne sont pas seulement dans la ville, mais sont d'abord de la ville, elles font lieux. La littérature sociologique et anthropologique évoque très largement les pratiques qui ont lieues dans la ville. En revanche, la distinction entre « avoir-lieu » et « faire-lieu », à notre connaissance, est beaucoup moins citée.

3. Une urbanité ludique

Une approche similaire a été utilisée par les architectes urbains durant les années soixante. Cette conception a donné naissance à des villes pensées pour l' « *homo ludens* » et dédiées à la recherche du plaisir et du bien-être humain. On peut définir l'urbanité comme le lien qu'un individu entretient avec l'environnement urbain dans lequel il se trouve. Les manières de percevoir la ville, de se représenter ses espaces et de se les approprier nous montrent un vivre-ensemble fortement teintée de ludisme et de dérision. Des communautés de diverses natures se partagent les espaces urbains sous prétexte de l'autonomie de leurs pratiques. Si les interactions entre ces communautés ne sont pas toujours évidentes, l'occupation collective de l'espace urbain est pourtant bien significative. Il est possible d'envisager la rue, les parcs, jardin et places publiques comme des espaces de socialisation qui se démarquent des non-lieux urbains, grands magasins, centres commerciaux, etc., ou même des espaces sportifs traditionnels.

Pour le dire simplement, c'est un jeu d'appropriation et de détournement des interstices spatiaux qui participent à cette urbanité ludique. C'est dans ce noyau dur que la logique commune aux terrains ethnographiés est bel et bien ancrée. Mais laissons les acteurs illustrer notre réflexion ! Pour ce joueur de *street golf*, l'urbanité ludique s'exprime par la capacité à déambuler pendant des heures pour rechercher le meilleur lieu :

> « *N'importe comment ! Plus sérieusement c'est très aléatoire. On se balade et quand on trouve un « spot » qui semble bien on le teste.*

Maintenant on commence à connaître les bons endroits pour jouer mais il nous arrive fréquemment de partir à la chasse aux « spots »...c'est excitant ça aussi de déambuler, plus souvent la nuit, dans les rues à recherche le coup le plus excitant possible ! ».

Il y a encore celui-ci qui nous raconte comment il vit la représentation de l'homo ludens en ville. Ainsi, il nous dira comment il en est arrivé à s'approprier sans cesse, de nouveaux espaces :

« *Pour ma part, il y en a plusieurs... à la base je suis un pratiquant de golf traditionnel habitant en plein Paris... ça faisait un moment que je cherchais à tenter quelque chose dans les petits parcs et jardins situés derrière chez moi (rires)... J'avais déjà essayé à plusieurs reprises y a quelques années, la nuit... on sautait par-dessus les grilles et on se tapait les pelouses du jardin (rires)... mais on faisait ça par pure provocation... on tapait quelques balles sans être trop sur de ce qu'on faisait.... Mais bon, pour ma part je cherchais à me réapproprier mon environnement... je t'ai dit je suis de la ville moi... donc si je veux m'amuser, il faut partir à la découverte de mon environnement quotidien. Avec le street golf je ne le subis plus je le détourne. Du coup, j'ai juste adapté mon sport principal à la rue ! Les principes sont les mêmes que pour le golf classique sauf que les trous sont remplacés par des cibles urbaines... On joue donc sur les poubelles, les arbres, les boîtes aux lettres. Le parcours s'effectue sur une dizaine de cibles. Celui qui a atteint son objectif en réalisant le moins de coups remporte la partie. Je cherchais aussi à être bien physiquement... Ca fait rire tout le monde ça... mais va faire le tour de paris en marchant durant toute une nuit ! Du coup, les bienfaits physiques du street golf sont similaires à ceux de la marche. C'est simple, une partie dure environ de 4 à 5 heures. Entre les déplacements vers son nouvel objectif et les allers-retours pour atteindre sa cible, il peut vous arriver de parcourir 8 km. Une occasion de développer notre endurance...* »

Il faut interpréter ce geste d'appropriation de deux manières. Il y a d'abord la transgression des règles urbaines : « finis les parcours imposés, on choisit ses cibles, en tenant compte de l'urbanisme, des règles de sécurité, de l'imprévu qui peut surgir, tout en gardant le goût du défi. ». Cela suppose de jouer perpétuellement avec son environnement. Il y a encore le développement de la capacité psychologique à se prendre au jeu ! Maîtrise de son geste, maîtrise de soi et de ses sens développent la conception d'une ville sensationnelle[352]. Outre les représentations « négatives » sur la ville, l'urbanité ludique, qui est significative d'une corporéité recomposée, invite à un bricolage permanent et à une recomposition de soi autour de la notion de désir :

> « *S'adapter à l'environnement extérieur demande un plus de concentration. Si on veut atteindre ses objectifs, il faut développer la patience, la maîtrise de soi et garder tous ses sens en alerte. Le street golf n'est pas seulement une activité physique, c'est aussi un véritable training mental. Et puis, là où trouver un partenaire pour s'entraîner sur le green peut relever du casse-tête, la version urbaine réintroduit un souffle de convivialité. Le street golf fonctionne essentiellement en communauté.* »

Ces points communs traversent les communautés pratiquantes ethnographiées. Une identité commune permet alors de repérer une même logique qui est d'appartenir au même champ de pratique en jouant, parfois de manière transgressive, avec les espaces urbains. En revanche, des modalités d'appropriations de l'espace peuvent être aussi distinguées. Cela nous amène à introduire les dissemblances culturelles présentes au sein d'un même champ de pratiques : les sports urbains informels. Ce type d'analyse nous amène à repérer des pratiques informelles qui tendent à se « sportifier » de celles qui choisissent de ne pas se conformer à la logique sportive dominante.

---

352 Ascher, *op., cit.*.

TROISIÈME PARTIE

Les dissemblances culturelles.

De la sportification au refus du conformisme

Le point abordé au chapitre précédent – la ressemblance culturelle - n'est que l'arbre qui cache la forêt. En effet, il faut interpréter avec précaution les observations de terrain. Une analyse plus large permet de voir comment ces pratiques sportives alternatives peuvent être différentes. La question des cultures sportives, et plus particulièrement les cultures alternatives[353] rappelle que les sports participent des cultures populaires et tendent à perdre leur impact comme alternatives à la construction communautaire et personnelle dès lors que la soif de reconnaissance se fait sentir. La ritualité de ces communautés alternatives est fortement concurrencée par le business sportif et sa logique marketing. Il est donc nécessaire de nuancer notre regard sur la manière dont ces pratiques sont réappropriées ou non par les institutions. Le jeu avec l'ombre dans un cas ou bien avec la lumière dans l'autre cas, permet de les différencier.

Nous avons donc dégagé deux dimensions significatives. D'une part, le refus du conformisme est propre aux activités soucieuses de rester dans l'ombre. C'est le cas pour la spéléologie urbaine. D'autre part, nous assistons à une progressive « sportification » pour le parkour et le *street golf*. Le processus sociologique est en cours aujourd'hui. Comme le précise V. Nahoum-Grappe dans sa préface, si le sociologue « arrive trop tard », il « ne percevra plus que la fin du mouvement d'invention ». À nous de saisir ces transformations culturelles. Les pratiquants se fédèrent progressivement avec la même logique : être visible aux yeux de tous – institutions sportives et urbaines, médias culturels, sponsors, événements, etc., pour acquérir la reconnaissance de leur pratique et de leurs pratiquants.

Cette première dimension interpelle notamment les transformations en cours. Les modalités de pratique sont transformées sous l'effet de leur intégration progressive aux institutions sportives. En parrainant leurs événements, ces dernières régulent ainsi leurs activités tout en offrant la visibilité tant escomptée.

Le refus du conformisme sera ensuite présenté avec la spéléologie urbaine. Cette dimension accorde le crédit à une authentique culture alternative car elle se rapproche, sur quelques points, des « clandestinités » urbaines. Clandestinité au sens du jeu avec les ombres, les obscurités, bref, tout ce qui contribue à l'invisibilité de ces pratiques sociales comme il en

---

[353] Robert Rinehart, Synthia Sydnor, *To the Extreme: Alternative Sports, Inside and Out*, State University of New York Press, 2003

existe tant d'autres. Entre ces deux dimensions, il y a aussi un « entre-deux » culturel – le *base jump*, coincé entre une nécessaire affiliation (pour cause d'assurance par exemple) et le souhait de rester auto-organisé.

Nous avons regroupé dans le tableau suivant, les principales caractéristiques relatives à ces trois dimensions :

Les dissemblances culturelles

Du refus du conformisme à la sportification

[redacted]				
Frontières	**Ouverte** (intégration)	**Ouverte** (intégration)	**Fermée**, (négociation « d*oit faire ses preuves* »)	**Fermée** (négociation « *doit faire ses preuves* »)
[redacted]				
Espaces pratiqués	**Lieux ouverts** appropriation et transformation de l'espace	**Lieux ouverts** appropriation et transformation de l'espace	**Lieux fermés** appropriation et transformation de l'espace	**Lieux ouverts et fermés** appropriation et transformation de l'espace
[redacted]				
Communication	**Très forte** (médias, démonstration, commerciale)	**Très forte** (médias, démonstration, commerciale)	**Très faible**	**Très faible**

Figure 4 : les dissemblances culturelles

I. La « sportification » pour se conformer

1. La sportification, une définition nécessaire

Plusieurs questions permettent de cerner l'étendue du problème sociologique concernant ces terrains alternatifs. Quels mécanismes conduisent et contribuent à la « visibilité » des activités ludosportives leur permettant ainsi de devenir des « sports » ? Quels sont les effets de cette transformation sur la pratique et les modalités de pratique ? En d'autres termes, comment certaines pratiques sortent ainsi de l'ombre pour s'exposer à la lumière ?

Dans un premier temps, il est important de rappeler que ce processus de sportification se différencie du processus de sportivisation souvent présenté comme une caractéristique des sociétés occidentales. La différence n'est pas seulement sémantique. Il ne s'agit pas ici de traiter de la massification des pratiques physiques, déjà maintes fois analysée ou critiquée. Sous cette acception, c'est l'ensemble de la population qui se sportivise. Dès lors, le sport peut être comparé à un « fait social total » car, mettant « en branle dans certains cas la totalité de la société et de ses institutions »[354] il est porteur de significations, avec pour corollaires la nécessité de donner du sens à ce qui se joue dans cet espace social particulier et la probabilité d'apparition de conflits d'interprétations. Plus précisément, la sportification traite du processus de transformation d'une activité physique en un « sport », régulé par un ensemble de règles et de normes, toutes légitimées par des institutions de tutelle[355]. En ce sens, le sport est une institution avec une fonction sociale reconnue[356] et participe à une forme de pacification des mœurs car régi, réglé et régulé par les institutions[357]. Ici, nous analysons cette bascule d'activités auto-organisées (*street golf* et parkour) vers un univers organisationnel spécifique – le monde des sports, organisation caractéristique des sports modernes. Nous verrons alors comment s'organise la pratique et comment

---

[354] Marcel Mauss, *op., cit.*., p.274, 1924

[355] Norbert Elias Eric Dunning *Sport et civilisation. La violence maîtrisée*, Paris, Fayard, 1994.

[356] Mary Douglas, *Comment pensent les institutions*. Paris: La découverte, 1999.

[357] Ce que Pierre Parlebas définit comme étant un « processus social, notamment institutionnel, et par extension le résultat de ce processus, par lequel une activité ludomotrice acquiert le statut de sport » (Parlebas, 1999, 379)

s'organisent les pratiquants aujourd'hui. Pour identifier clairement les étapes de ce processus, des traits structurants peuvent ainsi être repérés[358] :

- Le sport moderne est porteur de sécularisme, bien plus que les jeux anciens. Les sports modernes seraient étroitement liés aux phénomènes religieux et donc, ont une forme de « sacré ». L'auteur appuie son argumentation sur la multiplication des rituels et des grandes cérémonies sportives qui véhiculeraient des croyances et des représentations « sacrées » à travers la planète sportive.

- Le sport doit conduire à une égalité des opportunités et des conditions de l'affrontement entre adversaires. Chacun doit avoir l'opportunité de concourir. L'égalité des chances est une condition de l'affrontement, elle doit être les mêmes pour tous.

- Le sport fait émerger une spécialisation des rôles. Cela signifie que des spécificités culturelles interviennent dans le choix d'une spécialisation sportive. L'auteur prend l'exemple de l'athlétisme et de la spécialisation athlétique en fonction des aptitudes de chacun à courir, ou lancer ou bien sauter. Ce critère est étroitement lié à la logique interne des sports modernes.

- Le sport est rationalisation. Il existe des règles universelles pour la compétition. Ce point est discutable, notamment sur certaines disciplines sportives comme le basket-ball par exemple. L'auteur emploie cette notion en référence au travail de M. Weber, c'est-à-dire, une relation étroite entre les moyens mis en œuvre et les finalités escomptées. Ce qui différencie les sports modernes des jeux anciens, c'est « moins le nombre de règles que leur nature ». Les règles des sports modernes s'écartent donc des jeux traditionnels par ce principe de rationalisation.

- Le critère précédent est lié au suivant : la bureaucratisation de l'organisation des sports modernes. Toujours d'après M. Weber, cette bureaucratisation moderne est « faîte de rôles fonctionnels »[359]. Guttmann précise néanmoins que cette

---

[358] Allen Guttmann, *Du rituel au record. La nature des sports modernes.* Traduit par T. Terret. L'Harmattan, 2006.
[359] *Op., cit..*, 75.

organisation n'est pas « nouvelle ». Déjà, à l'époque romaine, les « *xystos* »[360] regroupaient des athlètes sous la forme d'une administration bureaucratique, avec des dirigeants élus, des règles, des règlements détaillés, des codes de bonne conduite, etc.

- La quantification illustre aussi l'organisation du sport moderne. Ce critère illustre la transformation des exploits sportifs en mesure quantifiée et quantifiable, donc facilement comparable entre les nations compétitrices.

- Dernier critère, la quête des records découle logiquement du critère précédent. La quantification des performances sportives conduit à une quête ininterrompue du record, de la meilleure performance. La performance est ensuite réinscrite dans un registre spatio-temporel. Elle peut être régionale (record de Bretagne), nationale, (record de France) ou internationale (record d'Europe, record du monde). Elle peut être aussi mesurée en fonction de l'année en cours (meilleure performance de la saison) comme avec l'histoire de la discipline (record de tous les temps).

Si le processus de sportification est fonction de ces critères observables, ils ne sont pour autant pas tous effectifs aujourd'hui à propos des terrains investigués ici. En effet, ce processus est en cours. Il est alors possible de distinguer des « degrés de sportification »[361] où l'institutionnalisation n'est que la « phase ultime du processus ». Il sera donc très utile d'analyser de nouveau ces pratiques d'ici quelques années et de voir comment elles se sont structurées et davantage sportifiées qu'elles ne le sont aujourd'hui. En ce qui concerne les quatre activités analysées, trois phases ont pu être distinguées. Tout d'abord une première durant laquelle les pratiquants cherchent la reconnaissance des institutions. Dans un second temps, on observe que la création et la mise en place d'une fédération de pratiquants, regroupés sous une même appellation est rendue possible. Enfin, dernière étape, la « reconnaissance institutionnelle des autorités de tutelle »[362]. Nous détaillerons ces trois étapes *in fine*. Par conséquent, la sportification décrit la

---

[360] *Ibid*, 75.
[361] Pascal Bordes, « Que peut-on entendre par spotivisation de l'Education physique ? » in Dugas, E. (coord.). *Jeu, sport, Education Physique*. AFRAPS, 2008 ; *La sportification : ses mécanismes et ses effets*. Communication orale au congrès AFS, Paris, 14-17 avril, 2009.
[362] Bordes, *op., cit.*., 2009.

transformation d'une pratique physique en un sport rationalisé[363]. Ce concept permet de comprendre comment des pratiques physiques émergentes peuvent être, soit intégrées progressivement au système des sports, soit restées en retrait – dans l'ombre, pour se différencier socialement et jouer la carte de la marginalité. La ville, comme terrain d'étude, offre ces deux illustrations.

2. *Une communication sur l'espace public*

La communication peut être appréhendée comme un processus de transmission de quelque chose à quelqu'un, ce dernier pouvant être un individu, un groupe ou plus largement une institution. Elle est définie ici comme la stratégie utilisée par les représentants du parkour et du *street golf* pour acquérir une reconnaissance au sein de la sphère publique. En ce sens, elle se rapporte à une forme de dialogue entrepris entre des pratiquants, originellement auto-organisés, et les différents acteurs qui composent la sphère publique. La notion de publicité est alors centrale pour comprendre le processus de sportification. Les ethnographies du parkour et du *street golf* font état d'une large diffusion des informations via les outils de communication et d'informations : presses télévisées, presses écrites, sites internet, magasines spécialisés, etc. qui plus est ce processus est à double sens : la publicité est à la fois une dimension constitutive de l'espace public et un principe de contrôle par les institutions[364]. Dès lors, le partenariat de plus en plus courant entre les associations pratiquantes, les partenaires financiers et les institutions illustre cette communication externe qui caractérise les pratiques corporelles à même de se « sportifier ».

En ce sens, la communication analysée ci-dessous ne correspond pas à une opération marchande au sens strict, mais plutôt à une démarche de séduction réciproque : elle est un moyen pour les associations pratiquantes d'être proches des représentations et tendances actuelles tout autant qu'elle permet aux institutions fédérales de « recruter » d'éventuels nouveaux licenciés[365]. D'une certaine manière elle reflète une réalité sociale à double

---

[363] Gerd von der Lippe, "Sportification processes: Whose logic? Whose rationality?", in *Sport History Review*, 32. 42-55, 2001.
[364] Habermas *op., cit.*., 1978.
[365] Il est important de noter ici que cette réciprocité n'est pas systématique. En effet, il existe des cas où l'institution peut refuser tout rapprochement avec telle ou telle activité dans une logique rationaliste de couts/bénéfices. Les investissements

sens. Les sports urbains et leur culture sont ici le prétexte, la prothèse identitaire[366], c'est-à-dire un « acte psycho-socioculturel, supports d'investissements, à travers lesquels les individus [ou les institutions] construisent leurs identités (...) sociales »[367]. Ainsi, la communication telle que nous l'employons pour décrire le processus de sportification du *street golf* et du parkour, est un lieu d'exposition d'un mode de penser et d'agir des pratiquants. Bien entendu, ce « lieu » doit être visible sur la sphère publique, au risque de ne pas être entendu par les institutions de tutelle : ministère de la culture, ministère de la santé et du sport, etc.

Intéressons-nous, maintenant, à nos quatre activités et observons la nature de leurs organisations respectives.

3. Les phases de la sportification pour le street golf et le parkour

Acquérir une reconnaissance

La reconnaissance constitue la première étape essentielle pour acquérir une notoriété publique. Celle-ci est étroitement liée aux théories identitaires[368]. En effet, être reconnu par l'institution nécessite de communiquer une certaine identité, elle-même devant être clairement définie pour être reconnue et utilisée comme support de communication. Ce processus n'est pas linéaire mais récursif. Comme notion sociologique, la reconnaissance est une « étape intermédiaire entre l'identité concrète et différenciée des individus et leurs appartenances éventuelles à un ensemble culturel englobant »[369].

---

nécessaires à l'intégration étant supérieurs aux retombées anticipées en nombre de licenciés. Ou encore des arguments sécuritaires peuvent-être avancés, ce qui est le cas du base jump face à la Fédération Française de Parachutisme.

[366] Valérie Sacriste « Sociologie de la communication publicitaire », in *L'Année sociologique* 2/2001 (Vol.51), p. 487-498, 2001.

[367] *Op., cit.*.

[368] Jean Claude Kaufmann, *L'invention de soi. Une théorie de l'identité*. Paris: Armand Colin, 2004.

[369] Jean-Marc Larouche, *Reconnaissance et citoyenneté. Au carrefour de l'éthique* et du *politique*, Québec, Presses de l'Université du Québec, 2003.

Les pratiquants du parkour ont entamé ce processus par la rédaction, entre autres, d'un communiqué de presse (29 Septembre 2008) intitulé : « reconnaissance du parkour : vers un agrément ministériel pour un sport populaire ». Quinze années ont passé après que la pratique a démarré en France et voyagé dans un très grand nombre de pays à l'étranger. Alors que la pratique est « *fort bien connue à l'étranger et ce au détriment de son origine française* », elle n'est « *toujours pas organisée* » autour « *d'un comité ou d'une fédération* ». C'est la raison pour laquelle le processus a été enclenché autour d'une proposition qui vise un agrément ministériel. Conformément aux étapes décrites plus haut, la proposition de créer un Comité Sportif Français du Parkour (CSFP) a donc été transmise au Ministère de la Santé et des Sports (MSS) et au secrétariat d'État chargé des sports, de la Jeunesse et de la Vie associative. Dès lors, il a fallu quantifier le nombre de pratiquants en France grâce à un recensement effectué via Internet. La création du comité a pour but d'organiser le parkour autour des institutions, des associations et des pratiquants. L'auto-organisation par les pratiquants eux-mêmes n'est donc plus d'actualité si l'on en croit la déclaration effectuée par les représentants associatifs. De plus, pour étendre sa toile, le CSFP propose encore de « former » les nouveaux publics sensibles à cette pratique urbaine. D'une part, le public scolaire fait partie de cette offre de formation puisqu'une réflexion est menée, encore actuellement, pour intégrer le parkour aux programmes de l'éducation physique et sportive[370]. Néanmoins, et c'est sur ce point que le processus de sportification entre en jeu, pour faciliter son apprentissage, les modalités de pratique du parkour évoluent. Un seul exemple, très significatif, suffira. Des exercices d'apprentissages sont proposés en milieu fermé dans des gymnases. L'ouverture à la ville et à ses architectures est ainsi supprimée des premiers apprentissages. L'environnement urbain est remplacé par le gymnase « sportif ». Le « droit à la ville » s'estompe progressivement en même temps que le cadre spatial se transforme. Lorsqu'il heurte le macadam, le gravier ou le béton, le corps ne réagit plus de la même manière que sur le matériel sportif (tapis de gymnastique, agrès, etc.). Les techniques corporelles sont elles aussi modifiées. Le « saut de bras » (saut sur un mur et réception avec les bras) ou le « passe muraille » (franchissement d'un mur avec le pied comme prise d'appui) par exemple, ne s'exécute plus au contact des surfaces urbaines. Ainsi, la mission éducative est fortement mise en avant pour acquérir la

---

[370] Comme nous l'évoquions, le nombre de pratiquants et le recrutement de nouveaux licenciés semblent être une condition nécessaire à l'existence d'un comité ou d'une fédération. Etre représentatif d'une besoin, d'une demande qui plus est grandissante, est en effet, indispensable pour exister et justifier cette existence.

reconnaissance qui leur manque. Bien entendu, le CSFP propose aussi de sensibiliser le grand public à partir d'événements promotionnels entre autres, nous y reviendrons, voir *supra*. Cette transformation ressemble trait pour trait à la transformation d'une escalade décalée, sport de pleine nature, ou se mêlait à l'origine exploit et mode de vie, vers une escalade codifiée, réglementée et sportive qui, pour l'essentiel se pratique aujourd'hui sur des murs implantés dans des centres sportifs.

Le même processus est à l'œuvre pour le *street golf*. Les acteurs qui y participent cherchent à organiser les pratiquants au sein de structures communes. Pour ce faire, des recensements ont également lieu pour quantifier le nombre de pratiquants et d'associations sur le territoire national. En effet, des associations de joueurs et des partenariats institutionnels voient le jour régulièrement. Quand à la promotion événementielle du *street golf*, nous verrons comment la logique marketing y est notamment développée.

En conséquence, l'acquisition de la reconnaissance s'articule autour de trois notions clés. D'une part, il s'agit de réunir tous les acteurs de la pratique en une organisation, puis de proposer une formation qui soit cohérente avec les statuts définis par le secrétariat d'État chargé des sports, de la Jeunesse et de la Vie associative. Enfin, la responsabilisation des acteurs est aussi primordiale. Cela fait écho au processus de hiérarchisation des sports modernes où les représentants de la pratique sont « responsables » de son évolution. Cela permettrait d'éviter une « *commercialisation marginale* » (déclaration effectuée par le comité de préparation à la ligue française et internationale de parkour) de leur activité par exemple et ainsi, engendrée des « *retombées économiques* » (dixit) importantes pour le développement futur de l'activité qui se « sportifie ». L'acquisition de la reconnaissance par les institutions se décline en trois points :

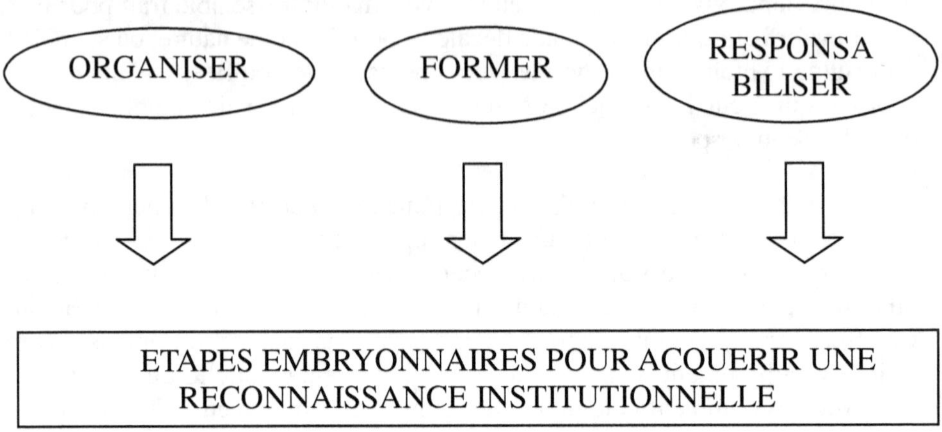

Figure 5 : les étapes de la reconnaissance par les institutions

Une fédération de pratiques

Une deuxième étape, s'observe : le développement d'une fédération de pratiques et de pratiquants. Cette étape est nécessaire pour rassembler les pratiquants autour d'une identité commune. Cette identité se construit autour des cultures urbaines. Le parkour, par exemple, a intégré la FNCU (Fédération Nationale des Cultures Urbaines) pour y poursuivre son objectif : créer le Comité Sportif Français du Parkour (CSFP). Comme elle le précise sur son communiqué de presse, « elle pourra ainsi faciliter des accords avec les collectivités locales afin d'accompagner la mise ne place des clubs sur le territoire national, d'initier des projets éducatifs et sociaux et d'évaluer les besoins de structures et d'équipements » (Communiqué de presse, 29/09/2008). Bien sûr, ce phénomène n'est pas nouveau et les historiens du sport ont déjà attesté d'autres processus de sportification. Ce qui fait la différence ici c'est qu'il est en marche devant nos yeux.

Le premier niveau organisationnel consiste dans le regroupement de clubs locaux, d'associations de pratiquants au sein d'une même fédération. La force de cette étape est de faire éclore, au grand jour, une variété de pratiquants jusque-là sous-estimée et non comptabilisée. Rassemblée autour de comités sportifs, les traceurs (nom que s'attribuent les pratiquants du parkour) s'organisent pour développer les « enjeux pédagogiques, culturels et sportifs, rassembler et fédérer toutes les énergies des institutions nationales et territoriales, collectivités, associations, réseaux, acteurs, étudiants » (idem). Cette phase suppose que la condition future, instituée, sera utile pour améliorer davantage leur développement sportif. Par exemple, en 2006, des pratiquants auto-organisés se sont rassemblés pour créer l'Association Grenobloise de Parkour. L'objectif est clair : se faire connaître par des démonstrations (dans le cadre des « virades de l'espoir » par exemple), fournir des structures (espaces clos type gymnase) puis, organiser des rencontres nationales et internationales. Depuis peu, les chaînes télévisées leur consacrent régulièrement des reportages diffusés à heure de grande écoute sur les créneaux du midi et du début de soirée (France Télévisons, TF1, Canal +).

Le *street golf*, quand à lui, n'en est pas encore à cette étape. Ils commencent à se fédérer en associations locales qui proposent des initiations, des événements et des compétitions. En revanche, leur affiliation à la FCNU n'est pas encore officielle même si elle est mentionnée dans certaines régions de France.

L'amorce d'une organisation fédérale rime avec visibilité. Pour ces acteurs, la visibilité doit être source de crédibilité pour engager des actions territoriales et nationales de grande ampleur. Le souci d'encadrer les nouveaux pratiquants n'est d'ailleurs pas surprenant. On retrouve là une tendance du moment, c'est-à-dire la recherche d'une limitation des risques inhérents à ce genre de pratique. Les traumatologies liées aux « sports à risques » figurent comme l'enjeu majeur de leurs développements et intégrations futures. Bien entendu, cette étape accélère encore un peu plus l'uniformisation de la pratique. Les entraînements en gymnase sont maintenant proposés dans une grande partie des associations recensées par les institutions. Qu'en sera-t-il des mouvements corporels et de leurs innovations une fois la maîtrise de la technique apprise par « tous » ? Faudra-t-il retourner dans la rue, au contact du macadam, pour en découvrir de nouvelles ?

La reconnaissance institutionnelle

Troisième et dernière étape analysée, la reconnaissance par les institutions de tutelle. Elle est la voie par laquelle une APS devient un « sport ». En d'autres termes, elle permet de décrire la phase où le pouvoir est « accordé et délégué par agrément (...) d'être en situation quasi monopolistique de réglementer, de gérer, de contrôler une pratique physique »[371]. Cette ultime phase consiste en une légitimation totale de la pratique en question. Le parkour, par exemple, se constitue actuellement en ligues nationales et internationales. Les premiers partenariats institutionnels s'établissent entre la France et le Maroc pour monter des événements internationaux (« *parkour day morocco* »). Sans l'appui des ministères de tutelle, une telle collaboration n'aurait pu exister. Par sa gestion, la FCNU, comme fédération de tutelle, assure cette mission. Le « quadrillage » géographique - fédération des associations nationales et internationales mais aussi corporel - démonstrations des techniques - suit logiquement son cours.

Il faut bien comprendre que ce mouvement de sportification du parkour, et à une moindre échelle du *street golf*, s'inscrit dans une problématique contemporaine beaucoup plus large. Celle du développement des « sports urbains » : comment affilier toutes ces pratiques au sein d'une seule et même association qui pourrait les représenter au sein des institutions ? Au stade actuel, la fédération française des sports urbains (FFSU) – sous l'égide de la FNCU - s'organise pour créer des fédérations régionales et des ligues. Le parkour et le *street golf* y sont inscrits. L'objectif étant de les rendre « visible » pour dispenser, sous encadrement fédéral, des formations aux pratiquants mais aussi de « *prendre des dispositions d'ordre technique permettant d'optimiser les relations administratives avec les affiliés* » (FFSU). On comprend mieux ici comment la reconnaissance institutionnelle incite au monopole « de réglementer, gérer et de contrôler une pratique physique »[372]. Cette légitimation – au plan national - est une conséquence de la délégation ministérielle lorsqu'elle est obtenue. Après une déclaration en préfecture et son officialisation dans le « Journal Officiel », la fédération est ensuite composée d'un « bureau » officiel – la bureaucratisation - qui va exercer son administration locale, régionale et nationale.

En résumé, à l'issue de ces trois étapes menant à une sportification de la pratique physique, les sports urbains – ici - sont constitués de trois niveaux organisationnels :

La FFSU a pour but de créer une union d'associations sportives. Sont concernées les associations et les sociétés à objet sportif pour y être développé, organiser et contrôler, pour le bon développement des sports urbains.

---

[371] Bordes, *op., cit.*, 2009.
[372] Bordes, *ibid.*

Le comité national a pour but de réunir les représentants licenciés d'une association (comité national du parkour français, etc.)

La ligue régionale des sports urbains est une association signataire d'une convention avec la FFSU. Elle a pour objectif de rassembler les différentes associations régionales pour organiser et encadrer les sports urbains à l'échelon régional dans un premier temps. Quels effets et transformations cette sportification induit-elle sur l'activité ?

4. Les effets de la sportification

Une mise en « spectacle »

La plus évidente et la plus visible est la mise en spectacle. Analysant les pratiques sportives autonomes, E. Adamkiewicz[373] s'était déjà intéressé aux aspects « spectacularisables » des pratiques de glisse urbaine, alors en pleine phase de structuration. Si l'on regarde aujourd'hui ces mêmes pratiques, il semble que la mise en scène publique ait été une étape nécessaire dans le processus de reconnaissance. Il suffirait presque de regarder la considération portée aux plus exposées d'entre elles aujourd'hui : roller, skateboard, basket de rue, etc. De nombreuses manifestations publiques, exhibitions, démonstrations, et autres initiations ont contribué à l'aménagement des espaces urbains (skatepark, rollerpark, playgrounds, etc.) contribuant par là même à une spectacularisation croissante des espaces urbains par l'intermédiaire du sport[374]. Ce changement de cap dans la programmation des espaces sportifs en milieu urbain peut être vu comme un aboutissement au processus de reconnaissance entamé quelques années plus tôt. Ces pratiques sont maintenant encadrées par les institutions ou organisées sous le renfort de partenaires commerciaux et institutionnels. Ces espaces sportifs se différencient de deux manières. D'une part, des lieux clos et fermés – salle

---

[373] Eric Adamkiewicz, « Les performances sportives de rue. Pratiques sportives autonomes spectacularisables à Lyon », in *Les annales de la recherche urbaine.* n°79 « sport en ville ». pp.50-57, 1998.

[374] Anouk Bélanger, « Sports venues and the spectacularization of urban spaces in North America : The case
of the Molson centre in Montreal », *International Review for the Sociology of Sport*, Sage, vol. 35, no 3, septembre, p. 378-397, 2000.

de gym, fitness, skatepark par exemple – qui sont maintenant intégrés aux paysages urbains. D'autre part, des espaces temporaires – un événement journalier ou nocturne par exemple – qui donnent l'occasion de se fondre également, le temps de l'exhibition, au décor urbain. Ces deux types de spectacles sportifs en milieu urbain sonnent l' « invocation de l'amusement, de l'exotisme et de l'aventure dans des environnements urbains » préconçus[375]. Cette vision de la « ville fantasmagorique »[376] serait alors le propre de la société du spectacle, et tout particulièrement d'un « spectacle de consommation[377].

Dans le cas du parkour et du *street golf*, la spectacularisation des événements est à analyser de manières différentes. En effet, toujours en se référant au concept de « spectacle », les pratiques se donnent plutôt à voir comme un « spectacle de rue »[378] caractéristique d'une « explosion de mécontentement populaire »[379]. Cela signifie que le concept de spectacularisation pointe ici une forme de résistance urbaine spectaculaire et non plus un spectacle de consommation. Les corps acrobatiques et ludiques ainsi exposés sur les rues, les parcs et autres mobiliers, font figurent de « performances culturelles qui percutent la vie urbaine de tous les jours »[380] car leur émergence surprend. Nous avons montré par ailleurs que l'origine du phénomène – l'environnement urbain reste à découvrir - conduit au processus d'appropriation et de détournement. C'est sans doute le point commun de toutes les pratiques subculturelles qui finissent, tôt ou tard, par être récupérées. Elles disent combattre « le spectacle » - et l'offre culturelle dominante – alors qu'elles se « spectacularisent » à leurs tours, notamment grâce aux médias culturels pour accéder aux écrans publics. En ce sens, diffèrent-elles vraiment de la transformation observée par G. Vigarello marquant le passage des « jeux anciens aux shows modernes »[381] ? Probablement pas dans sa structure mais dans ses finalités actuelles. La

---

[375] Timothy Gibson, « La ville et le "spectacle" : commentaires sur l'utilisation du "Spectacle" dans la sociologie urbaine contemporaine », in *Sociologie et sociétés*, vol. 37, n° 1, 2005, p. 171-195. Version électronique http://id.erudit.org/iderudit/012282ar, 2005.

[376] John Hannigan, *Fantasy City : Pleasure and Profits in the Postmodern Metropolis*, London, Routledge, 1998.

[377] Guy Debord, *La société du spectacle*. Editions du Champ libre, 1971.

[378] David Harvey, *The urban experience*. Oxford: Basil Blackwell, 1989.

[379] Gibson, *op., cit.*.

[380] Gibson, *op., cit.*.

[381] George Vigarello, *Du jeu ancien au show sportif*. Paris: Seuil, 2002.

spectacularisation ne vise pas la marchandisation de ces nouvelles pratiques mais leur mise en spectacle et leur reconnaissance par le grand public et les institutions de tutelle.

Une collaboration avec les médias culturels

Les médias et les A.P.S. peuvent être liés de manière réciproque, la commercialisation des sports dépendant en partie de leur degré de médiatisation. Les médias peuvent ainsi intensifier et étendre le processus de commercialisation d'une A.P.S. tout autant que son processus de sportification. Le marché développé par ces médias d'un autre genre – souvent autoproduits (Internet, fanzines, vidéos, *broadcoastings*, etc.) – participe dès lors de l'authentification des pratiques culturelles et populaires[382]. D'autant plus lorsqu'il s'agit de pratiques situées en marge des circuits promotionnels traditionnels. L'exemple des X-Games aux États-Unis est criant. Sans l'appui de la chaîne télévisée américaine ESPN[383] depuis 1995, les « *eXtremes games* », qui regroupent des activités étiquetées autrefois de *counterculture* et de *subculture*, n'auraient jamais été intégrés à la culture sportive de masse - *mainstream* (Rinehart, 2000). Anciennement alternatives, ces pratiques sont aujourd'hui célébrées sur tous les écrans télévisés du monde et rassemblent un public toujours plus large[384]. Qui plus est l'importante médiatisation de ces activités (skateboard, surfboard, windsurf, BMX, snowboard, etc.) ne peut se faire sans sponsors spécifiques : boissons gazeuses, bières, produits de télécommunications, équipements sportifs, textiles, etc. Les activités qui y sont présentées sont aujourd'hui regroupées sous l'expression de « sport d'action ». Dans cette « tradition inventée »[385] il est important de noter que l'appropriation des APS par les médias a participé à leur intégration au système des sports et surtout en a accéléré le processus. En effet, la médiatisation d'une activité semble aujourd'hui être aussi une étape nécessaire au « recrutement » d'éventuels nouveaux licenciés et donc une étape à la sportification.

---

[382] Belinda Wheaton, Becky Beal, "Keeping it real". Subcultural media and the discourses of authenticity in alternative sport", in *International review for the sociology of sport*. Vol. 38/2. pp.155-176, 2003.
[383] Entertainment and Sports Programming Network.
[384] Trois ans seulement après leur création, en 1998, les *X-Games* ont été retransmis dans 198 pays et en 21 langues (Rinehart, 2000).
[385] Robert Rinehart, "ESPN's X games : contests of opposition, resistance, co-option and negociation", in Young, K. Atkinson, M., *op., cit..*, 2008.

Pour ce qui est du parkour et du *street golf*, les médias culturels qui s'y intéressent, participent là aussi à sortir la pratique et ses pratiquants de l'ombre pour s'exposer à la lumière, face à un public et une audience grandissante. Suite à une revue de presse approfondie et centrée sur ces deux activités nous analysons comment elles se « montrent » à l'extérieur du cercle des « traceurs » et des golfeurs. Quelle stratégie de communication est utilisée ? Il est frappant de voir à quel point leurs visibilités respectives sont dépendantes de cela.

Prenons un exemple : le *street golf* s'expose à la fois par voie de presse (papier et télévisée) mais aussi dans le cadre d'expositions thématiques situées au cœur de Paris. Une majeure partie de la communication est portée par un groupe associatif, le collectif du « 19ème trou ». Nous avons recensé pas moins de quarante et un articles journalistiques entre 2005 et 2008. Notons aussi, par exemple, un « pic » de vingt-deux publications pour la seule année 2007, contre trois en 2005, neuf en 2006 et douze en 2009. Les revues ciblées sont les suivantes :

Freesport
Le Parisien (5 fois)
Le Monde
Golf européen
Télérama
Libération
L'Equipe féminine
Le nouvel observateur
Elle magazine
Elle a Paris
L'actu
GQ
Direct soir
Choc Hebdo
Sport première
Courrier cadres
Golf Magazine (2 fois)
Sport eco (2 fois)

En parallèle de la presse écrite, le *street golf* s'est vu offrir dix-sept vitrines télévisées, toujours sur la même période. Encore une fois, c'est en 2007 que la pratique a été exposée le plus (huit spots télévisés) sur les chaînes télévisées les plus regardées : Canal +, TF1, M6, France 2 (« Stade 2 »), France 3, Arte, Paris Première, Direct 8, etc. Utilisés plus rarement, des spots radios ont aussi été diffusés pour des interviews de joueurs et des promotions d'événements (quinze sur la même période) : Radio sport, Oui fm, NRJ, Ado fm, Radio sport Mx, RTL, France Inter, Radio France, Le mouv', Europe 1, etc. 2007 a encore été la période sur laquelle le plus d'émissions consacrées au *street golf* ont été diffusés (neuf fois). L'année 2007 figure ainsi comme une période charnière dans l'entame du processus de reconnaissance. C'est à la suite de cela que les premières organisations et les premiers partenariats se sont mis en place. La phase d'organisation a logiquement été accélérée par la suite. De toutes ces coupures, les références au « macadam », à la rue et au « pavé » sont omniprésentes : « macadam swings », « macadam golfeurs », « macadam birdie », « sous les pavés, le green », « quand le golf s'urbanise », « greens urbains », « la rue se transforme en terrain de golf » pour n'en citer que quelques-unes. L'appartenance urbaine est un vecteur identitaire très fort, à la fois pour les pratiquants et l'image qu'ils véhiculent de leur pratique. Même si la ressemblance avec le golf traditionnel est palpable sur certains aspects, la technique de jeu notamment, la culture de cette communauté s'en éloigne pourtant. Le street golf apparaît alors comme une pratique « sous-culturelle » du golf traditionnel, comme nous le précise le président de la fédération française de golf (FFG) :

> « La FFG n'a pas de soutien officiel sur le sujet. Nous regardons avec un certain intérêt le développement de cette pratique, mais nous ne voyons pas comment l'intégrer à notre logique. Car cette discipline est différente de la nôtre et reste à la marge. Et puis, ce qui fait l'attrait du golf, c'est le respect d'une certaine tradition et de ses règles. Surtout, nous défendons un sport éco en contact direct avec la nature, ce qui est l'exact inverse du street golf » (Interview dans Freesport, Mai 2008)

Et pourtant, la pratique s'intègre de plus en plus aux cultures urbaines. Pour preuve, certains événements sont parrainés par le Ministère du Sport et de la Santé, notamment sous l'égide de la campagne politique de mobilité urbaine « bougez autrement[386] ». Alors, si une résistance existe du côté de la fédération légitime (FFG), les acteurs du *street golf* cherchent quant à eux à être coopté. Ces opérations de communications (orales, écrites et visuelles) sont les étapes nécessaires au processus de reconnaissance entamé par ces acteurs. La promotion de la pratique se fait aussi par l'organisation d'événements publics. Des slogans comme « réinventer la rue » ou « le golf dans ta ville » se lisent sur les affiches promotionnelles. La communication visuelle est ainsi ciblée autour d'un « droit à la ville ». Ces événements sont de deux ordres : promotionnel et compétitif. La promotion est organisée autour de journées ou de soirées d'initiations et de démonstrations. Souvent organisé par une association, l'événement est généralement l'occasion pour une marque de communiquer : « *this is street golf* ». On y retrouve des équipementiers, « Puma® », « Decathlon® » ou « Ethnies® » par exemple,

---

[386] www.bougezautrement.gouv.fr

pour promouvoir un « style » bien défini, le « sportswear » et le « streetwear », mais aussi des enseignes commerciales comme « Yahoo® », « SNCF® », « RATP® » centrée autour de thèmes plus généraux : les publics jeunes et jeunes adultes, la mobilité et les nouvelles technologies entre autres. L'aspect compétitif n'est pas non plus exempt. Un « Pro tour master » circule à travers les grandes métropoles (Paris[387], Lille, Rennes) depuis 2007.

Autre caractéristique, la commercialisation des équipements spécialisés suit également son cours. Il existe, aujourd'hui, environ quatre équipementiers principaux. « Nori21® » tout d'abord, est une association de pratiquants qui produit, en parallèle de l'activité associative, des textiles destinés aux *street* golfeurs. Se définissant comme une « plateforme créative », l'association participe à entretenir la mode urbaine du moment. Il y a encore « Clunk® », « Mac Gregor® » ou « Croque & golf® ». Ils communiquent dans une même direction, celle qui est centrée autour de la promotion des cultures urbaines. Le *street golf* cherche à être reconnu comme une pratique exclusivement urbaine et, par ailleurs, à perdre son étiquetage alternatif. En ciblant sa communication autour d'une logique marketing, la pratique va naturellement être réappropriée de l'extérieur.

Les outils de communication mobilisés pour la sportification du parkour sont similaires. Nous ne reviendrons pas sur l'impact majeur que le cinéma a joué dans le processus de reconnaissance. Outre le classique « Yamakasi » (Film de L. Besson, 2001), les scripts cinématographiques se régalent de ces performances urbaines : « Rush Hour », « Jump London », « Jump Britain », « Banlieue 13 », « Casino Royal » et « K 20 The legend of the mask » pour ne citer qu'eux. La phase d'organisation du parkour s'accélère notamment depuis son affiliation aux fédérations nationales des cultures urbaines (FNCU) qui met le « sport urbain » - entre autres, sur le devant de la scène publique, nous en avons déjà parlé. La communication, que ce soit par voix de presse ou à la télévision, compte beaucoup également. Des articles dans le Figaro sport, « la ville pour terrain de jeu » (25/09/2006), ou encore dans le nouvel observateur, « danse au-dessus de la cité » (17-23/08/2006) vantent l'activité. Sans compter la participation télévisée aux journaux télévisés (France Télévision, Canal plus, etc.). Bref, le processus de reconnaissance est en marche.

---

[387] Parcours de 9 trous à La Défense, Trocadéro, Invalides et Bercy

Cependant, il faut nuancer cette évolution. L'acquisition de la reconnaissance institutionnelle n'est pas partagée par la totalité de la communauté pratiquante. En effet, devant l'impact des médias culturels, un double discours s'installe. Son importance est bien évidemment majeure pour comprendre comment le processus de sportification est accepté par certains et refusée par d'autres.

Parkour et « free running », une différence culturelle ?

Bien que la pratique soit génériquement appelée parkour, une sous-communauté s'est créée à l'intérieur de la communauté des traceurs. D. Belle et S. Foucan[388] se sont opposés sur la définition qu'il fallait donner à leur pratique. Alors que le nombre de pratiquants explose en France, une différence culturelle se fait maintenant sentir entre les « primo arrivants » et les « modernes »[389]. Certains se revendiquent du *free running* alors que d'autres, déclarent appartenir au parkour – ou art du déplacement. Même si les deux variantes ont en commun des similarités *aesthétics*, le parkour peut se définit par la recherche d'une efficacité à travers le mouvement et obéit par ailleurs à une logique de « rationalité »[390]. Pour appuyer cette remarque, il est intéressant de noter que son fondateur, D. Belle, insiste sur l'objectif premier de la pratique :

> « Comprenez que cet art a été créé par quelques soldats au Vietnam pour s'échapper et s'enfuir. C'est cet esprit que j'aimerais conserver dans la pratique du parkour. Vous devez faire la différence entre ce qui est utile et ce qui ne relève pas d'une situation urgente. Ensuite, vous saurez ce qu'est le parkour et ce qui ne l'est pas. Donc si vous faites des acrobaties dans la rue sans autre but que de vous montrer, s'il vous plaît ne dites pas que c'est du parkour ! L'acrobatie existait bien longtemps avant la création du parkour. » (Parkour Worldwide Association, 08/05/2005)

Un pratiquant rencontré au hasard des déambulations soulève encore l'opposition entre ces deux logiques internes[391] de pratique :

---

[388] Ils sont à l'origine de la création du parkour en France.
[389] Wieviorka, Ohana, *op., cit.*., 2001.
[390] Guttman, *op., cit.*., 2006.
[391] Pierre Parlebas, *Jeux, sports et sociétés. Lexique de praxéologie motrice.* Paris:

« *Pour faire la différence, l'un se base sur l'esthétique, avec des acrobaties et l'autre sur un mouvement efficace sans acrobaties.* » (Pratiquant parkour)

De son côté le *free running* se définit comme la recherche de la liberté avant toute chose. S. Foucan et la « nouvelle » conception qu'il véhicule se démarque ainsi de la précédente. Dans cette conception, les mobiliers urbains ne sont plus seulement des obstacles à franchir, mais des agrès avec lesquels le corps va pouvoir jouer – dans une relation sensible et esthétique avec son environnement. Les discours des pratiquants surprennent au point de pouvoir être comparés, dans les finalités données à la pratique, à celles vantées par G. Hébert[392], quelque 80 ans plus tôt, de la méthode naturelle. À défaut d'être efficace, l'enchaînement des mouvements corporels se veut acrobatique.

« L'élément le plus important est l'harmonie entre vous et l'obstacle, le mouvement doit être élégant... Si vous réussissez à passer élégamment au-dessus de la clôture, c'est magnifique, plutôt que de dire j'ai simplement réussi à sauter. Quel est le but dans tout cela ? » (Extrait du film Jump London, 2003)

Finalement, si l'on peut observer deux modes de déplacements dans la ville, parkour et *free run*, tous les deux ont en commun le même mode d'apprentissage. Inspirées à l'origine par la méthode naturelle de G. Hébert, les méthodes d'entraînement visent toutes à « *retrouver les fonctions primaires du corps* » (pratiquant parkour). Néanmoins, il faut bien comprendre que l'effet produit par le début de sportification du parkour a très certainement contribué à cette scission identitaire qui n'est pas seulement anecdotique. Elle est révélatrice des différences culturelles qui amènent, d'une part, à la reconnaissance comme discipline sportive et d'autre part, un public a résisté à ces mutations internes. Mais comme le précise un enquêté, « *il faut garder en tête le but premier qui est de se déplacer librement sans contraintes...* ».

Editions INSEP, 1999.

[392] George Hébert, *L'éducation physique et morale par la méthode naturelle. Tome I. Exposé doctrinal et Principes directeurs de travail, nombreuses illustrations*. Paris, Librairie Vuibert, 1942.

Pour bien comprendre la scission identitaire, il est possible de synthétiser cette « différence » comme suivant :

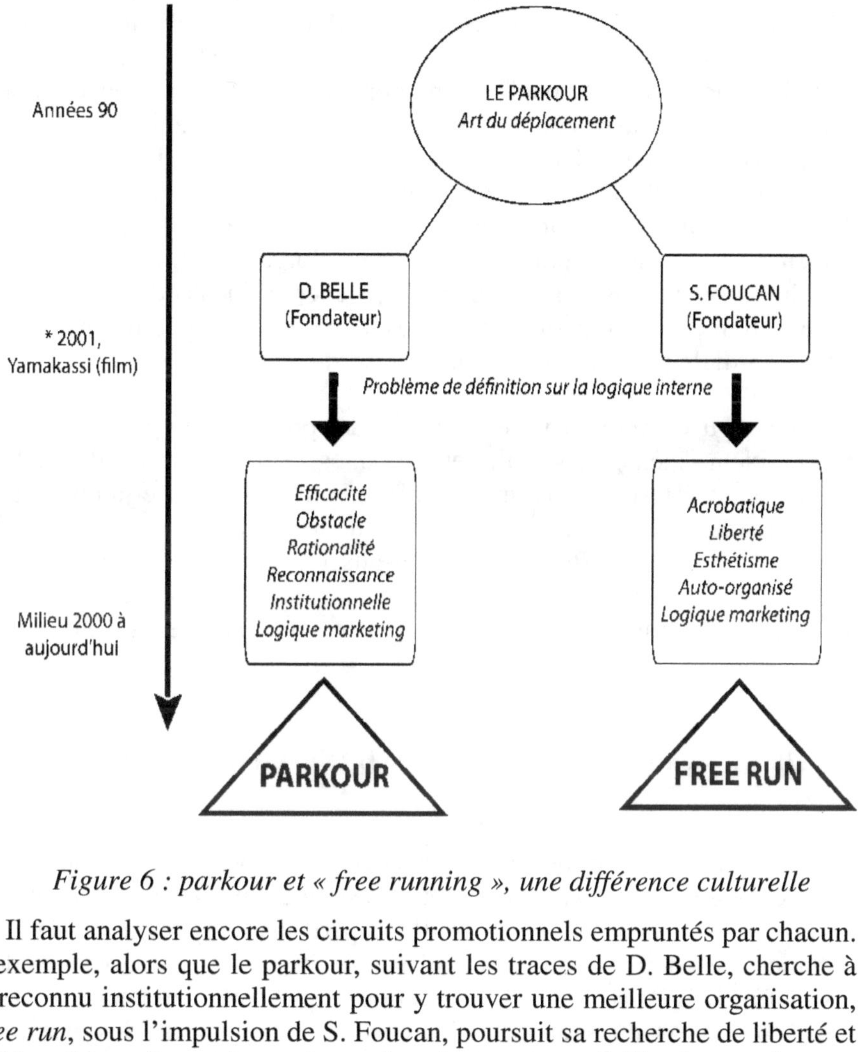

Figure 6 : parkour et « free running », une différence culturelle

Il faut analyser encore les circuits promotionnels empruntés par chacun. Par exemple, alors que le parkour, suivant les traces de D. Belle, cherche à être reconnu institutionnellement pour y trouver une meilleure organisation, le *free run*, sous l'impulsion de S. Foucan, poursuit sa recherche de liberté et d'indépendance. Le parkour s'organise, forme et sensibilise les pratiquants autour d'une organisation fédérale tandis que le *free run* revendique son auto-organisation. Et pourtant, la logique marketing est bien commune à ces deux conceptions.

Le parkour bénéficie de sponsors marchands dans le cadre de ses démonstrations et autres événements promotionnels, sans oublier le soutien apporté par les institutions (ministère, mairie). En revanche, le *free run* est exclusivement porté par les opérations commerciales de son fondateur, S. Foucan. Pour n'en citer que quelques-unes : K-Swiss©, Mercedes©, Toyota© et Nike©. Il a d'ailleurs contribué à la création du premier équipement spécifique au *free run*, la chaussure « Ariake » par K-Swiss©. Il participe encore à différents documentaires spécialisés (Jump London par exemple) et est aussi chorégraphe sur quelques spectacles. La formation n'est pas non plus absente de sa promotion. Outre le développement associatif, les clubs et autres écoles labellisées pour le parkour, le *free run* se développe sans la création de ces mêmes « lieux formels ». S. Foucan dispense sa « philosophie » à travers l'organisation de conférences mondiales où il sensibilise le public. Là encore, la place laissée à l'auto-organisation et aux auto-apprentissages, si ce n'est sous le regard des pairs, est primordiale pour son fondateur.

On a pu voir comment le processus de sportification permet de pointer, à l'intérieur même des cultures urbaines, une première dissemblance culturelle. À l'instar de la spéléologie urbaine et du base-jump urbain, le parkour et le *street golf* connaissent actuellement une transformation de leurs logiques internes et externes. On peut aussi montrer qu'à l'intérieur d'une même discipline et d'un même cercle social - la communauté des traceurs -, il en existe un autre, presque antagoniste, qui cherche, à nouveau, à se différencier.

II. Un « entre-deux » culturel : le BASE-jump

L'entre-deux culturel est un concept propre aux sciences humaines et sociales et en particulier dans les études socioculturelles où un individu ou un groupe social est tiraillé entre d'une part, un socle commun -la culture commune- et, d'autre part, la singularité de l'être –les émotions, les désirs, les affects. Ce modèle interactionniste nous permet d'analyser l'autonomisation du social et, plus encore, la singularité des êtres et des situations en fonction de la nature de l'action entreprise. En cela, l'entre-deux culturel s'inscrit dans ce que l'on peut nommer la transculturation. Ces formes de contact entre deux groupes culturels sont traitées dans l'anthropologie sociale à partir de thèmes comme l'acculturation, l'interculturalité et la transculturation[393]. Ce dernier concept désigne un processus par lequel un groupe social se transforme au contact d'un autre et permet de souligner les aspects créatifs et novateurs que cela comporte. Pour notre discussion, il s'agit de regarder précisément comment le BASE-jump se différencie selon la nature de l'espace pratiqué : urbain ou « naturel ». L'environnement urbain traduit ainsi un terrain de jeu qui se différencie de l'espace montagnard pour plusieurs raisons. Les significations accordées à l'activité sont de toutes autres natures, nous allons le voir. Notre exemple pris à partir du BASE-jump urbain est donc caractéristique de cet entre-deux culturel car la culture commune véhicule une appartenance aux « sports de montagnes » et à l'amour des espaces naturels, sauvages et aériens : parachutismes, chute libre, escalade, paralpinisme, etc. Or, cette appartenance montagnarde n'est pas appréhendée comme telle dès lors que l'illégalité du saut urbain est pratiquée. La situation – naturelle et/ou urbaine- et la définition que les sauteurs lui donnent nous importe donc bien plus qu'une définition simpliste et unique du BASE-jump. Cette pluralité de signification débouche alors sur un modèle interactionniste qui nous incite à regarder la pratique du BASE-jump urbain comme un entre-deux culturel pour toutes ces raisons. Nous sommes ainsi en présence d'une déviance au sens de Becker. Le modèle culturel dominant de la pratique voudrait une activité tournée vers le milieu « naturel » et contribue de la sorte, à étiqueter le saut en milieu urbain comme une transgression à la première. Cette position est aussi renforcée lorsque la violation de propriété est monnaie courante pour réaliser le saut d'un immeuble. Par exemple, nous détaillerons comment est réalisée l'ascension au sommet de la tour, usant d'un grand nombre de ruses pour détourner l'attention des gardiens de sécurité. Comment ses acteurs se retrouvent traités comme étrangers de la communauté pratiquante et se différencient, entre autre, par une alternance entre les sauts naturels et les sauts urbains ? À ce stade de la discussion, il est possible d'envisager que l'entre-deux culturel demeure une catégorie empirique particulière des déviances sportives et justifie ainsi tout son intérêt pour la compréhension des cultures sportives « alternatives ».

Deux « modalités » peuvent être observées. La pratique urbaine ou encore « artificielle » qui se différencie de sa pratique « naturelle »[394].

---

[393] Roger Bastide, *Anthropologie appliquée,* Paris, Payot, 1971 ; George Balandier, *Anthropo-logiques,* Paris, P.U.F, 1974, Ulf Hannerz, *Cultural Complexity. Studies in the Social Organization of Meaning, New York,* Columbia University Press, 1991.

[394] La pratique artificielle du BASE-jump pouvant être identifiée par les trois

Pourtant, cette différence ne constitue en rien une dissemblance culturelle. En effet, majorité des BASE-jumpeurs pratiquent selon ces deux modalités. Le saut de falaise identifié comme paralpinisme, est aujourd'hui « reconnu » par la fédération française des clubs alpins et de montagne (FFCAM) depuis mars 2006, et non par la fédération française de parachutisme (FFP) ! Les pratiquants « primo arrivants » ne comprennent pas cette interdiction et cette « ignorance » à leur égard de la part de la FFP. Pour eux, c'est la communion avec l'espace montagnard qui doit être mis en avant :

> « *Pour compliquer les choses, la Fédération Française de Parachutisme interdit totalement ce genre d'activité avec menace de sanctions à la clef ! Invraisemblable pour moi qui débarque du milieu de la montagne où la liberté est la règle absolue* » (Base-jumper « primo arrivant », fba.base-jump.org).

> « *Dans le milieu du parachutisme, dans le milieu officiel du parachutisme, le base-jump il est pas considéré... il est assez mal considéré. La fédé de parachutisme ne le reconnait absolument pas. Du coup par le biais de l'association [association de paralpinisme] on a réussi à se faire affilier au CAF et à avoir une assurance parce que le paralpinisme est considéré comme un sport de montagne et pas comme un sport lié au parachutisme. N'empêche que quelque part c'est incompréhensible parce que la fédération française de parachutisme assure le parapente qui lui est aussi souvent associé à la montagne !* » (Base-jumper « primo arrivant »).

De son côté la FFCAM propose une assurance aux paralpinistes ce qui signifie que seuls les sauts réalisés en milieu naturel sont couverts. En effet, pour la FFCAM, en tant que fédération de montagne, il serait contradictoire d'accepter en son sein une activité n'ayant pas cours en milieu montagnard. Qui plus est il est important de noter que le paralpinisme est légal dans la plupart des pays du monde, dont la France. C'est l'accès aux sites de pratiques qui pose problème. Il faut en effet parfois passer par des propriétés privées, des réserves naturelles ou bien d'autres endroits pour pouvoir accéder aux sites de saut. Il faut donc distinguer la pratique du *paralpinisme*

---

premières lettres de l'acronyme BASE : Building, Antenna, Spam, s'agissant de trois « support » de saut artificiels. De sont côté la pratique naturelle, ou paralpinisme, peut être identifiée au travers de la dernière de ces lettre signifiant Earth, pour les sauts de falaises.

légale même si elle pose de multiples conflits territoriaux, de la pratique urbaine, le BASE-jump, illégale le plus souvent. S'il n'existe aucune loi qui interdise le BASE-jump urbain, sa pratique est aujourd'hui de plus en plus réglementée voire tout simplement interdite par les municipalités elles-mêmes suite à divers accidents notamment. C'est le cas de la ville de Paris qui, après l'accident mortel de Olov Axel Kappfjell[395], un jeune norvégien, à la Tour Eiffel en 2005 a décidé de « réglementer » cette pratique. Désormais tout saut d'un monument public est interdit et répréhensible *a minima* d'une confiscation du matériel et au maximum de poursuites judiciaires pour « violation de propriété ». Un base-jumpeur parisien se souvient :

> e : « *En fait, tout est venu de... un norvégien, assez connu dans le base, il est mort maintenant, qu'avait sauté la Tour Eiffel de jours, qu'avait fait un truc sur TF1, c'était passé à la télé. Et l'année d'après, son petit frère, qui a voulu suivre l'exemple de son grand frère ce trou du'c, il a été au Viaduc de Millau pour sauter, y'avait une boîte de pub qui voulait faire un... des images pour des vêtements, et il s'est fait arrêter à Millau sans avoir sauté donc il est venu à Paris. Il s'est fait arrêter à Montparnasse avant de sauter. Le commissariat de Montparnasse l'a laissé repartir avec son parachute et le lendemain il a été essayé à la Tour Eiffel et, il était avec 2 potes à lui qui se sont dégonflés, et lui, il est resté tout seul au deuxième étage et il a sauté du seul endroit où tu peux pas sauter. C'est-à-dire du deuxième étage c'est un endroit où la Tour est au plus positif et il a sauté au-dessus du premier.*
>
> E **:** Au niveau du pilier ?
>
> e : *Y'a 60 mètres à tout cassé. Suicidaire ! Et évidemment il est mort. Et donc ça a fait beaucoup de bruit, dans le monde entier. Y'avait une exhibition qu'était prévu à Shanghai sur le toit d'un truc où j'étais allé sauter y'à quelques années qui a été annulé. Et depuis ce jour-là ils ont décidé que dès qu'ils arrêteraient les gens, ils confisqueraient le parachute. C'est le commissariat de Montparnasse qui m'expliquait ça. Je leur ai dit attend vous n'allez pas me confisquer mon parachute, ça fait des années que je fais ça... en plus ils me connaissaient. Ils m'ont dit la dernière fois y'en a un qu'est venu à Montparnasse, le lendemain*

---

[395] Olov Axel Kappfjell était le cousin de Thor Axel Kappfjell lui-même base-jumpeur et décédé lors d'un saut en 1999.

il était à la Tour Eiffel et il est mort. Maintenant c'est systématique. » (base-jumpeurs « primo arrivant,).

Le BASE-jump se traduit par une fragmentation entre, d'un côté la légitimité du *paralpinisme*, et de l'autre l'illégitimité des sauts urbains. Séparation d'autant plus surprenante que les pratiquants ne se réclament le plus souvent d'aucune des deux pratiques en particulier et… s'adonnent aux deux. Tout au plus des préférences se dégagent pour l'une ou pour l'autre. Il faut dire que cette situation bancale n'est pas nouvelle en sciences sociales. Les études socioculturelles questionnant les phénomènes de migrations ethniques nous font part de cet « entre-deux » lorsque le migrant rencontre une autre culture. Cette rencontre transculturelle est riche en conséquence. À la fois excitante et euphorique, la rencontre de l' « autre » réserve quelque fois bien des surprises, souvent traumatisantes.

1. Le base-jump, une culture en voix de légitimation

La pratique du *base-jump* est accessible selon deux voix. Une première consiste à être formée par un BASE-jumper confirmé. C'est la communauté auto-organisée qui forme alors le novice. Ce procédé valorise l'autonomie, la débrouillardise et la prise de contact sur les sites de pratiques de façon à être vu par la communauté. Il n'y a pas d'école ou de lieux formels d'apprentissages labellisés comme tels. Pour C. Martha et J. Griffet, cette forme d'organisation ressemble à un « projet éducatif un peu archaïque »[396]. Le recrutement informel de nouveaux pratiquants pose un problème sérieux : celui de la responsabilité. Dès lors, les pratiquants acceptant de prendre en charge la formation de ces novices se font de plus en plus rares. Dans ce cas, une seconde voie d'apprentissage apparaît. On peut alors parler d'un apprentissage quasi clandestin, qui ressemble à celui qui conduit à l'acquisition de carrières déviantes. Ce principe est une première explication à la fermeture des frontières de la communauté. Devant l'exposition médiatique des grands sauts réalisés ou même des accidents tragiques qui surviennent de temps en temps[397], les pratiquants « primo arrivants » refusent aujourd'hui d'assurer la responsabilité de former les « novices »,

---

[396] Martha, Griffet, *op., cit.*., 700.

[397] Entre le mois d'avril 1981 et le mois d'avril 2009 (soit 28 ans) 133 décès ont été clairement identifié et recensé comme incombant à la pratique du base-jump (base fatality list : www.splatula.com/bfl/)

toujours plus nombreux. L'ethnographie des forums internet, telle que nous l'avons précisé en méthodologie, tout comme les entretiens réalisés avec des pratiquants attestent ce point. Il y a très régulièrement des messages laissés pour savoir avec qui et comment, pratiquer. Les réponses sont très souvent unanimes : soit l'internaute en question n'est pas le bienvenu, dans ce cas-là c'est l'autonomie qui est conseillée (pliage de la voile, se déplacer sur les sites, réseaux, etc.), soit, on lui conseille d'entrer en contact avec les pratiquants confirmés de la communauté. Cette seconde possibilité est généralement réservée aux individus qui souhaitent réinvestir leurs expériences en parachutisme dans le BASE-jump (nombre de sauts, connaissances techniques, matérielles, etc.). Ce second mode d'apprentissage est considéré comme un aboutissement par la communauté.

Cependant, la pratique naturelle est en voie de légitimation[398]. Le saut en milieu naturel est aujourd'hui intégré aux garanties de la licence assurance proposée par la FFCAM. Aux côtés des pratiques sportives comme l'alpinisme, l'escalade, le raid, la spéléologie, le ski, le snowboard, le canyoning et autres acensions montagnardes, figure le « *paralpinisme (uniquement si la personne s'élance du haut d'une paroi naturelle)* ». Cet élément était défendu dès la constitution de l'association de paralpinisme. Certains qualifient cette affiliation de « *regroupement fédéral* » (BASE-jumper urbain et montagnard) au sein des sports de montagne. En parallèle, des associations nationales et internationales de BASE-jump émergent régulièrement. Ainsi, on peut recenser une dizaine d'associations internationales qui sont vouées à la promotion de leur activité en France, aux États-Unis, en Australie, en Allemagne, en Italie, en Angleterre, en Suisse ou en Norvège pour n'en citer que quelques-unes. En France, l'affiliation à la FFCAM à tout de même eu quelques répercussions sur la pratique, ce qui n'est pas toujours sans déplaire à certains. En effet, l'affiliation a entraîné une mise en conformité à la fois des statuts de l'association de paralpinisme, mais aussi de son mode de fonctionnement puisque désormais elle doit assurer la « continuité des actions d'information ». Cette continuité impliquant une entraide entre membres et donc une forme d'encadrement des nouveaux pratiquants !

---

[398] Précisons cependant que dans les sauts réalisés dans des réserves naturelles sont eux aussi interdits car les base-jumpeurs sont soumis à la même règlementation que l'aviation civile, à savoir pas de vol à moins de 1000 pieds (soit environ 300 mètres) des reliefs afin de sauvegarder la tranquillité de la faune sauvage.

Ainsi, l'Association de paralpinisme joue la carte, elle aussi, de la communication pour se faire accepter et obtenir la reconnaissance sociale recherchée en cherchant « à améliorer l'image de notre activité aux yeux d'un plus large public et de la distinguer des sauts urbains (difficile à légaliser) » (CR AG 2004, p. 1). Pour ce faire la parution en 2005 d'articles dans les magazines *l'Equipe* et *Verticale* « ont permis de mettre en avant notre état d'esprit. Une information plus complète et plus juste qu'à l'habitude a pu être communiquée au grand public » (CR AG 2005, p. 1). Il existe ainsi quelques magazines diffusés sur l'internet où des reportages sur le BASE-jump y sont très souvent consacrés ce qui donne une certaine vitrine médiatique aux pratiquants pour exposer leur « état d'esprit » et tenter de casser l'image de « hors-la-loi » qu'ils véhiculent : Base 66, Base Board, Kairn, Paramag et TV Mountain entres autres. L'outil de communication le plus employé est encore l'internet, sans doute pour les mêmes raisons avancées que le *street golf* ou le parkour.

Là encore, des fabricants et des équipementiers spécialisés proposent un matériel adapté aux exigences du *base-jump*. Activité récente, on recense des marques qui fabriquent des sacs harnais et des voiles spécifiques (Adrenalin®, Consilidated Rigging®, Apex Base®, Vertigo®) et d'autres commercialisent des sacs spécifiques (Morpheus Technologies®). On le voit, à l'image du *street golf* et du parkour, le secteur sportif embrasse aujourd'hui le secteur économique où quelques sociétés se spécialisent dans la commercialisation de produits crées par des *base jumpers* et proposés uniquement aux BASE-jumpers.

Pour comprendre l'entre-deux culturel qui marque le *base-jump* urbain, il était important de saisir que le caractère illégal du saut urbain participe à créer une frontière entre les pratiquants exclusivement urbains et ceux qui privilégient les sauts naturels. La transgression des règles de sécurité urbaine y est pour beaucoup. Elle procure le sentiment d'exister dans son environnement quotidien mais surtout, renforce l'idée selon laquelle l'ordre urbain peut être momentanément bousculé par une appropriation humaine des espaces aériens dans la ville et de certains de ses autres lieux sécurisés, privés et contrôlés. La pratique « naturelle », quand à elle, cherche à limiter le plus possible les risques inhérents à la nature de l'activité. Le développement de matériels spécifiques, une meilleure analyse de l'environnement aérologique et une meilleure préparation physique et mentale sont des facteurs essentiels pour légitimer leur activité auprès du public. Pour autant, à part quelques figures de la discipline, rares sont les pratiquants à n'être que « naturel » ou qu'« urbain ». S'ils cherchent une forme de légitimation, ou du moins à être acceptés par certaines institutions à travers une pratique respectueuse des sites et des propriétés, encadrées notamment par une charte de bonne conduite, nombreux BASE-jumpeurs aiment pour autant et revendiquent par ailleurs l'illégalité et la marginalité conférée par cette dernière aux sauts urbains. Entre besoin de légitimité et celui de rester alternatif ou marginal, le BASE-jump semble osciller. L'activité et ses pratiquants cherchent une légitimation et une reconnaissance au travers de leur pratique montagnarde, le paralpinisme, tout en revendiquant d'une certaine manière une volonté de rester alternatif, libre, etc. à travers des sauts qui restent et resterons illégaux. Le paralpinisme apparaît alors comme une vitrine de « bonne conduite » nécessaire pour atteindre la reconnaissance institutionnelle tout en déviant les regards du second pan de pratique, les sauts urbains et autres sauts illégaux. À travers cette ambiguïté semble alors transparaître la complexité des modes de construction identitaire contemporaine. Entre la nécessaire reconnaissance, constitutive d'une identité assignée, et le désir de « marginalité », parfois constitutif d'une identité désirée[399], émerge une identité se jouant concrètement des ambivalences individuelles.

2. *Le saut urbain, une alternative à la ville*

On l'aura compris, la pratique urbaine est vécue comme une forme alternative à la pratique naturelle. Si l'aventure au grand air est très souvent exprimée pour caractériser les sauts naturels, les sauts urbains, quand à eux, mettent en lumière les joies intenses qui découlent de la transgression des règles : « *t'as vu, je l'ai fais, devant leurs yeux* ». D'une certaine manière, cela rejoint la représentation négative que ces sauteurs ont de la ville. Le pari est d'autant plus réussi qu'ils utilisent la transgression pour changer cela et aménager leur propre milieu de vie.

> « Je hais cette ville. Son univers de béton, ses habitants pressés, malpolis, presque inhumains. Quelques années passées à y travailler m'ont appris à la détester. Pour le reste de l'univers, c'est la plus belle ville du monde [Paris], notre beau pays n'est que cette ville sans rien d'intéressant » (Extrait récit de pratique, BASE-jump urbain).

---

[399] Guy Bajoit, *Le changement social. Approche sociologique des sociétés occidentales contemporaines.* Paris: Armand Collin, 2003.

Il n'en reste pas moins expérimenté pour la « *belle verticalité artificielle* » (dixit) que les architectures urbaines offrent à perte de vue. L'étiquetage alternatif provient de deux choses. Elle n'est pas légitimée auprès des institutions de tutelle ou autres associations de pratiquants et surtout, pour être réussie, elle doit transgresser les règles de sécurité :

> « La grande dame noire est son surnom, et elle est bien défendue : vigiles nombreux, alarmes à faisceaux infrarouges, barrière de 3m de haut hérissée de piques acérées...Un lacet emmêlé dans cette dernière nous a fallu finalement valu une interception du vigile de service, et une redescente à pieds peu satisfaisante ». (idem)

La conquête aérienne des architectures urbaines procurait une sensation de victoire sur la ville. Ramenée comme un « trophée », la transgression de Montparnasse ou de La Défense est pourtant vécue difficilement par certains : « *L'illégalité me met une grosse boule dans l'estomac, pourtant j'ai la conscience tranquille ! Après tout je ne fais que de voler un peu de hauteur* » (idem). La compréhension de la pratique urbaine est importante pour étayer notre problématique générale. Alors qu'une fraction de l'organisation nationale du BASE-jump milite pour une reconnaissance de leur pratique pour changer l'opinion publique et les regards extérieurs, les pratiquants urbains revendiquent, au contraire, un « droit à la ville », quitte à transgresser les règles. On saisit mieux comment le *base-jump* urbain est dans une position bancale, coincée entre une soif de reconnaissance d'une part et à transgresser certaines règles d'autre part. Pour s'en rendre compte, il faut regarder comment le saut urbain est décrit, analysé et interprété dans le cadre des récits de pratiques.

On l'aura compris, la pratique urbaine du BASE-jump participe au réaménagement du milieu de vie dans la jungle urbaine : « départ en courant sur le coin de l'immeuble. Le visuel est foudroyant. La grande face noire en forme de V aplati défile sous moi, les fenêtres brillent. Quelques secondes d'éternité. Une, deux, trois… ». Largement d'actualité, cette thématique constitue un pan de recherche novateur dans le champ de l'anthropologie urbaine car elle permet de pointer du doigt toutes les formes contemporaines d'appropriations et de transformations humaines des espaces de vie urbains.

III. La spéléologie urbaine : le refus du conformisme

À la grande différence des autres pratiques ethnographiées, la spéléologie urbaine est la seule qui affiche clairement un attrait pour l'*underground.* En refusant de se conformer aux normes urbaines et à l'application des règles sociales, les pratiquants assument le caractère éminemment invisible de leurs activités. Que ce soit la pratique d'espace invisible, nous l'avons vu au chapitre précédent, ou bien dans l'organisation collective du groupe de pratiquants, cela élabore une culture du secret. Ainsi, les spéléologues urbains font de ce refus du conformisme, une valeur très significative pour eux. Nous allons nous intéresser aux caractéristiques de la structure relationnelle, propre à la communauté des spéléologues urbains, qui vont influencer le fait que les informations ne sont pas transmises comme elles le sont avec le parkour et le *street golf* par exemple. Dans ce cas, on parlera de culture du secret comme un ensemble de pratiques et de valeurs susceptibles de voiler ou dévoiler certaines formes sociales[400].

1. Créer le secret

Pour notre part, nous faisons référence au secret pour montrer que le jeu entrepris par les pratiquants vise d'une part à cacher l'activité de l'extérieur, et d'autre part, à montrer que cela fait « sens » au sein de la communauté. L'analyse du secret invite à détacher le regard des codes pour le fixer sur un espace générateur de formes sociales, de liberté, de confiance et d'incertitude[401]. Nous verrons aussi que le secret est partagé avec les forces de l'ordre : l'inspection générale des carrières (IGC). Cette ambiguïté n'est pas anodine. Ce jeu d'interactions permet aux pratiquants « primo arrivants » de se démarquer, là encore, des pratiquants « modernes »[402] car les relations entretenues avec l'IGC consistent à décourager les « *descendeurs du samedi soir* » (expression indigène), en d'autres termes, ceux qui ne sont pas des leurs et ceux qui viennent par mimétisme !

[400] Geog Simmel, *Secret et sociétés secrètes.* Paris: Circé, 1996.
[401] André Petitat, *Secret et formes sociales*, Paris, PUF, 1998.
[402] Wieviorka, Ohana, *op., cit..*

Par conséquent, nous définissons le secret par une information qui est connue seulement d'un petit nombre de partenaires. Par exemple, il existe des lieux souterrains à découvrir et des voix qui permettent d'y accéder et qui ne sont connus que par une minorité de pratiquants. Ces derniers ne transmettent jamais leurs « trésors » les mieux gardés. Alors, ne parlons pas de la route à suivre pour s'y rendre ! L'IGC par exemple, collabore avec quelques pratiquants pour s'informer sur la fréquentation de quelques lieux à « protéger » pour diverses raisons : danger lié à la sécurité du site, effondrements de pierres, montée des eaux, voix d'accès à reconsolider, etc. Nous sommes bien ici en présence de ce que (de) Certeau appelait les interstices des institutions[403]. Inversement, on observe un « secret » réversible. La conquête de la liberté est la condition principale. La confiance installée entre l'IGC et quelques pratiquants leur permet alors de limiter la connaissance réciproque[404] entre les individus pratiquant le même espace mais surtout, entre « eux » - la communauté de spéléologues urbains - et les « autres » - situés à l'extérieur de ce cercle. On tient là le second point de la définition du secret : les informations ne doivent pas être diffusées en dehors du petit cercle de ceux qui savent. Mais ce n'est pas tout. Il ne faut pas perdre de vue que les pratiquants s'opposent aux institutions qui régulent les espaces de la ville. C'est pourquoi les rapports entretenus avec l'IGC, s'ils paraissent axés sur la confiance pour protéger leur terrain de jeu, n'en sont pas moins évités et fuient de manière générale. Surtout quand ils interviennent pour boucher des voix d'accès – les « *chatières* » :

> « *Toi, tu es ici chez toi. Le réseau t'appartient. Quand tu croises quelqu'un, tu t'empresses de lui d'un air menaçant s'il a son laissez-passer. Si tu entends un cataphile arriver de loin, tu allumes ta grosse torche halogène en criant « Police ! Arrêtez-vous ! Posez vos lampes et tournez vous contre le mur ! ». Il faut dire que tu as des raisons de regarder les autres de haut. C'est toi, après tout, qui as creusé les chatières qu'ils empruntent tous maintenant pour envahir ton domaine : tu es le plus farouche ennemi de l'arrêté du 2 novembre 1955 qui interdit la fréquentation des anciennes carrières. Tu as déjà échappé à plusieurs descentes de police dans les catacombes. Tu as pu t'enfuir en courant, parce que tu connais mieux le réseau que l'Inspection Générale des Carrières elle-même. L'IGC peut toujours fermer les accès : toi, tu as ta propre entrée secrète, un puits que tu as dessoudé*

---

403 De Certeau, *op., cit.*.
404 Simmel, *op., cit.*.

tout seul, et ils pourront toujours courir pour que tu leur en révèles l'emplacement ! » (Spéléologue urbain qui se raconte dans D. Mouton, *Le cataphile*, Cylibris, 2001)

La pratique de l'espace urbain a beau être une logique commune aux pratiques « alternatives », des modalités de pratique diffèrent selon le degré de visibilité souhaité – ou non. C'est surtout pour la défense de leurs valeurs – une critique des mass cultures - que la « clandestinité » y est cultivée. Néanmoins, il ne faut pas limiter notre interprétation à cela. De nombreuses pratiques physiques restent dans l'ombre sous le refus des institutions de les prendre en considération. De nombreux facteurs peuvent entrer en jeu : économiques, politiques, culturels, etc. En revanche, d'autres pratiques ne le souhaitent pas. Pour la spéléologie urbaine, il est préférable de dire qu'ils « subissent » en même temps qu'ils « font ». Pour faire écho à G. Simmel, on dit qu'alors ce groupe « subit et fait à la fois »[405]. Ce groupe « subit » l'environnement urbain, nous l'avons discuté au chapitre précédent, mais surtout, fabrique son univers symbolique, pour se différencier de la réalité sociale urbaine. C'est la raison pour laquelle les espaces pratiqués par les spéléologues urbains ne sont pas des lieux réservés pour cela et que les pratiquants y font apparaître un style qui leur est propre.

2. Années 80, années 00 : des contextes historiques différents

Entre la première étude sociologique réalisée dans les souterrains parisiens[406] et la nôtre, l'espace souterrain et la surface – « *monde du dessus* » - apparaissent comme des éléments majeurs dans la compréhension de cette culture. La reproduction des caractéristiques ludiques et sacrées de l'espace souterrain est patente. L'historicité des lieux demeure, la mise en place de rites et de codifications spécifiques aussi. Le rite de la première descente (avec ses passages éprouvants) décrite en 1983 est très proche de celle que nous avons connue : les capacités physiques sont testées sans pour autant nous dévoiler les lieux attrayants et typiques de ces galeries souterraines. La résistance et la persévérance permettent l'accès à des places et à des moyens d'accès secrètement gardés par la communauté. Peu à peu, les rites intégratifs scellent l'adhésion au groupe. L'abandon prématuré, *a*

---

[405] Simmel, *Ibid.*

[406] Barbara Glowczewski, Jean-François Matteudi, *La cite des cataphiles, mission anthropologique dans les souterrains de Paris.* Paris: Editions de Minuit, 1983.

contrario, maintient vivante la stratégie du secret appliquée avec succès. La diversité des profils des descendeurs, toujours d'actualité, permet la cohabitation du spéléologue avec le chasseur d'images ou le visiteur occasionnel. À ce titre, le caractère sensuel de la conquête peut cohabiter avec le sérieux décrit par B. Glowczewski. Cette variété induit potentiellement des échanges de savoir-faire. En ce sens, la construction identitaire se complexifie par les interactions variées entre des membres très diversifiés. Enfin, selon cette enquête *princeps*, les explorateurs des souterrains visaient à renverser l'ordre social et mettre en forme une socialité parallèle par la distribution de rôles : « *c'est toute une socialité inversée de la surface qui s'offre, le temps d'une escapade* »[407] ou encore « *inventer une sociabilité où le travail n'entre plus en ligne de compte » et « ainsi échapper à la surveillance normalisante de la surface* »[408]. L'analyse des discours recueillis lors de notre étude est similaire. Ils se retrouvent en dessous pour ne pas reproduire ce qu'ils vivent au quotidien, à al surface. Les permanences historiques sont étayées par les marques et les peintures murales que l'on observe facilement au hasard des déambulations.

Quelques changements nous paraissent révélateurs. En effet, la diversité des statuts de ces pratiquants du souterrain n'effrite pas leur volonté de s'unir pour le bon déroulement de l'exploration. Cette adhésion est renforcée par certains signes communs : les vêtements notamment. L'organisation en société secrète s'est également renforcée devant « l'invasion » des nouveaux descendeurs du samedi soir et le risque majeur de dégradation des espaces souterrains. Cette augmentation de visiteurs est essentielle pour comprendre l'organisation actuelle des spéléologues urbains. L'adhésion à un groupe d'explorateurs est aujourd'hui une technique pour manipuler différentes facettes de soi, pour se sentir différent de la surface. Le mythe du souterrain est, par conséquent, toujours présent au sein d'une recherche de l'abri pour soi et de la valorisation de l'errance vagabonde. Selon B. Glowczewski la « *tribu cataphile se distribue des masques pour essayer des rôles* »[409] Si nous observons toujours la distribution de rôles par l'intermédiaire de rites intégratifs, au contraire, le « dessus » favorise une tombée des masques au sein du labyrinthe. Il ne s'agit plus d'un simple « essai de rôles » mais de vivre pleinement cette figuration sociale (Elias). La complémentarité des rôles du *dessus* et du *dessous* nous montre que le

---

[407] Glowczeski, *op., cit.*, 83.
[408] *Ibid*, 86.
[409] *Ibidem*, 140.

souterrain est bien plus qu'un simple terrain de jeu aujourd'hui : il est un lieu anthropologique qui participe à la construction identitaire des urbains. Le social devient pluriel, multipliant les univers culturels différents aux fonctions et finalités spécifiques.

3. Les espaces du secret

Une sociabilité souterraine

Dans un travail anthropologique mené sur la figure de l'espion,[410] A. Dewerpe nous dit par ailleurs que les notions de clandestinité et de clandestin ont évolué avec l'histoire. De la désignation d'un acte ou d'une pratique qualifiée de clandestine (qui a lieu secrètement), nous sommes passé à la qualification d'un individu (le clandestin) ou de son mode de vie (la clandestinité). À l'image des clandestinités urbaines et des territoires du secret qui s'y sont développés au cours de l'histoire contemporaine[411], il est possible d'envisager la spéléologie urbaine comme une pratique clandestine des espaces parisiens. Sont-ils pour autant des clandestins ?

En premier lieu, il faut revenir sur l'oubli volontaire de certaines étiquettes sociales : âge, profession, résidence, etc. Cela met en lumière une prise de distance opérée une fois l'espace souterrain investi :

> « *C'est juste une aventure humaine [la spéléologie] où personne n'est meilleur que l'autre. On est assez mis en concurrence au boulot comme ça alors ici…* »

Il y a aussi les « masques » sociaux qui tombent pour laisser apparaître les qualités de chacun. Cela marque aussi très fortement la sociabilité à l'œuvre dans ce genre de cercle social.

> « *Une fois que tu as franchi les entrées, tout est mis à plat. Que ton pote soit directeur de machin… que toi tu sois étudiant, on s'en fout.*

---

[410]Alain Dewerpe, *Espion, une anthropologie historique de secret d'Etat contemporain*, Paris, Gallimard, 1994.
[411] Retaillaud-Bajac, Aprile, *op., cit.*.

Tout est mis à plat, les statuts n'ont pas leur place ici. Je ne me lie pas d'amitié avec un autre parce qu'il fait le même boulot que moi... »

Dès lors, les fréquentations secrètes de ces espaces prennent des allures de rencontres hautement improbables ailleurs. C'est la raison pour laquelle les pratiquants se reconnaissent en dessous par l'intermédiaire de caractéristiques identitaires communes : vestimentaires, linguistiques, etc.

> « *Ce qui m'a marqué c'est qu'en bas les gens sont (pause)... pas tous les mêmes a priori. Mais ils ont tous le même uniforme... on a un peu le même langage... on est tous à peu près pareil quoi...bon...mis à part des histoires de caractère ou des choses comme ça...mais on se ressemble tous des fois...on est très surpris de voir qu'on aime bien discuter, fréquenter quelqu'un en dessous... quand on l'aperçoit en surface, on s'aperçoit qu'on aurait pas eu l'idée de lui dire bonjour ou d'être ami avec* » (pratiquante).

Un autre point émerge de cette culture du secret. Les pratiquants s'attribuent des « surnoms » entre eux. Ce procédé rituel est le gage de ludisme, de liens communautaires et plus encore, d'une solidarité à toute épreuve. L'existence de surnoms est beaucoup plus présente au sein de ce groupe que chez les autres ethnographiés. Cela marque encore un peu plus la fermeture des frontières sociales de la communauté des spéléologues urbains. Ce mécanisme exprime à la fois une vision collective de l'identité sociale des pratiquants mais aussi, le « caractère » de chacun d'eux à l'intérieur de la communauté. Le « *vrai visage* » - celui qui marque la « *véritable personnalité* » de l'individu remplace, temporairement, le masque du « dessus ». Illusion temporaire où chaque spéléologue reçoit un véritable nom de scène qui caractérise son « style » : *Tank, La grenouille*, *Bougeoir, La mouette*...Cette dernière nous explique l'origine de son surnom :

> « *C'est un nom qu'on m'a donné... Ça m'a bien plu... C'était drôle (rires) en plus on ne me l'a pas donnée de manière très sympathique, donc j'ai trouvé très drôle de... justement...de l'accepter...et (rire)... de la porter. La personne qui me l'a filée, c'était plutôt pour me lancer une vanne... (rire) parce que je passais mon temps à tomber dans certaines crevasses d'eau...* »

Ce pseudonyme confère aux pratiquants une autre facette identitaire même si elle demeure fragile.). Le processus identificatoire est régulé par le groupe de pairs qui célèbrent ici la « vraie nature de l'individu »[412] Dans sa métaphore théâtrale, Goffman décrit à peu près la même chose lorsqu'il précise que la chute des « masques » permet de rendre visible la « face comme étant la valeur sociale positive »[413] de chaque individu.

Une organisation souterraine

Des principes, des règles et des obligations, divers sont érigés par les spéléologues eux-mêmes. La « coutume » module les règles explicites et implicites de l'intérieur. Ce fonctionnement impose aux personnes extérieures, étrangères, un certain nombre de rites d'intégration. Un enquêté retrace sa propre histoire personnelle, son entrée et son évolution dans la « carrière » de spéléologue urbain. La réception du premier plan des carrières souterraines par ses pairs est vécue comme un moment clef dans la « carrière ». Les cartes reproduites sont très souvent les cartes appartenant à l'IGC qui eux-mêmes les vendent au public à des tarifs « hors de prix » (expression indigène). L'acquisition des plans se «mérite », ils ne sont pas donnés gratuitement. Là encore, un jeu de pouvoir s'installe entre les pratiquants. Nous avons relevé un site Internet qui présentait des cartes erronées du sous-sol parisien. La volonté affichée ici est de ne pas offrir le réseau au novice, mais bien de l'inviter à s'y rendre et à découvrir par lui-même au risque de s'exposer aux dangers. Ce « passeport des souterrains » permet de responsabiliser encore davantage le pratiquant et de l'intégrer à la communauté de la meilleure façon qui soit.

> « *Cela ne s'est pas fait du jour au lendemain... de fil en aiguille, tu rencontres d'autres personnes en dessous... Tu te lies d'amitié avec certains et tu en évites d'autres... tu sais c'est comme au dessus quand les gens se croisent et s'évitent... Si bien qu'en 1988, soit 4 ans plus tard, un des bons moments de fierté personnelle car je tenais là mon premier plan d'accès et surtout, des souterrains. J'étais fier, je te le redis, car tu dois comprendre que ce moment-là est arrivé 4 ans après ma première descente... et ton premier plan est comme une délivrance,*

---

[412] Marcel Mauss; *Sociologie et anthropologie*, PUF, p.354, 1999.
[413] Goffman, *op., cit..*, 1973.

je veux dire tu peux enfin déambuler dans les recoins et ainsi accéder à certaines places secrètes... C'est ainsi que le réseau se construit et donc maintenant tu peux te dire que tu appartiens au groupe et tu te sens reconnu. Ce n'est donc que quatre ans plus tard que ma vie de cataphile a pris forme et surtout, sens. La réception d'un plan est en quelque sorte le passeport qui te permettra de t'épanouir par la suite. ».

La pratique de la spéléologie urbaine n'est pas et ne peut pas être une pratique individuelle. Cette quête labyrinthique se comprend à travers le prisme de l'intégration à une communauté, à travers l'acquisition d'un langage, de codes, de rites, de signes de reconnaissance et/ou distinctifs, de valeurs, etc. Il y a dans cette construction et quête identitaire un processus qui met en œuvre le « sacré » qui caractérise ce double mécanisme d'intégration décrit par R. Girard. L' « esprit de corps » assure la stabilité identitaire du groupe et en même temps, ne prend effet qu'au sein des espaces souterrains pratiqués. Le propre de cette culture est que le « secret » n'a de sens que pour ses adeptes. En partageant cette culture de l'exploration urbaine, les individus n'en oublient pas pour autant leurs autres appartenances sociales (professionnelles, familiales, etc.), à nouveau marquées par d'autres manières de faire. Cela pointe le travail de Simmel pour qui le membre d'une société secrète n'abandonne pas pour autant sa « liberté d'aller et venir »[414].

Une communication souterraine

Une différence notoire avec les autres pratiques se joue ici. Les moyens de communication sont de nature différente (fanzines, tracts) et dans le cas où ils sont identiques – Internet par exemple -, le contenu sémantique diffère. On parle alors de médias sous-culturels qui véhiculent des informations sur une culture alternative. En dehors des circuits traditionnels de diffusion, ces médias sont organisés et distribués par les principaux acteurs, véritables « figures » de la pratique en question. Par exemple, aux États-Unis, il existe depuis 1996 un fanzine alternatif consacré aux infiltrations urbaines, *Infiltration,* créé par un explorateur reconnu pour ses aventures urbaines[415]. Ce média sous-culturel a eu comme impact de fédérer des individus à travers

---

[414] Simmel, *op., cit..*, p.88, 1996.

[415] Gary Genosko, "Illness as metonym. Writing Urban Exploration in *Infiltration"*, in *Space and Culture*, Vol. 12, No. 1, p.63-75, 2009.

le monde (Europe, Australie, etc.) autour d'un point commun : l'amour des infiltrations urbaines illégales. Bien entendu, le média a connu un rapide succès vis-à-vis de sa diffusion sur les premiers réseaux Internet et a ainsi offert la possibilité de se connecter à une subculture. Les premières connexions entre des pratiquants de New York et de Melbourne ont eu lieu pour échanger sur leurs approches respectives. Cet exemple n'est pas le seul. Il faut donc retenir que l'outil de communication, pour ces pratiques qui refusent de se conformer, est organisé autour de petits fanzines alternatifs, de communautés virtuelles, et de petits « événements » alternatifs. On peut recenser quelques événements ayant eu lieu dans les souterrains parisiens. Le plus anecdotique d'entre eux, en tout cas pour notre étude, reste la fête célébrée en l'honneur d'une ancienne figure de l'IGC, le « commandant saratte ». La communauté de spéléologues urbains s'est donc réunie, en sa présence, pour « fêter », de manière dérisoire, son départ à la retraite... Il y a encore cet événement cinématographique – très médiatisé - installé en 2004 dans une salle souterraine de quatre cents mètres carrés où durant plusieurs jours, des projections de films avaient lieu. Une plainte pour « vol d'électricité » a d'ailleurs été posée ! Bref, on le comprend, l'acquisition d'une reconnaissance publique n'est pas voulue. On retrouve bien ces papiers journalistiques avides de « bizarreries » et autres papiers à sensations, il n'empêche que les principaux intéressés regardent ces « *points de vue extérieurs* » avec amusement. Sans trop y prêter attention. En effet, ils ne se reconnaissent pas tous dans les descriptions et portraits types qui y sont faits. D'une manière générale, on distingue trois formes de pratiques urbaines[416] : l'exploration qui consiste à collecter les découvertes de lieux, puis l'infiltration pour le plaisir de dépasser les obstacles (sites fermés, surveillés) et enfin, l'aventure sportive avec la randonnée ou la grimpe. Les outils de communications mobilisés sont identiques, alternatifs, en revanche, le contenu sémantique varie d'une communauté à une autre. Les connaissances se transmettent de cette manière - souterraine. Chacun participe en y déposant ses propres récits d'aventures, d'infiltrations ou d'explorations. Les sites Internet proposent tous dans leur forum, un lieu d'échange où les membres peuvent engager le dialogue, entre spécialistes. La culture du « secret » y est aussi observable à travers les données échangées via la messagerie privée, etc.

---

[416] Genosko, *op., cit.*.

La compréhension de cette communauté est riche. Néanmoins, il est possible de la différencier des autres précédemment discutées car, en refusant d'être visible, elle reste aussi en marge du processus de légitimation et de spectacularisation. Nous n'avons pas à juger de cette posture, juste à en rendre compte pour comprendre les différences culturelles latentes au sein des cultures sportives et urbaines.

CONCLUSION

Nous avons voulu approcher ces communautés pratiquantes pour y repérer une ressemblance culturelle, le noyau dur des significations, pour ensuite, les différencier entre elles. Nous l'avons dit, le « droit à la ville » est une démarche collective pour se réapproprier les espaces urbains. H. Lefebvre le définit comme un droit à la liberté, à l'appropriation, à l'individualisation dans la socialisation, à l'habitat et donc, à l' « habiter » en ville[417]. Que nous révèle-t-il aujourd'hui ? Nous avons tenté de montrer que ces pratiques, pourtant anodines au premier abord, sont pourtant socialement signifiantes. Le droit à la ville suppose que l'on retourne momentanément son cadre normalisant pour prendre forme dans une « séquence vertigineuse » où l'« aventure intérieure » d'une part et l'aventure collective d'autre part, la déambulation, complètent la définition que nous donnons du vertige urbain : un tourbillon, une spirale montante et descendante que les corps urbains articulent sur les mobiliers urbains. Comme le précise V. Nahoum-Grappe, les conduites corporelles vertigineuses posent alors de manière évidente la question du gouvernement de soi[418] et plus largement, du corps social.

Nous l'avons vu, ce processus fait émerger une première forme de pratique sur les espaces interstitiels puis une seconde qui se « donne à voir » sur les espaces visibles. En cherchant à se différencier des pratiques physiques plus « formelles » notamment, celles-ci créent un espace qualitatif, propice au développement de valeurs comme la participation, le plaisir et le ludisme. Ces caractéristiques sont aussi recensées au sein d'un même idéal type, fournissant alors un modèle d'analyse pour les pratiques sportives qui émergent[419]. En voici quelques caractéristiques : connexions entre personnes pratiquantes, connexions entre activité physique et environnement ; éthique de l'expression personnelle, la jouissance, soutien des partenaires ; le corps comme source de plaisir ; coopération, partage du pouvoir, etc.. Les terrains enquêtés nous ont fourni de précieux indices qui suivent cette hypothèse. Notamment les sociabilités mises en œuvre, les

---

[417] Lefebvre, *op., cit.*.

[418] Véronique Nahoum-Grappe « Les conduites de vertige », in *Communications*, vol.56/1, p.155-173, 1993.

[419] Coakley, *op., cit.*.

rapports qui lient le pratiquant à son environnement urbain, le développement alternatif de médias culturels, etc. Les pratiques informelles que nous avons ethnographiées se créent alors une « identité » principalement sur ces registres :

- Une accessibilité temporelle : réduction des contraintes horaires. La pratique s'exécute à toute heure, à la fois sur un mode diurne ou nocturne.

- Une accessibilité spatiale : les lieux pratiqués sont pénétrables, même s'il faut transgresser une règle (droit de propriété, etc.)

- Une libre circulation sur l'espace : les sites de pratique ne sont pas fermés mais ouverts au plus grand nombre. En revanche, les pratiquants s'autocontrôlent entre-eux, ce qui peut être source de conflits, nous l'avons vu avec le parkour et le *free run* notamment.

Cependant, ne perdons pas de vue les connexions qui se créent actuellement entre les pratiques urbaines et le secteur marchand. En effet, les logiques « alternatives » sont parfois réappropriées par les circuits traditionnels de l'événementiel sportif. Les évolutions du parkour et du *street golf* nous le montrent. Cette tendance accélère la perte d'autonomie et de liberté, bien au contraire, elle engage, chez certaines pratiques, une dépendance qui dictera leur survie ou pas. L'impact des médias culturels n'est pas étranger à cela. Les outils de communications sont utilisés par certains pour « être vu » et pour se faire reconnaître, alors que pour d'autres, ils participent au renforcement de leurs caractéristiques alternatives. La communication souterraine de la spéléologie urbaine renforce ainsi davantage sa logique sous-culturelle.

Finalement, la ville contemporaine et la grande diversité de ses usages nous montrent qu'elle peut être requalifiée aujourd'hui par la sociologie ou l'anthropologie. La dialectique de l'ici et de l'ailleurs[420] appliquée aux espaces urbains ouvre des perspectives rafraîchissantes pour ceux qui s'intéressent aux reformulations culturelles. La ville est à ce titre un lieu de fabrication, de bricolage et d'« arrangement du monde » si l'on se rend compte qu'elle peut être à la fois proche et lointaine. Cette question ouvre alors un champ d'études plus vaste qui s'intéresse aux questions

---

[420] Piolle, *op., cit.*.

anthroposociales. Cette dialectique marque aussi la quotidienneté des citadins, c'est-à-dire, un aller-retour permanent entre un « ici » modelé par l'urbanisme, l'architecture, plus largement l'environnement quotidien et un « ailleurs » marqué cette fois par des conduites et des expériences corporelles vécues sur le mode de la « distanciation critique »[421]. Celle-ci fait alors référence à l'autonomie et aux logiques subjectives des acteurs. Nous pouvons distinguer ce dernier mode de socialisation d'un second, l' « intériorisation normative[422] », expliquant comment les individus sont intégrés et donc membres d'une société. Les tensions entre « intégration » et « inclusion » sont donc palpables ici car elles illustrent le problème fondamental que pose cette réflexion. Il ne s'agit pas d'intégrer les catégories « *outsiders* » au sein de la culture dominante mais plutôt de créer une « nouvelle » culture, négociée de manière collective, entre les acteurs concernés et les institutions représentatives.

En prolongement de cette thèse, certains n'hésitent pas à introduire la notion de récréativité urbaine ou d' « itinérance urbaine » pour appuyer l'idée qu'une émergence de ce type d'activités physiques repose sur une relecture, par l'exploration, des usages « refoulés de l'espace urbain »[423]. De fait, cela pose de manière différente la question des cultures alternatives dans les champs ludiques et sportifs. Ainsi, il est essentiel de redéfinir les frontières sociologiques entre les activités émergentes et créatives, de celles qui entretiennent des relations parfois ambiguës avec une culture dominante. Cette dernière remarque fait logiquement écho à la définition que donne R. Williams sur ce point[424]. Qu'est-ce qu'une culture dominante ? Comment définir les alternatives à une culture dominante ? Essayons d'être davantage attentif à la nature des spatialités ludosportives émergeant dans le champ des APS (urbaines ou naturelles), avant que la sociologie ne les qualifie d'alternatives, de transgressives, ou créatives, etc. Les relations qu'entretiennent ces pratiquants avec l'espace alors pratiqué semblent être

---

[421] François Dubet et Danilo Martuccelli, « Théories de la socialisation et définitions sociologiques de l'école », in *Revue française de sociologie*, vol.37/4, p.511-535, 1996.

[422] *Op., cit.*.

[423] Jean Corneloup, Phillippe Bourdeau, « Regards croisés sur l'itinérance contemporaine », in *Itinérance, du tour aux détours. Figure contemporaine des pratiques récréatives de nature*, Libéra Berthelot, Jean Corneloup (sous la dir.), Collection Sportnature.org Editions Fournel (du), 2008.

[424] Nous vous renvoyons à l'introduction de cet ouvrage.

une piste de travail stimulante pour notre contemporanéité où les divergences culturelles doivent être (ré)interrogées.

Les travaux en sociologie, anthropologie, urbanisme, politique et économie nous montrent que la problématique sport et ville se structure aujourd'hui selon cinq thématiques de recherche[425] :

- Le sport en milieu urbain et son impact économique (coûts/bénéfices)
- La promotion urbaine (*urban regeneration*) des événements sportifs
- Le tourisme sportif en ville (en terme de marketing urbain)
- Le sport, les divisions sociales et le développement des communautés urbaines
- Les politiques sportives en milieu urbain

Basé sur une enquête microsociologique, ce travail questionne précisément ces deux dernières thématiques. Bien entendu, nous ne prétendons pas balayer intégralement la question des sports urbains, loin de là. C'est la raison pour laquelle nous envisageons de poursuivre cette recherche en questionnant différemment ce vaste champ de recherche. En revanche, l'appel du pied lancé par quelques sociologues en vue de multiplier les études de cas d'organisations sportives différentes et y repérer des tendances lourdes d'évolution a été entendu ici. Que l'on parle de « formes » ou de « modèles » ludiques et sportifs futurs, l'évolution des pratiques de loisirs sportifs témoigne de la très grande diversité des cultures sportives. Pour notre part, nous avons centré l'analyse autour d'une évolution culturelle, la logique « alternative », elle-même structurée par le modèle participatif[426] (ludique et récréatif). Comme système de valeurs, la différenciation est valorisée sur le plan de la distinction sociale, des identités culturelles et des modes de gestion auto-organisés. Il en résulte alors des logiques et modalités de pratiques « nouvelles » qui font appel à une structure en réseaux et à une sociabilité fondée sur l'affinité, l'autonomie et la complicité entre autres. De plus, on voit bien comment cette réflexion n'engage plus seulement les sociologues du sport mais aussi les décideurs

---

[425] Ian Henry, Chris Gratton, *Sport in the city. The role of sport in economic and social regeneration*. London: Routledge, 2001.
[426] Nous faisons référence ici aux analyses prospectives de Christian Pociello et Alain Loret entres autres.

politiques pour qui la prise en charge collective du pratiquant « hors-club » suppose des adaptations stratégiques pour les villes (politiques sportives, politiques urbaines, partenariats, etc.). Bref, il est grand temps de repenser les régulations publiques sur la base de ces évolutions culturelles et non plus seulement sur les fondements culturels sur lesquels s'est construit le mouvement sportif du siècle dernier.

Il est possible d'analyser les processus d'interaction entre l'espace sociétal de la ville[427] et son espace politique, en termes de gouvernance locale, dont la fonction est de réguler les espaces publics entre autres. Une nouvelle problématique de recherche émerge logiquement. Comment ces deux systèmes urbains interagissent dans la formation de ses cultures urbaines et sportives ? Une meilleure compréhension des espaces publics pourrait ainsi être fournie. Nous proposons alors de procéder à une analyse socio-spatiale qui porte d'une part, sur les pratiques sportives informelles et leurs régulations publiques dans certaines zones urbaines et d'autre part, les enjeux socio-économiques que génèrent les constructions d'espaces ludiques et sportifs « fermés ». Interprétée comme une forme de régulation des espaces publics, la construction des *parks* urbains (skatepark, parkour park, BMX park, etc.) contribue-t-elle réellement à contrôler ces pratiquants ? Qu'est-ce que cela génère sur le plan social, culturel et économique ? En d'autres termes, comment les politiques publiques de zones urbaines et périurbaines interviennent pour réguler les activités de loisirs de type « auto-organisées » chez le grand public ? Un vaste chantier de recherches s'ouvre à nous.

Nos derniers mots vont entrer en résonance avec ceux de P. Sansot pour qui, la réussite ou l'échec du projet sociologique repose finalement dans la qualité de sa restitution[428]. Ce n'est pas sans peine ni violence que nous nous sommes attaché à reformuler notre travail de thèse. Finalement, la véritable question à se poser n'est plus de savoir s'il est « bon » ou « mauvais » mais plutôt, s'il reproduit de manière simple et non déformée, les activités ludiques de ces minorités urbaines ? Ce serait alors la marque d'une « procédure mimétique », en accord avec les formes sensibles de la vie urbaine observée. « *Puisqu'il existe dans l'apparaître des formes sensibles de la vie sociale, un plus dont le concept ne peut pas rendre compte, nous*

---

[427] C'est à dire la dimension sociale et culturelle des « sportifs » locaux. C'est ce que nous avons fait dans cet ouvrage.
[428] Pierre Sansot, *Les formes sensibles de la vie sociale*, Paris, PUF, p.9, 1989

devons nous livrer, pour le révéler, à une procédure mimétique. Il faut que les mots redisent à leur manière et autrement cette rumeur insistante, source de tant de bonheur et support d'une socialité qui résiste aux tensions, aux forces de dispersion »[429]. Dit autrement, n'y a-t-il pas dans ces formes sensibles de la vie sociale l'image d'un agir « sans activisme » [430] où, « sous la pression du négatif, des expériences en négatif, nous avons à reconquérir une notion de l'être qui soit (…) affirmation vivante, puissante d'exister et de faire exister[431] » ?

---

[429]*Op., cit.*, p.9.
[430] François Dosse, *L'empire du sens. L'humanisation des sciences humaines*. La Découverte, 1995.
[431] Paul Ricœur cité dans François Dosse, *op., cit.*.

POSTFACE

DES *OUTSIDERS* GAGNANTS ?

Par Stéphane Héas

Les pratiques sportives et plus largement les pratiques physiques sont désormais l'objet de nombreuses investigations en sciences humaines et sociales, mais aussi en sciences biologiques ou physiques. De la même manière, la ville contemporaine est analysée sous toutes ses coutures : elle peut devenir, elle aussi, un terrain « exotique » pour peu qu'on y prête un regard curieux et ouvert. Avec ce travail d'investigation sociologique et anthropologique, F. Lebreton réussit le tour de force de rendre visibles des pratiques qui ne le sont pas ou peu (la spéléologie et le *base jump* urbains), et d'articuler ses analyses avec d'autres pratiques physiques davantage visibles, si ce n'est connues des citadins et des citadines comme le parkour ou *street golf*. Son panel englobe l'engagement physique dans le vide, dans les catacombes et les souterrains, mais également dans les friches, les chantiers, les parcs ou les squares. Cette variété étonne le néophyte, elle indique surtout la pluralité des autres manières de vivre physiquement et intensément la ville aujourd'hui.

F. Lebreton offre ici une véritable pérégrination sociologique qui rivalise d'ingéniosité méthodologique pour aborder ces populations, parfois extrêmement réticentes à tout contact extérieur. En effet, certaines de ces activités physiques urbaines sont tout bonnement illégales. Parvenir à les approcher, et plus encore à partager leurs moments les plus forts n'est pas une chose aisée. Ces rencontres le sont d'autant moins que des journalistes ont, depuis quelques années, réalisé des reportages parfois réducteurs ; des personnes moins scrupuleuses organisent, elles, des promenades souterraines sous tel ou tel arrondissement, dans telle ou telle catacombe. Quelques-unes de ces initiatives ont été médiatisées d'une manière extravagante, voire stigmatisante soulignant l'étrangeté et parfois la dangerosité de ces comportements, donc de ces populations pratiquantes. Logiquement, les personnes – en majorité des hommes - les plus assidues de ces pratiques ludosportives ont mis en place des barrages supplémentaires pour garantir à la fois leur tranquillité et leur entre-soi. Car, ces engagements physiques activent et mobilisent des relations sociales d'une richesse importante dans la mesure justement où elles demeurent largement secrètes et protégées d'un regard extérieur. Le sociologue a donc dû ici faire preuve de tact, et pour tout dire d'une attention minutieuse pour s'engager dans ces terrains et y maintenir son enquête plusieurs années consécutives. Des résistances importantes se sont développées à la fois par les pratiquants peu enclins à dévoiler leurs « trésors » ; cette résistance a aussi pu émaner, il faut bien le dire, de certains universitaires peu prompts à s'intéresser à des populations si insaisissables de prime abord, par trop éloignés de leurs habitudes professionnelles routinières. La persévérance de F. Lebreton est incontestable et mérite d'être soulignée : il a réussi progressivement à mieux saisir les enjeux mobilisés par ces pratiques et ces pratiquants. Il a réussi à brosser un portrait sensible des émotions partagées dans ces situations sportives et ludiques spécifiques. Il a su saisir les indices repérables sur ces terrains difficiles : sombres et difficiles d'accès, mais aussi fugaces ou camouflées. Les marques laissées par les pratiquants volontairement ou non sont devenues autant de traces qu'il s'agissait de repérer tel un naturaliste des temps modernes embarqué dans une jungle de béton.

La valeur ajoutée de ces analyses est de focaliser sur ce que nous appelons après d'autres des populations *Outsiders* (Becker, 1963 ; Héas, 2005 ; Le Hénaff, Héas, 2007). Cette dénomination est presque une antienne sociologique tant elle a permis des avancées considérables dans la compréhension de populations différentes : joueurs de jazz, fumeurs de marijuana, praticiens de méthodes psychocorporelles, footballeuses, rugbywomen, etc. La compréhension de la logique de construction des normes sociales, et par conséquent des déviances sociales ont été grandement améliorées. Ce qui a permis à la fois de préciser le rôle des institutions et notamment des « entrepreneurs de morale », garantissant les normes du moment, mais aussi les possibilités de résistances et de mobilisation des *Outsiders* eux-mêmes. Nous reprenons ce vocable car notamment dans le milieu des sports et de ses sociologies, il permet de souligner une caractéristique intéressante de ces *Outsiders* : telle population marginale ou marginalisée peut, à la faveur de changements économiques, politiques, sociaux ou culturels devenir une population valorisée. L'histoire est parsemée de pratiques stigmatisées à une époque qui deviennent plus ou moins subitement sous les feux de la rampe, jusqu'à devenir les nouvelles références corporelles.

Sans doute n'allons-nous pas assister à une démocratisation et une diffusion généralisée du saut dans le vide à partir des tours urbaines, encore qu'une telle offre ludosportive peut se développer dans des pays où les gratte-ciel sont légions. N'y a-t-il pas d'ores-et-déjà eut des manifestations sportives à haute altitude telle la rencontre de tennis entre Agassi et Federer en 2005 à plus de deux cent onze mètres d'altitude ! L'avenir peut surprendre. Surtout, des pratiques intrigantes aujourd'hui comme le parkour peuvent notamment avec le renfort de nouvelles technologies de l'information et de la communication devenir des exercices prisés. La ville pourrait devenir à une large échelle un terrain de jeu virtuel et réel en même temps. Sans doute l'est-elle déjà sans que nous nous en rendions véritablement compte. Focaliser sur des pratiques minoritaires à une période donnée n'est donc pas une gageure. Les analyser n'est pas une activité triviale pour chercheurs en mal de terrain. Au contraire, de telles analyses novatrices peuvent permettre de comprendre des pratiques étonnantes de prime abord, et pourquoi pas de prévoir des tendances ludiques à venir.

Références

Becker H. S., (1985). *Outsiders. Études de sociologie de la déviance*, Paris, Métailié, éd. originale 1963.

Héas S., (2005). *Des pratiques psychocorporelles aux sports Outsiders : d'une sociologie à une autre*, Rennes, HDR de sociologie, université de Rennes 2, le 13 décembre.

Le Hénaff Y., Héas S., (2007). *Tatouages et cicatrices : décors sportifs*, Paris, L'Harmattan, Collection Le Corps en question, mars, 197 pages.

TABLE DES ILLUSTRATIONS

TABLE DES MATIÈRES

Collection "**Espaces et Temps du Sport**"

dirigée par Jean Saint-Martin et Thierry Terret

Editions L'Harmattan,
16 rue des Ecoles
75005 Paris

Le phénomène sportif a envahi la planète. Il participe de tous les problèmes de société, qu'ils soient politiques, éducatifs, sociaux, culturels, juridiques ou démographiques. Mais l'unité apparente du sport cache mal une diversité aussi réelle que troublante : si le sport s'est diffusé dans le temps et dans l'espace, s'il est devenu un instrument d'acculturation des peuples, il est aussi marqué par des singularités locales, régionales, nationales. Le sport n'est pas éternel ni d'une essence transhistorique ; il porte la marque des temps et des lieux de sa pratique. C'est bien ce que suggèrent les nombreuses analyses dont il est l'objet dans cette collection créée par Pierre Arnaud qui ouvre un nouveau terrain d'aventures pour les sciences sociales.

Ouvrages parus dans la collection « Espaces et temps du sport »

- Joël Guibert, *Joueurs de boules en pays nantais. Double charge avec talon*, 1994.
- David Belden, *L'alpinisme, un jeu ?*, 1994.
- Pierre Arnaud (éd.), *Les origines du sport ouvrier en Europe*, 1994.
- Thierry Terret, *Naissance et développement de la natation sportive*, 1994.
- Philippe Gaboriau, *Le Tour de France et le vélo. Histoire sociale d'une épopée contemporaine*, 1995.
- Michel Bouet, *Signification du sport*, 1995.
- Pierre Arnaud et Thierry Terret, *Histoire du sport féminin*, 1996, 2 tomes.
- André Benoît , *Le sport colonial*, 1996.
- Michel Caillat, *Sport et civilisation,* 1996.
- Thierry Terret, *Histoire des sports*, 1996
- Michel Fodimbi, Pascal Chantelat, Jean Camy, *Sports de la Cité*, 1996
- Michel Vaugrand, Jean-Pierre Escriva, *L'Opium sportif*, 1996.
- Bernadette Deville-Danthu, *Le Sport en noir et blanc*, du sport colonial au sport africain,1996.
- Paul Boury, *La France du Tour, le Tour de France, un espace sportif à géographie variable*, 1997.

- Pierre-Alban Lebecq, *Paschal Grousset et la Ligue Nationale d'Education Physique*, 1997.

- Sébastien Darbon, *Du rugby dans une ville de foot, Le cas singulier du Rugby-Club de Marseille*, 1997

- Pierre Arnaud, *Les Athlètes de la République, gymnastique, sport et idéologie républicaine*, 1998 (réédition).

- Michel Bouet, *Traité de sportologie*, 1998.

- Charroin Pascal et Terret Thierry, *Histoire du water-polo*, 1998.

- Catherine Louveau, Annick Davisse, *Sport, Ecole, Société. La différence des sexes*, 1998.

- Marc Barreaud, *Dictionnaire des footballeurs étrangers du championnat de France professionnel, 1932-1992*, 1998.

- Jean-Paul Besse, *Les Boxeurs et les Dieux*, 1998.

- Christian Vivier et Jean-Paul Loudcher, *Le sport dans la ville*, 1998.

- Cyrille Petitbois, *Des responsables du sport face au dopage*, 1998.

- Pierre Arnaud et James Riordan, *Sports et relations internationales, les démocraties face aux régimes autoritaires*, 1998.

- Evelyne Combeau-Mari, *Sport et décolonisation à La Réunion*, 1998.

- Maurice Baquet, *Education sportive, initiation et entraînement,* 1998. (Réédition de l'ouvrage paru en 1942).

- Marc Durand, *La compétition en Grèce antique, généalogie, évolution, interprétation*, 1999.

- Jean-Michel Delaplace, *L'Histoire du sport, l'histoire des sportifs. Le sportif, l'entraîneur, le dirigeant, XIXème-XXème siècles*, 1999.

- Kim-Min-Ho, *L'origine et le développement des arts martiaux*, 1999.

- Vivier Christian, *La sociabilité canotière, La société nautique de Besançon*, 1999.

- Delsahut Fabrice, *L'empreinte sportive amérindienne, les jeux américains face au Nouveau Monde sportif*, 1999.

- Callède Jean-Paul, Fauché Serge, Gay-Lescot Jean-Louis, *Sport et identités*, 2000.

- Marianne Lassus, *L'affaire Ladoumègue,* 2000.

- Christina Koulouri, *Le sport et la société bourgeoise. Les associations sportives en Grèce (1870-1922)*, 2000.

- Jean-François Loudcher, *Histoire de la savate, du chausson et de la boxe française,1797-1978*, 2000.

- Claude Piard, *Où va la gym ? L'éducation physique à l'heure des STAPS*, 2000.

- Jean-Claude Gaugain, *Jeux, gymnastiques et sports dans le Var (1860-1940)*, 2000.

- Jean-Philippe Saint-Martin et Thierry Terret, *Le Sport français dans l'entre-deux-guerres*, 2001.

- Claude Roggero, *Sport ... et désir de guerre,* 2001.

- Pascal Chantelat, *La professionnalisation des organisations sportives*, 2001.

- Michel Rainis, *Histoire des clubs de plage (XXème siècle)*, 2001.

- Olivier Hoibian, *Les Alpinistes en France, 1870-1950, une histoire culturelle*, 2001.

- Gérard Couturier, *Jean Guimier, 1913-1975. Une vision politique et culturelle pour l'éducation physique et le sport*, 2001.

- Alice Travers, *Politique et représentations de la montagne sous Vichy. La montagne éducatrice*, 2001.

- Claude Piard, *Education physique et sport*, 2001.

- Michel Heluwaert, *Jeunesse et sport*, 2002.

- Patrice Gicquel, *Un siècle de vélo au pays des sourds*, 2002.

- Pierre Arnaud, Thierry Terret, Pierre Gros, Jean-Philippe Saint-Martin, *Le sport et les Français pendant l'Occupation*, 2 tomes, 2002.

- Michel Pousse, *Rugby, les enjeux de la métamorphose*, 2002

- Jacques Dumont, *Sport et assimilation à la Guadeloupe (1914-1965)*, 2002.

- CDOS - *Val d'Oise, Sport, Education et Société. Les associations 100 ans après*, 2002.

- Fabien Ollier et Henri Vaugrand, *L'intégrisme et le football*, 2002.

- Thierry Terret, Patrick Fargier, Bernard Rias, Anne Roger, *L'athlétisme et l'Ecole, histoire et épistémologie d'un sport éducatif*, 2002.

- Thierry Terret et Henri Humbert, *Histoire et diffusion de la gymnastique aquatique (1960-2000)*, 2002.

- Michel Heluwaert, *Sport sans jeunesse*, 2003.

- Fabien Ollier, *La maladie infantile du Parti communiste français (« le sport »)*, 2003.

- Alex Poyer, *Les premiers temps des véloces-clubs. Apparition et diffusion du cyclisme associatif français entre 1867 et 1914*, 2003.

- Thierry Terret, *Les jeux interalliés de 1919. Sport, guerre et relations internationales*, 2003.

- Laurence Prudhomme-Poncet, *Histoire du football féminin*, 2003.

- Jean Saint-Martin, *Educations physiques nationales et exemplarités étrangères en France entre 1815 et 1914*, 2003.

- Tony Froissart, *« Sport populaire » de Seine-et-Oise, 1880-1914*, 2003.

- Laurence Munoz, *Histoire du sport catholique, La Fédération sportive et culturelle de France, 1898-2000*, 2003.

- Jérôme Pruneau, *Les joutes languedociennes. Ethnologie d'un « sport traditionnel »*, 2003.

- James Riordan, Arnd Krüger et Thierry Terret, *Histoire du sport en Europe*, 2004.
- Pierre-Alban Lebecq (sous la direction de), *Sport, éducation physique et mouvements affinitaires*, 2 vol., 2004.
- Fabien Ollier, *Mythologies sportives et répressions sexuelles*, 2004.
- Fabrice Delsahut, *Les hommes libres de l'Olympe : les sportifs oubliés de l'histoire des Jeux Olympiques*, 2004.
- Pierre Lagrue, *Le Tour de France, reflet de l'histoire et de la société*, 2004
- Florence Carpentier, *Le comité international olympique en crises : la présidence de Henri Baillet-Latour, 1925-1940*, 2004.
- Fabien Grœninger, *Sport, religion et nation. La Fédération des patronages d'une guerre mondiale à l'autre*, 2004.
- Albert Bourzac, *Les bataillons scolaires. 1880-1981. L'éducation militaire à l'école de la République*, 2004.
- Louis Thomas, *Et si l'éducation physique n'était qu'un mythe !*, 2004.
- Bernard Michon et Thierry Terret, *Pratiques sportives et identités locales*, 2004.
- Paul Goirand, Jacques Journet, Jacqueline Marsenach, René Moustard et Maurice Porte, *Les stages Maurice Baquet. 1965-1975. Genèse du sport de l'enfant*, 2004.
- Michaël Attali, *Le syndicalisme des enseignants d'éducation physique, 1945-1981*, 2005.
- Julie Gaucher, *L'écriture de la sportive. Henry de Montherland et Paul Morand*, 2005.
- Sylvain Ferez, *Les corps et les mots. Claude Pujade-Renaud : mensonge et vérité du mouvement*, 2005.
- Thierry Terret, Philippe Liotard, Jean Saint-Martin et Anne Roger, *Sport et genre*, 4 vol., 2005.
- Sylvain Villaret, *Naturisme et Education corporelle*, 2006.
- Cécile Ottogalli-Mazacavallo, *Histoire des femmes alpinistes au Club Alpin Français (1874-1919) : Un genre de compromis*, 2006.
- Jacques Dumont, *Sport et mouvements de jeunesse à la Martinique*, 2006.
- Pascal Leroy, François Faber, *Du Tour de France au Champ d'Honneur*, 2006.
- Allen Guttmann (traduction Thierry Terret), *Du rituel au record. La nature des sports modernes*, 2006.
- Yves Morales, *Une histoire culturelle des sports d'hiver. Le jura français des origines aux années 1930*, 2007.
- Sandrine Viollet, *Le Tour de France cycliste. 1903-2005*, 2007.
- Jean-Claude Bussard, *L'éducation physique suisse en quête d'identité (1800-1930)*, 2007.

- Christophe Pécout, *Les chantiers de la jeunesse et la revitalisation physique et morale de la jeunesse française (1940-1944)*, 2007.

- Pierre-Olaf Schut, *Une histoire de la spéléologie*, 2007.

- Jean-Paul Bourgier et Gérard Staron, *Atmosphères de courses. Conditions climatiques et compétitions cyclistes*, 2007.

- Pierre Richard, *Et pourquoi pas le jeu de galets ! Une histoire du curling au Québec (1807-1980)*, 2007.

- Guy Bono, *Golden Goal. L'avenir du football européen en question*, 2007.

- Pascal Sergent, *Edmond Jacquelin. La vie du champion le plus populaire de tous les temps*, 2008.

- Jean-Pierre Favero, *Immigration et intégration par le sport. Le cas des immigrés italiens du bassin de Briey. Fin du XIXème - Début des années 40*, 2008.

- Philippe Schaffhauser, *Football et philosophie ou comment joue-t-on au football ici et ailleurs,* 2008

- Emmanuel Bayle et Pascal Chantelat, *La gouvernance des organisations sportives*, 2008.

- Laurence Munoz, *Usages corporels et pratiques sportives aquatiques*, 2 vol., 2008.

- Stéphane Merle, *Politiques et aménagements sportifs en région stéphanoise*, 2008.

- Claude Calvini, *Sport, colonisation et communautarisme. Ile Maurice (1945-1985),* 2008.

- Yves-Eric Houpert, *Les Jeux des îles de l'Océan indien*, 2009

- Youcef Fates, *Sport et politique en Algérie*, 2009

- Xavier Garnotel, *Le peloton cycliste. Ethnologie d'une culture sportive*, 2009.

- Michaël Attali, Jean Saint-Martin, Simon Levêque, Lucien Brunetti, Jean Bizet, *Les valeurs de l'Olympisme. Un modèle éducatif en débat*, 2009.

- Thierry Arnal, *La révolution des mouvements. Gymnastique, morale et démocratie au temps d'Amoros (1818-1838).*

L'Harmattan, Italia
Via Degli Artisti 15 ; 10124 Torino

L'Harmattan Hongrie
Könyvesbolt ; Kossuth L. u. 14-16
1053 Budapest

L'Harmattan Burkina Faso
Rue 15.167 Route du Pô Patte d'oie
12 BP 226 Ouagadougou 12
(00226) 76 59 79 86

Espace L'Harmattan Kinshasa
Faculté des Sciences Sociales,
Politiques et Administratives
BP243, KIN XI ; Université de Kinshasa

L'Harmattan Guinee
Almamya Rue KA 028 en face du restaurant le cèdre
OKB agency BP 3470 Conakry
(00224) 60 20 85 08
harmattanguinee@yahoo.fr

L'Harmattan Cote d'Ivoire
M. Etien N'dah Ahmon
Résidence Karl / cité des arts
Abidjan-Cocody 03 BP 1588 Abidjan 03
(00225) 05 77 87 31

L'Harmattan Mauritanie
Espace El Kettab du livre francophone
N° 472 avenue Palais des Congrès
BP 316 Nouakchott
(00222) 63 25 980

L'Harmattan Cameroun
Immeuble Olympia face à la Camair
BP 11486 Yaoundé
(00237) 99 76 61 66
harmattancam@yahoo.fr

L'Harmattan Senegal
« Villa Rose », rue de Diourbel X G, Point E
BP 45034 Dakar FANN
(00221) 33 825 98 58 / 77 242 25 08
senharmattan@gmail.com

650761 - Avril 2016
Achevé d'imprimer par

1livre.com
du rêve à la réalité !

www.ingramcontent.com/pod-product-compliance
Lightning Source LLC
LaVergne TN
LVHW011011061026
849535LV00006B/1820
* 9 7 8 2 2 9 6 1 1 2 4 9 0 *